国家社会科学基金项目

周建萍 著

中日古典审美范畴
比较研究

Zhongri Gudian Shenmei
Fanchou Bijiao Yanjiu

中国社会科学出版社

图书在版编目(CIP)数据

中日古典审美范畴比较研究/周建萍著. —北京：中国社会科学
出版社，2015.1
ISBN 978 - 7 - 5161 - 6235 - 4

Ⅰ.①中… Ⅱ.①周… Ⅲ.①审美—美学范畴—比较美学—中国、
日本—古代 Ⅳ.①B83 - 092②B83 - 093.13

中国版本图书馆 CIP 数据核字(2015)第 123604 号

出 版 人	赵剑英
选题策划	陈肖静
责任编辑	陈肖静
责任校对	刘 娟
责任印制	戴 宽

出 版	中国社会科学出版社
社 址	北京鼓楼西大街甲 158 号
邮 编	100720
网 址	http://www.csspw.cn
发 行 部	010 - 84083685
门 市 部	010 - 84029450
经 销	新华书店及其他书店

印 刷	北京君升印刷有限公司
装 订	廊坊市广阳区广增装订厂
版 次	2015 年 1 月第 1 版
印 次	2015 年 1 月第 1 次印刷

开 本	710×1000 1/16
印 张	20
插 页	2
字 数	329 千字
定 价	66.00 元

凡购买中国社会科学出版社图书，如有质量问题请与本社联系调换
电话：010 - 84083683

目　录

引　言

中日两国文化联系历史悠久，相对而言，日本更多地接受了中国文化的影响。公元 6 世纪上半叶传入日本的儒学典籍成了日本强调"以和为贵"的思想基础，虽然对日本人民尊重自然情欲的人本精神没有产生大的冲击和改变，但它极大地启发了日本民族的理性思辨能力，并且对日本审美意识产生了或明或暗的影响。道家思想通过汉译佛经的关系在日本流布，其中道教的神仙境界为文人墨客所欣赏，迎合了名士们追求精神和心灵安宁的愿望。佛学禅宗的"以心传心"、"无中万般有"的思想，更是对日本文学艺术、美学观念等产生了极大的影响，俳句、茶道、能乐、枯山水庭园等都保持着禅宗的"无"与"空"的文化精神，这种文化精神呈现出"空寂"、"闲寂"的审美情趣。尽管中国文化给予日本很深的影响，但文化就是"国情"，就是"国民性"，日本文化就是"日本人"。我们不仅要"探讨起重要作用的精神因素"，而且要发现"具体典型"①。这种"具体典型"就是民族特征，其形成有历史的文化背景，并表现为特殊的文化形态。因此，中日两国虽然同属东方文化圈，在文化的表现形态上有不少相通和相似之处，但又表现出各自的特色并自成体系。

一个民族区别于其他民族的重要标志是文化基因的差异，主要表现为民族的精神本性与文化传统。文化是一种难以捉摸的东西，暧昧的日本文化更是给人一种云里雾里之感。美国文化人类学家鲁恩·本尼迪克特的

---

① 金克木：《日本外交史读后感》，见《比较文化论集》，生活·读书·新知三联书店 1984年版，第 185 页。

《菊与刀》对日本文化与西方文化进行了比较，认为西方文化是"罪的文化"，日本则是"耻的文化"。日本文化作为独特的体系，"非佛亦非儒"，这既是日本文化的优点也是其缺陷之表现。中国与日本从文化上来讲有着微妙的关系，一方面是文化上的相似性，另一方面又体现为文化上的大相径庭，也就是文化上的共通性和特性。从共通性上来看，中日两国有着两千年的文化交流历史；从各自特性上来看，两国的自然地理环境、宗教信仰、生活习惯、审美观念等方面存在着不同。日本文化不是中国或西方文化的附庸，诚然是受到影响，但日本不仅把外来影响内化为自己的东西，而且结合自己的传统文化形成了具有自身独立价值和意义的审美特质。"我们要拥有自己的东西"①，同时也追求"东西方文化要实现融合"②。它保持着文化上的纯粹性和摄取性。从文化比较的角度来看，比较不仅能够了解到异国文化，同时对本国文化也会有一个比较全面和深入的认识。比较的过程也是发现的过程，在比较中会意识和注意到审美意识中存在很多相通和相异之处，加强交流和理解是非常重要的。"两种文化的'认同'绝不是靠一方的完全失去原有特色来实现，绝不是一方对另一方的'同化'和淹没……'认同'，应是歧义在同一层面的'共存'，这种'共存'形成张力和对抗，正是这种张力和对抗推动事物前进。"③应该说大部分的日本传统文化都离不开中国文化的影响和滋养，根基是日本的土壤，中国给予滋养。日本对中国文化的接受和吸取是主动的、兼容的，并且表现出创造性的取舍，在加以改造过程中形成了自己的本民族特色。

　　无论中国、日本还是西方的审美意识，都有自身历史的问题值得考虑，它们有自己生长的特殊历史背景和语境。中国美学和日本美学，都热衷或注重以西方思想和理论作为参照物来凸显本国美学的特点。这种比较有积极的一面，但毕竟西方是与东方完全不同的文化传统，过多地偏重于东西方的比较，容易忽略同为一个文化系统的东方国家之间的比较，而且在与西方进行比较的过程中，那些对于东方国家所具有普遍性的东西往往会被看做本国独具的特性，这实际上是不客观的。东方美学的基本特点更

---

① ［日］中村元：『比較思想の軌跡』，東京書籍 1993 年版，第 361 頁。
② 同上书，第 365 頁。
③ 乐黛云：《文学交流的双向反应》，《中国文学在国外》丛书总序，花城出版社 1990 年版，第 3 页。

多地体现在古典时代，也许只可以在古典时代寻找，因为近现代东方美学是在接受西方美学影响下得到发展的，自我精神没有得到充分展现。不过也是在这样的一个"西洋化"的过程中，"东洋化"的独特古典审美特质被逐渐凸显出来，中国与日本同作为"东洋"民族，传统文化中的互相交流和影响使得它们之间的比较具有了更特殊和重要的意义。在系统研究西方美学理论之后，应该回归到对东方艺术精神和美学思想的系统研究，东方美学表现出的强烈的主体性、直觉体验性以及充满神秘的象征意义等，是西方美学所无法比拟的，东方人习惯于在顺随大自然的过程中去体悟生命本应有的生气和活力。对于东方美学，既要从微观角度以具体的、实证性的研究为基础，也要以宏观视野进行哲理性的思考，使得宏观把握与微观烛照结合在一起。在对东方相关美学理论、审美范畴等进行梳理的过程中，形成富有东方思维特点的关于美和艺术的理论体系，使东方美学拥有自己在世界美学研究中的话语权。

如何在保持自身民族文化价值观的基础上，实现不同民族之间的对话和交流，应是摆在同为东方文化体系的中日两国面前的一个课题。中国传统审美文化中所蕴含的美学品格、所贯穿的深刻的人文旨趣不仅影响了本民族的审美意识，它所呈现出的诗性智慧气质对日本民族美意识产生了重要的影响。但无论哪个民族，在接受外来文化的影响时都会有所选择和取舍，都会有自己独特的审视角度和民族情绪，也都会出于自己本土文化的需要。从接受美学角度来看也是如此，接受主体对客体的选择总是以主体的需要并能与之相容作为前提，其"期待视野"总是在寻求着与自己本土民族审美意识相契合的精神，在吸取、借鉴中创造性地发展、变化，并形成具有独特民族性格和民族精神的审美意识，日本审美意识对中国文化的摄取即是如此。

中国传统儒家思想及佛道文化观念的渗润促进了日本文化自身的发展。日本的《古事记》、《日本书纪》记载，儒家的《论语》、《千字文》是在应神天皇时代（约 3 世纪）传入日本的，佛教是在公元 552 年传入，在 7 世纪最为活跃。日本在接受中国儒道佛影响时，是以其原始神道精神，也就是以它的本土文化思想作为根基的。因此它在对儒道佛思想的吸收过程中，既有着儒道佛思想的渗透，也有着对外来思想的反拨，但在历史的长期发展以及审美观念形成的过程中，又逐渐地融合在一起。在这样一个融合的过程中，它们逐渐发展，并使外来思想成为促进自身发展的因素之一。同时在吸收的过程中又保有自身的传统，其本土文化思想得到了创造性地发展，它对儒道佛思想的融合、消化是深深植根在自己本民族的文化土壤基础之上的，体现出鲜明的民族特色，拥有了独特的审美特质。至平安时代，日本本民族文化的独特审美特质得到了充分显现，也逐渐实现了从"汉风"到"和风"的转化。特别是到平安时代后期，日本文化从"汉风文化"转向具有日本民族色彩的"国风文化"，这种转向促进了和歌的发展，改变了过去汉诗以言志为本的思想机能，确立了以心为本的歌论。和歌的源泉就是心，有心才能创作出真正的歌来，这是从 10 世纪纪贯之提出的"夫和歌者，以人心为种"开始，到平安时期藤原公认提出"有心论"，强调的都是要"托其根于心"。

在日本作为学问的美学概念是由本居宣长确立的。他承继传统，把古典作为媒介，主张具有纯粹日本精神的美学思想，规定了"物哀"审美理念，在事象与自我接触的体验中，认识到事象的本质并产生感动。如果把日本的艺术论分类的话，可以分为歌论（和歌）、诗论（汉诗）、物语论（小说）、连歌论、俳论（俳谐）等，其中歌论的质量最高，在其他之上。从历史上来看，藤原滨成的《歌经标式》（772 年）不仅仅是日本最古的文艺论，也是最古的艺术论。代表的歌论有纪贯之《古今和歌集》序文（905 年），藤原俊成《古来风体抄》（1197 年），鸭长明《无名抄》（1211年），藤原定家《近代秀歌》（1209 年），《每月抄》（1219 年），京极为兼《为兼卿和歌抄》（1285 年左右），纪正彻《正彻物语》（1450 年左右），本居宣长《石上私淑言》（1763 年）等。除了歌论，世阿弥和金春禅竹的能乐论、村田珠光以来的茶论、松尾芭蕉的俳谐论等也是日本独创的艺术论。这些文艺论呈现出这样几个特征：一是形式上的短小，二是不触及政治与社会问题，还有最主要的表现在它的抒情色彩上。实际上中日在文艺创作中都重视抒情性、写意性和表现性，但中国关注现世的人间百态，在现世中追求超世和生命中的自我超越，日本关注彼岸并慨叹人生的无常，须用"心"去体味未言之情。中国儒家思想影响深厚，追求"乐而不淫，哀而不伤"的境界，日本受禅宗影响比较深，注重余情之美，具有"无"的境界。日本艺术美表现出一种不灭的审美精神，惧悲与夭美、美丽与哀愁、纯情与哀伤交织在一起，以一种主动悲苦的生命态度抒写着风雅情怀，呈现出东方特有的美丽与悲郁。当然这与其独特的自然环境有关，日本地理自然环境温和秀丽，国土资源少且自然灾害多，山川秀美，植物种类繁多。这种自然环境对日本人的心理有很大影响，对涵养日本人的宗教观和审美观发挥作用，也养成了日本人酷爱草木自然、注重精巧纤细、淡泊洒脱等品性。不同于中国人对龙的喜好，日本人偏爱虫，日本的气候风土及与自然没有隔断的建筑适合虫的生息，经常能在房间中听到虫的声音，因对大自然的热爱，自然愿意听到这种来自大自然的乐声，这是特有的"岛国根性"。

日本在对外来文化摄取之前有属于自己的纯粹日本思想和民族审美意识。但是"移植了本来在日本没有的思想，从而通过摄取充实了本国的美学思想"①。戴季陶在《日本论》中，认为日本人的审美程度要比其他国家的国民更为高尚和普遍，他们有"优美静寂之心境"及"精巧细致之形式"，同时又有坚韧的奋斗精神。这说明日本人的性格中具有双重性，既保持传统又能适应现实，既彬彬有礼又好斗放纵，在赏花落泪的同时也会绝然无情，在谦卑中又表现出自大，外在他律的理性约束和内在自然情欲的非理性展露让我们意识到优雅的背后是暴躁。这种既坚强精干又伤感无常，既注重现世又冥想终极，既实用功利又唯美风雅的充满民族性的悖论性格使得他们在文学艺术中呈现出重自然、轻社会，重情感、轻义理，重审美、轻人伦的特征，追求"自然、艺术、生活"的一体化。因此日本民族在内心深处虽然始终坚信"人类的物质欲望总有一天会被人类心灵中的潜在美感所压倒"②的信念，但在人生观上又充满着宿命论和消极情绪的极端表现。"日本文化的性格有三个主要特征，中正、简素、谦抑（谦逊）。"③这也可以说是作为日本审美意识中日本人的性格特点。藤木邦彦在《平安时代的文化》中总结出日本文化的性格特点：摄取性、连续性、小规模性、中和性和优雅性。"日本文化摄取性的性格是非常显著的"④，可以说外来文化的刺激促进了日本文化的发展，这种摄取性的性格表现得非常积极和进取。日本文化在摄取外来文化时，与本土固有文化相结

---

① ［日］今道友信：『東洋の美学』，株式会社ティビーエス・ブリタニカ1980年版，第89頁。
② 赵京华：《寻找精神家园》，中国人民大学出版社1989年版，第55页。
③ ［日］安田武、多田道太郎编：『日本の美学』，風濤社昭和45年版，第253頁。
④ ［日］藤木邦彦：『平安時代の文化』，日本教文社昭和40年版，第9頁。

合，保持着它文化上的"连绵性、一贯性、传统性"①。外来文化的摄取以适合于固有文化为前提，以固有文化作为主体，通过外来文化与本土文化的调和形成了自身特有的文化特征，既尊重传统也保持自我个性。当然因地理环境等客观因素，中国大陆对其影响最大，如以汉字为基础发明了假名，佛教与本土神道教的结合等，形成了新的文化特征，所谓"和魂汉才"。对西欧文化的摄取所形成的"和魂洋才"也同样如此。以积极视野来看，它拥有着自身特有的意味，而从消极方面来理解它就表现出一种顽固的保守性。中国无论是在政治、文化等方面都追求规模上的雄大，而日本使其简略化，表现在行政组织和文化工艺等方面同样如此，注重一种简洁的表现形式，反对形式上的过于繁杂，以象征来表现理念和趣旨。在文化艺术上最有代表的是"枯山水"，位于京都滝安寺的石庭就仅仅只有自然石和白砂，舍去了花、草、木等形式，追求庭园的象征性，这在其他艺术中，如水墨画、能乐、短歌、俳谐等，都有这种表现倾向。汉字简易化后的平假名、片假名，汉诗简易化后的和歌等，这种简易化倾向也非常明显。"讨厌复杂的东西，喜爱简易、简素。不拘泥于形式，而更追求实际。"② 当然这也是与岛国根性有关系的，国土的狭小、以山岳而划分的行政地域等让国民的生活习惯和文艺思维等逐渐追求简洁和素朴。

日本民族是一个温和的民族，他们讨厌极端，热衷中和，表现在政治文化上就是"没理论性、暧昧性、妥协性、现实性"等③。理论上的缺乏使得他们在情感的表现上更为感性，美丽的自然环境使得他们容易对现实妥协。但是另一方面尚武的精神又完全不同于这种温和性格，走向了另一个极端，武士阶层中的"武断性、单纯性、短气性"④ 是这种精神的极致表现，这也是日本民族性格的矛盾表现。文化上的优雅性表现在对优雅的过分强调，这也使得活泼之意气性格的缺失并导致精神上的软弱性逐渐生成。

如果从深层来探讨的话，还在于中日两国民族文化传统和民族文化心

---

① ［日］藤木邦彦：『平安時代の文化』，日本教文社昭和 40 年版，第 12 頁。
② 同上书，第 24 頁。
③ 同上书，第 16 頁。
④ 同上书，第 18 頁。

理的异同。日本崇尚原始自然信仰和原始神道宗教信仰，特别是原始自然信仰的特性一直被保留在日本特有的传统艺术之中，艺术创作表现为人与大自然的同化。对原始自然的崇尚使得日本民族心理容易留存在不同于现世的想象空间，山川草木、日月星辰等成为他们发挥想象的自由世界，相对于现实社会中的人的真实活动，他们更倾向于想象中的心理情念。"原始人思维的方式同现代人有很大不同，对原始人来说，周围的世界异常陌生和神秘，令人敬畏。原始人思维的主要特点是认为万物有灵。山川草木、鸟兽鱼虫，在原始人看来都是有灵的，并且都可以与人交感。"① 他们在艺术创作中的主题思想往往难以用语言和形象表达，如枯山水庭园主题思想的难以解释，以不同审美体验和审美角度有不同之解释，既象征着云海和山峰，也如同大海和群岛。这种主题思想的难以确定表现出他们对事物的审美过程和审美体验的重视，在这样的审美体验之中，注重对事物美的"空白"的再创造，丰富其"不确定性"，追求其"期待视野"。和歌（31 个字）、连歌（12 个字或 19 个字）、俳句（19 个字）是日本诗歌的三大形式，其中除和歌有比较明晰的自成系统的发展脉络外，其他艺术形式在其发展过程中还是忠实于传统模式，定格在其形成期的状态，并沉迷和回味于这种状态之中，表现出日本审美意识中的"顽固性"。究其成因，也许在于日本传统艺术的发生源于外来艺术的刺激，并融合于本土原始宗教和自然信仰，缺乏艺术发生的原始成因。

日本受禅宗影响，禅宗的主体思想是对于一切外在形式的彻底否定，它追求与事物的内在本性的直接交流，认为外在形式只是一种障碍，太完美的形式容易引起人因对形式的关注而忽略事物内在的事实，只有不完整的形式才能使事物回到本真状态，因此在悟道过程中无视甚至否定外在形式，有意避免用对称来表达完美和重复。因此日本讲究不规则性、非对称性，完全不同于中国的讲究规则和对称。在文学的形式方面，中国普遍采取诗和散文的对句，日本却有意识地避开这种对句，表现出与诗的标准形式的不同。如行数的不均整等，如短歌五行、俳句三行等，这形成了与中国及世界其他国家诗是四行的对比。书法上也同样如此。建筑上中国强调以中轴线对称为形式布局，日本最初的建筑虽是对称性的，不知不觉就改

---

① 郭青春：《艺术概论》，高等教育出版社 2002 年版，第 9 页。

变为现在的非对称性，没有任何规则可言，特别是民居，这是与日本对外来文化的受容原则有关。中国的对称美虽能产生出优美、庄严、厚重之感觉，不过也容易导致形式主义和抽象概念的堆砌。实际上日本在不对称、不完美的背后，暗含着对更高对称美的渴求，这是日本独特的审美意识的体现，也是禅宗思想日本化后所产生的独特审美意境。

佛教产生于公元前 6 世纪左右的印度，在公元 1 世纪左右传到了中国，汉化佛教传入日本的时间普遍认为是在公元 6 世纪前半期。禅宗被引入日本，逐渐融入和渗透到日常文化和审美实践之中，而并不是引导日本文化作理性的探索，日本文化整体上是缺少理论性探索的。禅宗的融入使得日本审美意识表现出独特的气质，它着重于文化实践，重视实修，而不同于重理、重思的中国禅宗，中国禅宗因与中国古代哲学融合，宗教色彩逐渐淡薄，从某种意义上来说更倾向于哲学。日本受佛教禅宗思想较深，审美意识中禅味极浓，体现为一种低沉、哀戚中的苦寂之音，朦胧、幽深的枯淡之美，在这种悲情之美中，传达的是空灵中的彻悟心境。这契合禅宗思想在本质上强调追求完美的过程，超越强调完美本身的精神，真正的美只能在精神上通过对不完善之美的完善才能体现出来，以形而上之心追求无相之世界。虽然我们在日本的茶道艺术中感受到它所追求的禅宗精神（如将禅从寺院解放到了庭园、露地、茶室），似乎与中国文人于园林中找寻山林江湖之趣有异曲同工之妙，但还是能体会到日本所表现出的强烈的理想主义和极端精神主义的审美特质。

佛教思想的影响形成了日本独特的审美情趣，美国学者拉夫卡迪奥在研究日本佛教思想史时曾说过一句耐人寻味的话："佛教没有将日本佛教化，而是日本将佛教日本化了。"① 佛教在最初被日本受容的过程中，与本土神道教产生对立和矛盾，自奈良时代起，日本有意识将佛教的出家思想与神道的现世思想加以调和，至平安末期逐渐形成神佛相依、神佛一体化的局面，并成为平安文化的重要组成部分②。受佛教无常观的影响，日本在感受自然事物时似乎非常喜好相伴于无常观的"微觉甘美的感伤"（京

---

① ［美］鲁恩·本尼迪克特：《菊与刀——日本文化的类型》，吕万和等译，商务印书馆 2002 年版，第 123 页。

② 叶渭渠：《日本文化史》，广西师范大学出版社 2003 年版，第 99 页。

都大学川合刚三语），并深深沉浸于这种伤感的美好之中。这不同于中国超越于对具体事物的描述，进入到一种宇宙人生和生命哲理的体悟之中。日本"不论在摄取、研究中国文化方面，还是在内省外察、观照人性本源、探求及表现民族精神方面，也都做出了非凡的努力，创造了外来文化与本民族文化相统一、传统的贵族文化与新兴的武士文化相融合的崭新文化——禅文化。这种文化和精神反映了时代的要求，满足了大多数人的愿望，加之禅宗作为官方宗教的特殊地位，所以这一时期的禅文化、禅文学理念作为一种时代精神"①，渗透到日本文化和文字的各个层面。原始的生存环境是一个民族文化心理和生存哲学形成的源头，日本是四面环海的岛国，资源匮乏、气候多变、自然灾害频仍，自然风光中雾霭给人朦胧、变幻之感。客观的地理环境与主观的文化心理，稍纵即逝的美让他们感受到了生命的脆弱，在无奈的叹息中，无常观成了他们的思想寄托。把郁积之情感寄托于自然事物，逐渐形成唯美与感伤之情，佛教的传入更强化了这种意识，最终形成了独特的整体文化性格，同时精神层面的宗教观使得他们养成坚忍的意志力和独特的生命观念与价值诉求。

独特的审美心理使得日本的诗学充满审美主义色彩，不同于中国的功用主义诗学。虽然日本在古代的一些诗论中也充满诗教色彩，如风雅和歌集的序（1346 年）所言"大和歌者……词幽而旨深。实可正人心，教下谏上，乃政之本也"，明显能看出受到《诗大序》的影响，但并没有真正指导实际的具体的艺术创作。它的审美意识的形成更多的是与本民族的社会、政治、宗教、地理环境等有关，如社会政治上没有外族入侵、本土神道宗教及外来佛教思想影响所形成的虚无的无常感、变化无常的自然形成的对季节变化的敏感性等促使其情感的细腻、纤细，外在自然"雪、月、花、时"等往往成为其内在情感的一种表达，在他们眼里，大自然是生命的源泉，草木山川与生命紧紧相连，这种客观外在环境决定了人的主观情思。而中国的社会政治环境使得文人具有强烈的社会责任感，关心政治，反映在文艺层面就是诗歌多风骨，审美意识上强调的是一种以博大的胸襟和广阔的视野而体现出来的对宇宙、世间的终极关怀品质，追求时间和空间上的无限，从而能够在最大限度上获得精神上的超越，追求主体精神上

---

① 高文汉：《中日古代文学比较研究》，山东教育出版社 1999 年版，第 499—500 页。

的最大自由境界，因此在文艺创作上就会出现"白发三千丈"等表达情感的无限夸大性。日本没有科举制度，自然也无法形成士大夫阶层，整个社会是重武轻文，在进行文艺创作时比较注重一种真实地描写，在情感的表达上也比较注意有节度，他们创作出来的东西往往非常容易理解。因此日本诗学缺乏中国的理论高度，缺乏哲学根基，文艺对于他们来说只是人的一种情感慰藉或者说是在生活中精神消遣的方式，只是就艺谈艺，没有建立体系或者说也不存在创建体系的可能，这样也就形成了日本人长于具象而短于抽象的思维特征。如文学作品中对"好色"理念的理解，中国否定好色，儒家思想从道德层面将好德与好色对立起来，好德者不好色，好色者无德也。从政治层面上来看，否定好色是主流的一种价值意识，认为好色会带来负面意义，它与政治是对立的。好色在日本是一种抽象的审美理念，也是一种美的恋爱情趣，具有特殊的含义，不同于汉语语境下的色情等义。它是灵与肉达到完美结合后的一种美的境界，与物哀、风雅等审美意识相连，具有独特的美学价值，通过灵与肉的和谐一致表现出淋漓尽致的恋爱情趣，追求精神上的共鸣，把握人生的深层内涵。好色在日本文学中呈现出一种唯美的价值和特征，淡化了其道德意识，与政治无关，纯粹是一种充满风趣的审美生活，有一定的美的独立性。"粹"是好色观念达到大彻大悟后的至高境界，它追求一种纯粹精神性的感受。

"粹"的精神境界使得日本民族呈现出独特的典雅、纯净、素淡等审美特质。缠绵悱恻的和歌流露出委婉含蓄的情调，如诗如画的感伤世界生发出敏感之心、纤细之情，樱花凋落时的悲怆之美成为赏花的至高境界。无论是萧瑟深秋的凄楚之情，清幽暮色中的寂寥之感都带给他们一种深深的感动，在这种感动中感受到的是清新活泼之生气、恬静柔婉之美丽。艺术创作中有很多关于意象的描写能表现出这种意境之美。"夕阳西沉，暮色苍茫，四周景物清幽"是描写黄昏的，它引发出来的是烦恼和伤心的景象，多种物象集中呈现出的萧瑟场景，令人生出淡淡的悲愁思绪。它所表现出的艺术张力引发出人的沉思，也意味着对终极性的深刻思考，可以说他们具有着黄昏崇拜的民族审美文化心理，这种心理也是他们民族性格中的人生哲学。它作为生命存在的一种状态，不仅仅是对终极性的追求，更是一种更高境界的超越和升华。中国诗句中也有落花、流水、夕阳等意象及"夕阳无限好，只是近黄昏"等诗句，它表现出的是自然力量的生生不息，也象征着周而复始的自然常理，既有对时光年华流逝的叹息，更多的则是对人生的体悟和深思，并从其中获得珍惜一切美好的原动力。

日本民族与生俱来就蕴含着淡淡的"哀"的悲情愁绪，不同于中国人寻求快乐和美的感觉。这种思绪与自然界的万事万物相通相感，对于他们来讲，这是人和万物存在的根本状态，因此即使是与自然界事物的偶然触发，也会在瞬间达到身与物化之境界。在审美意境上日本更追求"无我之境"，在他们的诗歌创作中，几乎看不到主体的痕迹，更看不出主体向自然事物的情感投射，主观情绪被彻底排除，而直接从自然诸现象中体验出一种非常自然的情绪。日本在执著于本民族自身审美意识特质的根基上，有选择地接受中国文学的影响，并根据自身发展的需要对某些因素进行扩展和独特的延伸，在反复地吟唱、咏叹之中，形成独特的凄美之情、哀艳之美。在文学创作中总是显现出无常的伤感情绪，产生哀怨的情调，表现出儒家政教功用思想的薄弱，以情为主，从鉴赏论出发，创作主体也不具有美刺之传统精神。相对于日本，中国的审美意境多表现为"有我之境"，是从主观情感进入客观物象，最终还是回到主观并表达主体的情感。物不是主体，只是作为情的附庸而存在，只有物与我的相忘才能有主观中的闲适之感。在文学创作中往往是抒发感时伤怀、忧国忧民之情，虽言志与抒情并重，有时言志意识占据主流地位，文人士大夫具有强烈的"入世"精神。在表层意象的描写之外，总体来看表现出的是积极乐观的人生态度及生生不息的人生哲学，儒家思想的积极入世观及豁达之心态，道家的"逍遥游"等思想使得中国的文化精神体现为李泽厚所谓的"乐感文化"。相对于日本的感性文化，这种文化被称为理性文化。

体现在审美意识中，中国表现出外倾和理性倾向，关注社会现实，有一定的政治色彩，"文以载道"、"经国之大业"的主流文学注重的是表面事件的描述，缺失的是"灵魂上的维度"。儒家文化所表现出的理性精神使得人的自然情欲等原始力量消融在礼乐文化等社会理性之下，个体生命的灵魂欲求也被控制在强烈的社会道德之下。汉诗的格律声调抑扬顿挫、遒劲有力，在慷慨激昂中抒发着"经世治国"之政治理想和抱负。日本审美意识则以内趋和非理性呈现出来，是一种超政治性的主情文学，它醉心于个人的心灵感受，把玩人情况味，深入到真实复杂且微妙的情感世界。

日本受到儒家文化之影响但没有被同化，也没有失去其根底，外在影响只是呈现为表象，其内核还是其民族本质的东西，有如吉田兼具所谓的"吾日本生种子，震旦现枝叶，天竺开花实。故佛法乃万法之花实，儒教为万法之枝叶，神道为万法之根本"①。它选择性地吸收并结合于其原始神道思想，使得理性的儒家思想没有对感性的民族心理产生大的影响，相反还使得日本人在情与理的融合中获得淡定平和之心态，表现出主情的非理性倾向。它能够深入人的内心世界，剖析其灵魂挣扎，如和歌在柔婉纤美中抒发着儿女情长，虽语言朴实无华，但情感真挚，这种表现情状有其民族固有性，更有佛教思想之无常观影响。美学家大西克礼认为，日本审美意识更多地来源于老庄思想和佛教禅学，他们感动于对世间万事万物的一种美的情绪，表现为感受性、情绪性的高度发达，不同于中国的泛道德主义，过多专注于道德上的说教。

在文学创作上中国"诗"与日本"歌"迥异其趣，在情感的表达上也存在差异。中国诗歌情感表达上表现慷慨之气、伟大之情的占很大篇幅，即使是充满缠绵的诗歌也很少流露出懦弱和无助之感，大多是在困境中也要表现出坚强。日本和歌是挖掘人的内心深处的真情，这种真实感情甚至充满着幼稚和懦弱，即使是无助之情也要充分表达出来，因为再坚强的人内心深处都是充满柔弱的，和歌就要如实表现人物的脆弱无助的内心世界，这在日本审美意识中就是一种"物哀"的表现。

中国诗歌虽有感悟兴叹之篇，但儒家思想的渗透及中国人自身上所具备的"自命圣贤"观念，使得诗歌说教色彩渐浓，即使有对自然万物的审美之趣和儿女情长之心，却大多也是刻意为之，不能真正地表达个人真实情感，虚伪矫饰之作占有很大部分。在中国诗歌的慷慨激昂之外可能内含着装腔作势，不是人情真实的表达。当然中国文学风格样式复杂多样，很难一言以蔽之，但从大的方向上确实是现实存在。和歌只对世间万物感兴趣，对道德上的善恶、伦理上的训诫不加甄别，也不作任何判断，只为表达人的真情实绪，人对万事万物的感受和感动，唯有以情动人为宗旨。中日本来在宗教信仰、民族性格、思维方式等方面就存在着差异，中国追求"圣人之道"，日本的原始信仰则是"神道"，"神道"是感情上的一种依赖

___

① 参见王守华、卞崇道《日本哲学史教程》，山东大学出版社 1989 年版。

和崇拜，它是靠心与情来融通的，注重真情实感的表达。即使同为抒情性作品也存在着明显的差异，虽都进行情感的抒发，但中国诗人因儒家思想的影响深深植根于其心中，即使是在个人的情感表达中，也会不自然地流露出针砭时弊的思想意识，社会的政治性与个人的情感性结合在作品之中，深具强烈的社会理想。白居易"为君、为臣、为民、为物、为事而作"①的主张赋予了诗歌补察时政、劝惩人心的社会政治功能。可以说中国诗歌是以反映社会现实、关注人的生存作为主题的，诗歌中所表现出的情感抒发更多慷慨之气、恢弘之势，忧国忧民之情表现出来的是雄壮之美。

日本诗歌有两个支流即汉诗和和歌，汉诗就是对中国诗歌的模仿，儒家思想的影响较深，和歌作为日本民族性诗歌的代表，其个人情感的抒情性色彩比较浓厚，而且是个人情感的真实流露，可以说真实是和歌抒情性的一种特质，情爱是和歌的主旨，表达的是源自生活的真实情感，这与中国诗歌关注社会政治现实是有很大差异的，它与政治教化没有任何关系。将"触物感怀"之情感"如实从容写出"，这是日本和歌的主要特点，与中国的"发乎情，止乎礼义"不同，诗之于情，真应该放在第一位，真实自然即为上品。中国诗歌追求美与善的不可分性，但"止乎礼义"的情就影响了诗歌中情感的真实抒发，日本和歌注重真与美的密切联系，儒家思想扎根于中国诗人的心中，而对日本和歌的影响只是流于表层。因此中国诗人往往充满着一种浪漫情怀，而日本诗人是以对现实肯定的姿态来把握人生，采取的是现实主义的立场，通过对现实中存在万物的捕捉去感受生活，这也是中日文人在精神世界上存在的差异。日本就在这种差异中张扬着其"日本性"和"和风"，有意识地凸显其历史特征，表现出独特的审美意识。

审美意识是审美主体在对客体对象进行审美观照时所产生的带有情绪性的主客相融状态的一种反应，这种审美意识呈现为民族、社会等的约定性，同时也表现为文化上的相对性。两国审美意识虽都是受到儒道佛思想的影响，但又分别根植于本土文化基础，形成具有自己本民族特色的文学价值判断和美学思想。中国传统文化的强烈影响没能使儒家思想成为日本思想文化的基石，即使从外在的"样式"来看它是中国的，但其内在所表

---

① 　白居易：《新乐府序》，《白居易集》卷三，中华书局1979年版，第52页。

达的"情感"却是完全日本的，它是植根于日本民族文化的土壤之中，有其自身文化的"顽固性"。它不欣赏中国艺术的精美、对称和雄健，而偏重于素朴、不对称和纤细之美，在强烈的吸收外来文化中坚守着自己的一份内省和独特感悟，外美的滋养再深终改变不了其原初的底色。实际上古代日本人自从与中国人接触开始就自觉不自觉地接受了儒学思想的影响，但真正系统接收儒学思想是从汉籍传入后开始的。圣德太子执政使得儒学思想得到了更加广泛地传播，他制定的《十七条宪法》使儒学精神得到进一步发扬光大。其中数字"十七"不仅仅指宪法的条款数量，它有可能是圣德太子受到天地阴阳思想的启发，即天数为九、地数为八，阳数之极为九、阴数之极为八，天地之道、阴阳之极的和为十七，十七条宪法实际代表着天地阴阳之精华。宪法内容表现的主要是儒家思想，强调与突出"和"之理念，"以和为贵"体现了对儒家思想的接受和运用，儒学思想丰富了日本原本自然、单纯的思想观念，使其丰富并进一步得到提升。应该说，最初儒家诗教内容是对日本文艺创作产生影响的，日本第一部诗学著作藤原浜成①（724—790）的《歌经标式》，就有很多诗教内容。他在提到心与志的关系时，认为"夫和歌者，故在心为志，发言为歌"，和歌的本质在于"动天地，感鬼神"，强调了和歌的伦理道德教化作用，它模仿《诗大序》的痕迹非常明显。但它也强调了心在和歌创作中的地位，认为和歌应"专以意为宗"。"《歌经标式》朴素地接受了《毛诗序》有关志情统一的讨论和诗感化作用的'六义'的潜移影响，以及中国《诗品》的美学思想'文情理通'、'文能达意'为鉴，但又突破了《毛诗序》以诗直接作为宣传政教伦理的狭隘的诗学思想，以自己的思想表达方法强调了'心'在歌的中心地位。"②空海的《文镜秘府论》虽然是专论汉诗的创作与批评，但"完全是将中国六朝诗学原原本本搬到歌学论上来，并宣扬了儒佛文学思想"③。他强调的"诗可以兴，可以观"等观点对日本和歌理论产生过深远影响。但"日本人吸收外来文化，自古以来就把'淡化'作为自己的得意本领，往往在淡化之中创造独特的日本文化"④。从小说《红楼

---

① 藤原浜成：奈良时代的贵族、歌人。
② 叶渭渠：《日本文学思潮史》古代篇，经济日报出版社1997年版，第83页。
③ 同上书，第84页。
④ ［日］铃木修次：『中国文学と日本文学』，東京書籍1991年版，第25頁。

梦》与物语《源氏物语》作比较可以看出这种差异，虽然两部作品有共同点，但《红楼梦》重言志，强调文学与现实的关系，并进行道德判断。"言志"来源于《尚书·尧典》中的记载："诗言志，歌咏言，声依永，律和声。"志，是一个心理学范畴，心意有所倾向，是一种意向活动，"志者，心之所之"。闻一多先生在《歌与诗》一文中，对"志"进行了释义："志有三个意义：一记忆，二记录，三怀抱。""言志"强调了文学艺术对现实的关注。而日本文艺作品"言志"缺失，注重"缘情"，日本民族从历史上来说本来就缺少"言志"要素，加之少有外族的入侵，重"儿女情长"，少"风云之气"，在"嘲风雪，弄花草"中怡悦性情，没有中国文人的"慷慨悲歌"。《源氏物语》重主情，追求一种自然朴素的真实，它不以伦理道德的善恶来审视，而是追求生活和情感上的真实，强调丑与美的调和。儒家思想对其没有形成深刻影响，或者只是流于表象，佛道文化观念才真正渗润于其中。

当然从异同的比较中可以看出，儒道佛三家思想与日本的神道思想在历史的长期发展中以及审美观念形成的过程中，逐渐地融合在一起并互相渗透，融合的过程也是中国审美意识的"日本化"过程，这种过程超越了单纯的模仿，在两种审美意识形态调和的过程中，外来思想与日本本土精神逐渐产生变形，日本使得外来思想成为促进自身发展的因素之一，同时在吸收的过程中又保有自身的传统，使其深深地植根在自己本民族的文化土壤上，最终形成"和魂汉才"，体现出鲜明的民族特色。虽然两国审美精神有独特之处，但同时也具有相通性，都表现出东方文化传统。在创作中注重将东方哲理体现在审美的具体实践和体验之中，讲究以"和"为美，追求人与自然相融及天人合一之最高境界，只是日本更容易将花草树木融入到日常生活当中。都追求文艺中的含蓄表达，如中国的"言有尽而意无穷，味外之味，景外之景、象外之象"与日本艺术审美精神中的"幽玄余韵、余音绕梁"等。铃木修次也在《中国文学与日本文学》中认为："日本人的艺术意识有欣赏言外余韵或余味的强烈倾向"。中国传统美学中的婉曲幽深、沉静隽永，暗合于日本的空寂幽玄之美，都是追求余韵不尽，清幽深远之意境。

美国学者厄尔·迈纳认为，一种文化中诗学体系的建立，必须以该文化中占优势地位的"文类"为基础。西方诗学体系是建立在希腊戏剧的基础之上的，而东方诗学，比如中国和日本诗学，则建立在抒情诗的基础之上[①]。东方美学的基本特点更多地体现在古典时代，也许只可以在古典时代寻找，因为近现代东方美学是在接受西方美学影响下得到发展的，自我精神没有得到充分展现。不过也是在这样的一个"西洋化"的过程中，"东洋化"的独特古典审美特质被逐渐凸显出来，中国与日本同作为"东洋"民族，传统文化中的互相交流和影响更使得它们之间的比较具有了特殊和重要的意义。大西克礼通过把日本审美意识与西方审美意识进行比较，认为从"自然感契机"和"艺术感的契机"两方面来看，东方注重自然感，西方比较注重艺术感。

各个民族的审美意识都体现了本民族的独特而鲜明的艺术精神，并与本民族的性格、审美心理等保持一致，它是民族生命的结晶，与哲学、道德及宗教精神等意识形态有一定的联系。它作为审美活动，体现出来的是艺术的精神，艺术是心灵化的东西，它又呈现出对现实、功利等的超越性。从中国审美意识来看，它不是一元化系统，而是呈现出二元化的互补形态结构。它既有执著于社会现实、偏向于外向、具有阳刚之美的审美风格，也有面向自然、超越于现实、偏于内向和自省、呈现出阴柔之趣的审美趋向。既有慷慨悲壮之风骨，也有含蓄委婉之神韵。在"为人生而艺术"与"为艺术而艺术"的互补中体现出一种特有的审美化人生价值观。在慷慨悲壮的抒情基调中，表达出积极进取的人生态度，关注生命个体的生存状态，在抒发挺拔的个人气节中，追求个体内在情感的表白，舒展自由个性，在创作出"既笔力雄壮，又气象浑厚"（严羽《答出继叔临安吴景仙书》）之雄浑刚劲作品的同时，也能用柔笔画出超越现实的神韵之作。严羽在《沧浪诗话》中将诗歌风格总括为"曰优游不迫，曰沉着痛快"，即为此两种形态的表现。中国审美意识中既呈现出向外的生命张扬，也表现为对生命个体自身的反省，显现出生命化特征，创作与生命活动联系在一起。另外由于中国人习惯将自然万物视作自己的母体，人与自然万物这个审美对象就有着天然的认同感。也就是说中国审美意识中表达的情感既有着具体的、直接的生活感受，同时它还更具有社会性，程度也比较强烈。虽然日本民族审美意识呈现

---

① ［美］厄尔·迈纳：《比较诗学》，中央编译出版社1998年版，第32页。

出一元化体系，但日本民族有很朴素的比较观念，特别是与传统的中国文化比较，以中国作基准来证明日本事物的合法性，在文艺审美上就是寻求日本的独特性，强调自身文化的优越性。他们这种乐于比较的目的其实是潜在的表达一种与中国文化抗衡的意识。在这种相抗衡的意识中，它要逐渐地批判和否定中国文化，然后凸显与张扬日本文化的独特性和优越性。

进行中日审美方面的研究，从历史背景来说，与两千年的文化交流有关。从公元630年日本向中国第一次派遣遣唐使到公元894年停止派遣共18次，主要是为了学习先进的大唐文化。"他们广泛地学习中国的政治法律制度和文学、儒学、佛学、医学及书法绘画、雕塑建筑、天文历法、工艺技术、风俗、服饰等，有力地促进了日本的政治改革和经济文化的发展。公元645年日本积极学习唐朝的律令的制定，至8世纪初日本朝廷基本上完成了以大唐为模式的政治。"① 中国文化对日本的影响体现在各个层面，但不能因为这种影响而忽略对日本文化的全面认识，中国既不要过分仰视西洋文化，也不要太俯视东洋文化。通过对中日审美层面的比较，不仅可以更深刻地了解到中国古典美学对日本的影响，而且可以认识到这种影响也是对自身文化的重新认识，从而寻找出中国古典美学在美学研究中的参照系或坐标系，同时在比较的过程中也能够寻求到中日美学所存在的一些共通规律和各自的民族特质。

以审美意识中具有代表性的理论观念——审美范畴为核心进行比较研究，对于更清晰地理解和把握中国与日本的审美意识的特色和价值，具有重要的意义。比较的前提是能够对两国的美学思想进行考察、梳理，应该力求进入到各民族深层次文化结构中去探讨，而不能流于文字的表面，因为审美意识是不同地域和环境、历史背景及民族文化心理等共同作用的产物，只有这样才能真正发现两国审美意识的相通和相异之处，同时也加深对本民族审美特质的认识和理解。从文化比较的角度来看，在比较中不仅能够了解到异国文化，同时对本国文化也会有一个比较全面和深入的认识，比较的过程也是发现的过程，在这个过程中会意识和注意到中日审美意识中存在很多相通和相异之处，加强交流和理解是非常

---

① 叶渭渠：《中日古代文学交流的历史经验》，《日本研究》2007年第4期。

重要的。

"范畴是人类思维对客观事物基本特性和本质联系的概括反映。"① 存在于艺术审美领域的范畴是某个民族在某个时期的社会审美风尚和美学理念的凝结，审美范畴的发展历史实际上也体现了本民族审美意识的发展历程。东方美学范畴不同于西方所形成的以美的本质为核心的范畴体系，不是那种分析性的知性美学范畴，它拥有独特的思维方式和审美经验及自身范畴的基本规定性，形成的是虽各自独立但又具有相关性的美学命题，是具有丰富的审美内涵并诉诸直觉体悟的诗性范畴。它是感性经验与丰富哲理性的融合，它作为理论形态形成的过程就是一个审美的过程，是一个非逻辑体系状态下的界定过程。虽从概念内涵的相互包容来看，它们有相重合的层面，但都是各自生动丰富审美经验的总结。

中日两国民族的审美思想丰富而精深，艺术传统源远流长，都注重以诗性的方式来表达个人的审美体悟和审美判断，往往采用形象性的、象征比喻的语言方式，所以范畴的内涵就显得十分模糊，犹如雾里看花很难把握，完全不同于经过严密界定和说明、意义清晰明确的西方范畴，它有自己特殊的审美范畴体系。特别是日本美学范畴所具有的形象性、象征性、情感性等特点，深刻地阐明了艺术美范畴中所蕴含的美学和文化内涵。进行中日审美范畴之间的比较，使得我们不仅要对现有文化进行分析比较，还要对形成和创造这种文化的想象力进行追根溯源的研究，了解两国审美意识是怎样，为什么是这样，而且还要探讨它们之间的影响怎样，接受怎样，为何同为东方文化系统却形成不同审美特质。特别是在对日本文化进行研究中，既要从"风土论"即地理环境的独特性和优越性方面来探究日本审美意识的成因，也要进一步探讨形成这种特质的社会历史条件，还要对形成和创造这种文化的想象力进行追根溯源的研究。"我认为，我们应该在对中国的美学思想进行展望学习后，对日本美学思想进行历史的展望，这是具有极深刻的意义的。"②

对审美范畴之间的比较应力求将它们置放在中日文化比较的历史语境之中，以中国传统文化对日本的影响作为根基，既要体现出这种影响，又

---

① 汪涌豪：《范畴论》，复旦大学出版社 1999 年版，第 14 页。
② ［日］今道友信编：『講座美学』第一卷，東京大学出版会 1984 年版，第 354 頁。

要把两个审美范畴置放在同一个层面，从而使比较更为客观并具有说服力，充分地展现出各自民族鲜明的审美特性。本课题正是基于这样的立场和考虑，选择了在中日古典美学和艺术理论中比较具有代表性，且它们之间又具有一定相通性的审美范畴进行比较研究，梳理其历史发展的线索，廓清其理论内涵，区别其相异的层面，希望通过它们之间的比较能进一步深化对中日两国审美意识特色和价值的认识，理解和把握各自所形成的独特的审美特质。

"物感"、"神韵"、"趣"等作为中国古典美学中具有一定代表性的审美范畴，它们反映出中国传统文化的创作特点及中国文人的理想追求和审美向往。这些范畴注重审美观念与哲理思考、理性意识相关联，注重情理统一。它们有着更为明确的哲学美学基础和文化内涵，传达出丰富的审美意蕴。日本美学家大西克礼认为，"物哀"、"幽玄"、"寂"等审美范畴是日本特有的美学范畴，是各种艺术的基础，这些范畴表现出典型的"日本精神"、"日本性格"，是日本独特审美特质的重要组成部分。无论美的"物哀"色彩、美的"幽玄"理念还是美的"寂"之情趣可以说都是从自然的生命之美开始生发，在直接感受"风"、"月"、"雪"、"花"等自然事物形式美的同时，品味出具有普遍性的美感，充满了"唯美"与"感伤"气质，并在艺术创造中加以提升，达到了以"幽玄"为最高层次的美的境界，从而也实现了人与自然的有序融合。

"物感"与"物哀"表现为事物形象与内在感情的交融，物象触发情感，情感移注于物象，达到情景融会的审美体验。强调情与景的交融是两个范畴的相通之处，但"物感"的内涵更为宽泛一些，"物哀"虽然也表达多种情感，它的感动重心是放在"哀感美"上，这是"物哀"作为一种审美理念的美的精髓，哀于物不同于感于物。"神韵"与"幽玄"的核心都是人与自然的审美关系，它们集中了中日关于人与自然精神交流的思想精华，体现了两个民族对待自然的独特审美态度。通过与自然的交流中来领悟人生，在艺术表达上讲求含蓄、委婉，注重言外传意，追求富有余味的意境之美。"趣"与"寂"作为艺术创作中所追寻的一种美的情趣，既是艺术作品本身所迸发出的生命活力，也是创作主体自身灵性的体现。无论"趣"所表现出的"韵"味、"寂"所表现出的"情"味都是既深刻而又具有精神享受的意义，它们都是一种"趣味"。两个审美范畴在理论内涵及艺术风格好尚等方面存在的差异实际上是中日古典文艺在审美趣味差异的一个具体表现，它们所内含的情味意趣不仅拓展了美学的审美实践领域，也体现出两国民族的审美心理趋向与审美理想。

本课题旨在以历史的和比较的方法，试图对中日两国有代表性的审美范畴的内涵进行系统的考察和梳理，在诠释和剖析中找出异同，并以此为契入点，对中日两国审美意识进行比较研究。在对这些审美范畴进行探讨比较时，应该考察其生成的历史背景，包括自然环境、文化环境等，追溯其民族的原始信仰和民族文化心理的特征，各个审美范畴的演变过程。在对演变过程进行梳理中，既要对各个范畴的起源发展历程及成立的必然性作一种动态的分析和梳理，也要对其内部所隐含的审美内涵作静态的剖析，同时进一步来阐释比较双方在不同的语境中所存在的相通和相异。每个审美范畴在发展的过程中都经历了含义的变化、意义的确定等运动过程，不同时期、不同艺术、不同文人对其的理解会存在表述上、侧重点等方面的差异，往往一个范畴会有多种层面的理解。因此需要运用如语义考古学、历史文献学、文艺美学、比较美学等多种研究方法对概念本身作动态的梳理和静态的分析，力求将审美范畴置于历史的语境之中，也有助于对这些范畴在文艺中表现的理解。

每一个审美范畴作为概念从理解上是复杂难解的，但同作为东方审美范畴它们又往往能够直觉与感知。同时还要注意到审美范畴的形成和成熟与创作实践总是关联的，大量文学作品中有值得挖掘的空间，理论的阐释如果能与创作实践结合在一起，不仅给予范畴本身的研究以无限的活力，也使得两国范畴的比较有更多的言说空间。因此既要对文献资料进行细致的解读，同时也不要忽视社会历史的变化。在对审美范畴进行通观性考察的基础上，探讨它们的审美内涵及特征，并考察它们的不同表现形态，力求进行全面系统的梳理阐释。特别是研究日本民族对中国文化的受容及审美意识所形成的独特审美特质，在力图比较完整地把握其审美实质的同时，把它们放在中日传统文化的背景中进行比较。

中日古典审美范畴比较从研究方法上既可以说是影响研究，也可以说是平行研究。如果想要深入理解诸美学范畴的概念内涵及其文化底蕴、内在联系，以及它们之间的可比性，还必须借助于比较文学研究中的"历史研究"等方法，即从文本间的历史联系和逻辑关系入手，廓清概念范畴的本质，挖掘其背后所隐藏的深层文化差异，同时把异域文化作为本土文化的参照系，在相互镜鉴的基础上，激发多角度阐发的可能性，并将中日古典审美范畴比较纳入比较诗学与文学理论的研究视野，削弱"西方中心主义"的氛围。

我们既要植根于中国古典文化对日本的影响，又要立足于把它们放在同一个层面上进行平行比较，这样的比较才能称得上实际和客观。比较中既要寻求其相异中的同，又要注意其相同中的异，当然挖掘出其同中之异，才能充分地比较出各自民族鲜明的审美特性。比较也并不是要区分其优劣，美是无国界无高下之分的，只是在比较中，或是通过比较能够折射出不同的民族精神和价值取向、伦理观念，以及所呈现出的独特审美意识。两国外形相似的表象实际上存在着本质上的差异，从差异中去对审美特质进行挖掘和探讨，并在比较中透视各自的审美特质。本课题研究者期望在这种比较中能真正体会到审美主体与客观物象融合为一的一种真切的生命体验，感受感性与理性并存的审美境界，追求能完全进入物我两忘的人心之本真状态。

进行中日古典审美范畴比较研究，其最终目的就是为了弥补此项研究中的弱势，以审美范畴的比较来探讨日本在接受他国文化影响的同时如何发展和体现本民族文化的真面目，以及在审美意识上所表现出的与中国审美趣味之相通和相异之处。比较中尽量做到从多种视阈进行系统性的考察和审美观照，在从微观上的烛照到宏观上把握的同时，深化对中日两个民族审美文化的关系和各自审美特质的认识，同时有助于进一步开展两个民族审美文化之间的对话。

第 一 章

比较视阈中的中日审美意识

中日古典审美范畴分别建立在各自国家文艺美学深厚传统的基础之上，考察它们的历史生成与演变，需要将它们置放在各自产生的具体文化历史语境中，揭示其生成演变的社会历史原因及其话语建构的策略与深层动因。中国和日本同为东方民族，在审美意识上表现出特有的东方式的生命体悟，但两个民族又有其独有的审美特质。中国审美意识强调善和美的统一，善为其审美标准，在儒释道互补中追求美的和谐及情感的理性化。从儒家追求"充实之谓美"到道家向往"朴素而天下莫能与之争美"，最终形成了美善结合与美真统一的对立共处的两大审美体系，同时在社会伦理和审美艺术之间找到了一个契合点，彰显了中国艺术精神的民族性特点。日本审美意识则以抒情为主，视真为审美基准，强调真和美的统一。它不受制于"发乎情，止乎礼义"的人为规范，不追究其所具有的政治意义或伦理价值，完全与教化无关，以触物感怀为主旨，以"自胸臆间诚意真心出之"为真情，表现出日本民族的真实情趣，真正体现日本民族的审美特质。

第一节　游于儒道佛互补之境

进行中日古典审美范畴的阐释和比较，离不开儒道禅的互为渗透和互为汇合这一特定的历史文化语境，独特的历史文化环境造就了独特的审美趣味，也形成了独特的艺术语言和艺术风格。每一个民族都有其文化，每一个民族都有其独特的审美心理，因而也形成了各民族的审美特质。中华民族在五千年的历史长河中，儒、道、佛对人的审美意识影响深远，中国人的审美意识中，既贯穿着一种积极入世，奋发进取的精神，又追求一种精神上的超然世外，同时佛教的传入又使得审美意识发生某种变化，其中庄禅合一的美学思想对中国的文学艺术影响深刻。禅宗的悟道与庄子的体道及审美的感悟是一致的，是一种特殊的认知过程，是一个渐进的超越理性、超越现实的过程。无论是悟道还是体道，对"道"的感悟是不期而至的，是主、客体的交融、渗透、融合而形成的一种认知或直觉，于刹那间见千古，平凡中出奇幻，自然中有妙谛，简易中含深趣。在对待审美体验中主客体的关系上，中华民族传统的哲学和美学主张"天人合一"与"天人感应"，这两种思想将审美体验与生命体验合一，强调物我的互感互动的和谐辩证法，并达到审美的至高境界。庄禅思想强调人与天地合一的"道"，是不能用普通感官和逻辑分析来感知和获得的，而只能用整个身心去体验、直观和顿悟。庄子的"神遇"、"逍遥游"就是这种直观性的典型体验。所谓"目击道存"（《庄子·田子方》）、"吾游心于物之初"（《庄子·田子方》），其实质就是强调在悟道式的生命体验中解脱一切外在的束缚，进入到逍遥游的自由审美境界。刘勰将其称为"神与物游"，就是主体的人之神与客体的物之神的双向交流与同构。在儒、道与佛展开较量的同时，在东方共同的心性追求这一点上，三种思想体系又渐渐地实现着某种融合。同样，日本在接受中国儒道佛思想影响的同时，也在将外来美学思想本土化，逐渐形成本民族独特的审美特质。

儒道佛三家各有主张，儒家提倡"修身齐家治国平天下"，主张"入世"；道家主张"无为"，与世无争；佛家认为"四大皆空"，劝人修行，道佛主张"出世"。追求"入世"与"出世"的矛盾统一是中日两国文人的共同最高理想，他们总是在有意识或无意识中以不同的方式表现出对精神家园的向往。但在对精神家园的憧憬和向往中，中国文人比较注重情感与理性的交融统一，相对于这种理性化表达，日本文人体现出更多的对自然情欲、本能原始状态以及非理性因素的追求。中国文人总是能理性地剖析自然，日本文人则是感性地把握自然。在创作中，中国文人有着更为沉重的政治责任负担，而日本文人不关心政治，沉溺于个人私情的自然表达，追求纯粹、细致的美的形态。这就表现出日本人性格中的双重性，在保持传统中又能适应现实，表象的彬彬有礼实质又有好斗放纵之欲，外在他律的理性约束和内在自然情欲的非理性展露充分地融合在一起。这种双重性格特征体现在古代文学思想中即为"真实"之表达，"真"是"美"的一个要素，人性的真实就是美的体验，所谓真情即为美也，这与中国的真善美统一是联系在一起的。

一 "充实之谓美"与"顺乎自然"

中国传统文化的主体结构是儒教，佛教传入前的中国已形成了以儒、道两家为主的完备的、主导社会的哲理思想体系。儒家思想可以说是一种以道德为本位的诗学观①，《论语》中孔子的一句话能够鲜明地体现这一观点："子曰：《诗》三百，一言以蔽之，曰：思无邪。"（《论语·为政》）所谓"思无邪"就是"思想纯正"，就是要达到一定的道德水准。儒家的文化是社会化的，它主张通过"诗歌—人心—治理"的诗学公式来达到"言志"的目的；它力求达到"尽善尽美"的审美理想，"兴观群怨"的审美作用，"兴于诗，立于礼，成于乐"的审美教育，体现出劝善惩恶的教化作用。

"充实之谓美"是孟子的美学观，出自《孟子·尽心下》："可欲之谓善，有诸己之谓信，充实之谓美。"在这里孟子认为美的人必须具有仁义道德的品质，并能够通过自觉的努力表现充盈于外在的形式。它深刻地发展了孔子的美与善要达到内在一致的思想，是对人格美的张扬，并把人格精神与审美愉悦联系在一起。孟子的"充实之谓美"中的"充实"是将属于道德规范层面的仁、义、礼、智等化为一种精神充盈于全身，这就是一种美。人达到了至善，也就在最根本的意义上达到了一种美的境界。所以儒家思想重视社会生活的理性精神，"使人们较少去空想地追求精神的'天国'"，"不舍弃、不离开伦常日用的人际有生和经验生活去追求超越、先验、无限和本体。本体、道、无限、超越即在此当下的现实生活和人际关系之中"②。这表明在中国人的审美意识中，贯穿着一种积极入世、奋发进取的精神，一种《周易》所概括的"天行健，君子以自强不息"的精神。所以儒家美学是充满社会理性和人生进取精神的美学。

① 童庆炳：《中国古代文论的现代意义》，北京师范大学出版社 2001 年版，第 5 页。
② 李泽厚：《中国古代思想史论》，安徽文艺出版社 1994 年版，第 306、307 页。

按照李泽厚在《中日文化心理比较试说论稿》中的认识，儒学思想在中日文化中的实际位置是颇不相同的。儒学自秦、汉以来是"中国文化的主干"，它以各种方式和形态在不同程度上支配甚至渗透到人们的思想生活之中，逐渐形成为一种文化心理状态，规范着整个社会活动并成为人们行为的准则和指南，它是一种充满形而上学和思辨色彩的"理性文化"。而儒学在日本只是"被吸取作为某种适用的工具"，表现出与中国极大的差异，它传入日本没有改变日本民族尊重自然情欲的基本态度。日本原始神道信仰长久地渗透到日本人的文化和心理之中，重视对非理性的追求，儒学只是在为了现实利益的需要时被有选择地吸取的，但对日本文化心理深层并无太大影响。日本对有一定理论系统和思辨特征的理性化的意识形态（如汉儒、宋明理学等）不感兴趣，它排斥儒学中的理论思辨色彩，吸取和强调的是带有实用经验价值色彩的内容，重"情"、重"欲"、重经验，完全没有儒学理性主义原则的束缚，推崇神秘崇拜。倒是佛教的传入影响了日本的文化和心理，因中日文化开始接触时正是佛教大行、禅宗兴盛之时，它在某种程度与日本原始神道的契合使得它被日本人接受，它呈现出非理性文化色彩及"天不可知、理不足情"的原神道的神秘主义。虽然在中日传统文化中都极其重视表现和感慨人生无常，世事多变，但受儒家思想的影响，或者是理性的基因所然，中国赋予人生以肯定、积极的温暖色调，认可生命的存在意义以及价值所在，无论是宇宙万物、自然世界，还是具体的个体生命，都被赋予了存在的价值，当然这不是一种盲目的肯定，它是在忧患意识中所保有的一种自强不息和积极进取。按照李泽厚的认识，这是由以儒学为主所建构起的"乐感文化"系统，这不是一种盲目的"乐"，它是生命个体在处于人生艰难期而依靠自身所树立的充满坚强意志的积极精神，这也培养了中国人在面对困难时能够采取理性分析的态度。在中国的传统文艺中，既有儒家所强调的"诗言志"、"温柔敦厚"、"乐而不淫"等诗教传统，又有"意在言外"、"言不尽意"等所被推崇的审美标准，因此文人士大夫们容易感受、流连于具体的有限的事物，即使心空万物，也会一往情深于此际生命，即使"行到水穷处"，也要"坐看云起时"。

每个国家都有属于自己的宗教信仰，要了解日本人的感情，其方法是从宗教信仰入门。虽然日本的思想中包含有中国的儒教、印度的佛教等，但其民族的根本信仰还是本来的神道，这支配着日本国民的思想感情。以日本学术界的普遍认识，日本文化有自身的原生性。对日本文化影响并决定日本文化基调的是绳纹文化，这是特定历史文化条件下形成的独特民族文化特质，这种原生文化根植于日本原始神道信仰。但在对"神道"这一日本独特的宗教文化进行梳理时，会发现无论是在其理论上，还是在其祭神的形式表现上都与中国传统的宗教文化有着密切联系，"神道"一词就是出自《易经》①。神道是以自然崇拜为主，把自然界各种动植物视为神祇，从直观上来看，神道的一个很大特点就是注重干净、清洁。中国人的宗教信仰是功利性且充满理性的，日本人则是求"神人和融"，其宗教情绪是"旺盛的"，而且是"超理性的"，日本人会把《古事记》的传说当作信史。因此要了解日本文艺，神道宗教信仰是一个不可忽视的重要研究路径。日本的神观念从绳纹时代开始通过推移、变化，经历了"自然神、精灵神、祖灵神、国家神"四个时期②。"神道"一词最早见于《日本书纪》，日本思想史家村冈典嗣认为："神道，渊源于太古，自古以来为了与儒教、佛教、耶稣教等外来教相对，不仅和这些宗教进行交流，甚至积极地、消极地接受这些宗教的影响以及感化，是演变、发展了的我国固有的宗教。"③ 神道教无明确教义，但强调神人相互依存，现实功能性很强，蕴含着有关生命力的神话和神秘观念等。在日本，神道观念深厚，他们把自然物和自然现象作为崇拜对象，逐渐形成一种敬畏观念，因对神的敬畏所表现出的情感也充满着神秘性。神道情结可以说是日本民族的一种情感倾注和精神指向，它反映了日本民族的真正的精神，日本民族性格与神道情结有很大的关系。虽然中国也有对神的崇拜，但因受儒家"仁"的观念的影响，更多表现出充满人文色彩的情感。

神道教作为日本的国教，被认为具有某种极不寻常的性质。尽管它在某些方面有其独特的美，但这在西方人看来具有某种不相容的、奇异的、难以理解的特征。它是以神话和自然崇拜为基础的，在此基础上形成了多神崇拜，其中有男性神和女性神，他们不仅栖身于自然现象中，还置身于

---

① 《易经》"观卦·彖辞"中有"观天之神道而四时不忒，圣人以神道设教，而天下服矣"的记述。这是最早的文献记载。

② ［日］諏訪春雄：『日中比較芸能史』，吉川弘文堂平成6年版，第51页。

③ ［日］村冈典嗣：『日本思想史研究』，岩波书店1975年版，第50页。

许多别的事物中。神道教庙宇具有一种特殊的美，这种美对日本人的艺术和人格都产生了难以估量的影响。那种极端地简约、高雅、清纯和洁净中体现出的优美，不能不促使那些参拜者的心灵产生或激发一种内省。但神道教冰冷、严苛的禁欲主义也为日本营造了一种几乎令人窒息的氛围，因此日本需要佛教之火的温暖，需要儒教的伦理的活力，使它带上人情味。在日本，神道教与佛教、儒教相互交织在一起，完全融成了一个整体；它们对日本人的思想或审美意识的影响就像三种颜色合成的一个整体，既不失各自的美又是一种全新的美丽。但日本是一个善于摄取的民族，在吸收外来文化影响并发展出融佛、儒、神道三者于一体的新东西的同时，又保持了自己民族的本土特色，形成了独具的审美特质。

虽然日本民族对外来文化和思想不拒绝，表现得非常开放，但也决不臣服于某种特定的意识形态，它在骨子里扎根的东西是不会被外来思想所改变的，这也成为日本文化的一个主要思想特征。因此它作为一个既有开放性又有创造性的民族，对外来先进文化的引进和吸收经过不断的筛选和扬弃。中国儒学大约是在 5 世纪初传入日本的。"日本人系统学习中国儒家典籍及其思想，则是晚至 6 世纪的事。"[①] 儒学传入日本的早期仅限于皇室贵族文化圈，儒学的传播也是为了满足日本贵族建立中央集权制国家的需要而发挥社会作用的。"和为贵"、"上不礼而下不齐"等语句均出自儒家经典理论，它为古代天皇制国家提供了文化、政治理念和国家管理的基本模式。中国儒家的一些思想观念得以推行并成为指导性的政治理念，且在实践中加以应用。在 14 世纪（室町时代初期），日本的贵族和禅僧中出现了研习和讲解儒学的学者，这就表明了儒学从上层社会下移和普及化的趋势。这时的儒教呈现出竭力调和儒、佛和神道三教的特点，但是由于当时的佛教是国家宗教，儒学也就只能处于禅宗的附庸地位，由此看出禅僧兼习和传播儒学的目的还是在于弘扬禅宗。到了江户时代（1603—1867年），日本儒学逐渐摆脱了禅宗的附属地位，达到了与神道的合一。儒家天命思想被移植在神道本来就浓厚的宿命论的日本土壤中，自然地就能和合为一，并深深地影响了日本民族文化心理结构和审美意识。但由于日本

①　王家骅：《古代日本儒学及其特征》，见《比较文化：中国与日本》，吉林大学出版社1996年版，第 3 页。

原始神道含有"顺乎自然"的精神，日本民族素来尊崇自然人性，所以在引进儒家辩证法时，也接受中国道家主张自然之道的思想。它抵制中国儒学的禁欲主义倾向，对压抑人的自然情欲产生反感。日本学者中村元在《东方民族的思维方法》中认为"日本人倾向一如其原状地认可外部的客观的自然界，与此相适应，他们也倾向于一如其原状地去承认人类的自然的欲望与感情，并不努力去抑制或战胜这些欲望和感情。"① 这说明中国的儒家思想进入日本后，没有改变日本民族尊重自然情欲的基本态度，这也正是日本的美学和艺术思想不同于中国的美学和诗学那种处处强调教化和社会功利性的根本区别所在。应该说在日本文艺美学观念草创时期，缺乏儒家的核心观念——礼治教化观。日本学者斋藤清卫认为："中国的（文艺）思想，从头到尾都是政治气息，不管什么都引申到治国平天下去，没有什么不归结到王道上去。"② 书名取自曹丕《典论·论文》"盖文章，经国之大业"之意的《经国集》，其中序文和一部分作品，虽然确实可以说受儒家思想的影响，但是其主要内容却是和序文的观念不相合的。《序》中所讲到的，基本上是儒家的文艺观——采诗观风，"厚人伦，美教化"（《毛诗序》）；"质胜文则野，文胜质则史。文质彬彬，然后君子"（《论语·雍也》）。而实际上无论是内容和形式均言意不称，内容上是闲情咏叹，表现形式上是丽藻纷呈。原因是中国儒家思想进入日本后，对日本人民尊重自然情欲的人本精神没有起到大的冲击和改变。可以说儒学在日本是直接服务于政治的，只体现在政治领域，它并没有真正深入到人们的日常生活和思想中去，也谈不上对道德行为等的规范。它对文艺思想的影响也只是停留在浅表状态，影响极为有限。如日本和歌史上三大集之一的《古今和歌集》，它有真名序和假名序两个序文，相比于真名序，假名序更能体现日本和歌的民族特质，更强调人们对具体事物的所思所想，它"存在某种对中国诗学的抗拒意识，很少盲目借用中国诗学的思考方法，或单纯剪裁中国儒家的文学思想，而且更多的是有意识淡化中国诗学的影响，强烈地表现日本意识，出现企图酿造独立的和歌思想的倾向"③。在歌学理

　　① 　［日］中村元：《东方民族的思维方法》，浙江人民出版社 1989 年版，第 235 页。
　　② 　［日］斋藤清卫：『日本文艺思潮全史』，南云堂樱枫社 1963 年版，第 80 页。
　　③ 　叶渭渠：《日本古代文学思潮史》，中国社会科学出版社 1996 年版，第 90 页。

论中以"真"为强调的重点，情真是和歌最重要的品质。它不受制于"发乎情，止乎礼义"的人为规范，不追究其所具有的政治意义或伦理价值，完全与教化无关，以触物感怀为主旨，以"自胸臆间诚意真心出之"为真情，表现出日本民族的真实情趣，远离中国儒家思想的影响，真正体现日本民族的审美特质。但是中国儒学在一定程度上确实极大地启发了日本民族的理性思辨能力，同时儒家的"入世观"、"中庸观"及"中和"、"文质彬彬"的美学观，对日本审美意识起到了或明或暗的影响。另外在日本的文艺现象和审美观念中，如"幽玄"、"寂"等美学范畴也隐含着儒学之旨。

从儒家思想对中日诗歌的影响能看出两者背后的差异。中日诗歌都具有抒情性的特点，但所抒发之情存在不同，在抒情取向上具有社会政治性与个人情感性的明显差异。"中国诗论多受儒教思想影响，把诗文作为政治道德的手段来确立它的价值和意义。"① 儒家诗学观深深扎根于中国诗人的心中，他们面向现实抒发着深具社会理想的情感，他们是"为君，为臣，为民，为物，为事而作"，赋予诗歌救时劝俗、补察时政等社会功用。他们的诗歌中"多豪丽语"，嗜大丈夫之豪壮情趣，羞于柔情蜜意之语，所抒发之情多为政治性的情感，其深受儒家关注现实、积极有为思想的影响。无论外向奔放还是内敛淡朴，即使抒情形式上呈现出变化，但对现实关注的精神却一以贯之。他们以刚劲之笔力、高亢之激情抒发针砭现实、忧国忧民之情，以"天下大义"为抒情的出发点。在抒情中注重情的规范性，要"发乎情，止乎礼义"，并追求美与善的密不可分。但和歌作为日本民族性诗歌的代表，它是以真实为前提的，着重于个人情感特别是男女恋情的率真表露，以朴素见长。不同于中国诗歌关注社会现实和政治的精神，和歌的抒情性源自真实生活中的喜怒哀乐，是单纯的个人情感，与教化无关。在四季变化自然美景之时，天皇也会以政治手段命令臣下作歌，但出发点是为了测试其对美的感受能力和精神能力，是把自然的美的事象作为课题。这完全不同于中国是以政治能力作为创作的意图，而且日本和歌的这种创作动机不仅仅是天皇的命令，它也是一种自发的由心所咏。在日本国学家本居宣长眼中，相比于中国，"我国则万事自在，不受羁绊，

---

① ［日］今道友信编：『講座美学』第一卷，東京大学出版会 1984 年版，第 354 頁。

不自命贤明，故不烦道人善恶，唯将发生之事原样写出，其中歌物语等，乃特以触物感怀为主旨，将好色之人之诸情诸意，如实从容写出者也"①。日本和歌接受中国儒学的影响只是一种概念性的，或者说还带有着抗拒性，它在顽强地寻找一条属于自己的以真为美的道路，完全不同于中国对美善结合的追求，它是一种主情的审美观。

二　"形而上之道"与"形而下之器"

中国的道家，特别是庄子的人生观，追求的是一种精神上的超然世外，作用是使主体达到一种人格上的升华和精神上的绝对自由。"道"是自然本体，更是理想人格的体现，它要冲破一定的社会束缚，追求人格精神与天地自然的同一，道家所追求的这种自然美与真性情之美的统一，是对儒家礼乐教化美学观的超越和补充。它讲心斋、静观，讲超然物外，一切都求其真、任其性、适其情、尽其兴，这从另一个侧面揭示了具有感召力的人生境界和艺术境界。

道家思想属于哲学范畴，它以老子为祖。首先道教是在东汉时期形成的一种宗教，道教的思想根源来自道家哲学，并视老子为教主，把《道德经》作为经典，它崇尚中国古代的自然崇拜和祖先崇拜。佛教的产生对道教有推动作用，它吸取了很多佛教的内容，不仅充实了教义，也完善了其各种仪式，道教就是一种融合各种思想为一体的宗教，主要体现为神仙思想，其次是庄周思想及儒家和佛教的思想。鲁迅曾说过"中国的根柢全在道家"（致许寿裳 1918 年），所谓"内道外儒"贯穿于封建社会中政治文化的各个层面。道主在哲学艺术，儒主在政治伦理。儒家思想在确立和规范人的社会行为的同时，也制约着人的思想情感的传达。道家"解构"了儒家思想，消解其"发乎情，止乎礼义"的诗教传统，使人处于一种逍遥游的审美境界，从追求"充实之谓美"（《孟子·尽心下》）到向往"朴素而天下莫能与之争美"（《庄子·天道》），这种"解构"的过程最终是为寻求一种无功利的审美天地和精神自由。这种儒道互补使得"善"与"真"得到了统一，同时在社会伦理和审美艺术之间找到了一个契合点，中国艺

---

① ［日］本居宣长：《石上私淑言》，曹顺庆主编：《东方文论》，四川人民出版社 1996 年版，第 781 页。

术精神的民族性特点得到了彰显。

　　"道"在老庄的哲学中是指宇宙苍生之间所包含的规律，所谓"道法自然"。"道"作为化生万物的本原表现出高度抽象性，是一种形而上之"道"理论抽象出的高度。"道可道，非常道，名可名，非常名。"它不可言说，不可界定，一切都是自然而然，它既是虚无，也是产生万物之源。"有物混成，先天地生，寂兮寥兮，独立而不改，周行而不殆，可以为天下母。吾不知其名，强字之曰道，强为之名曰大。"（《老子》第 25 章）"道生一，一生二，二生三，三生万物。"在《易传》中曾有"形而上者谓之道，形而下者谓之器"之说法。中国的文学创作把在作品中体现出"道"视为最高价值，《文心雕龙》开篇即为"原道"，因此中国是重"道"而轻"器"的，"器"指的是具体的事物，中国人不屑于琐碎零散的细枝末节。若想探究中国的艺术哲学和美学思想，必须抓住中国人的目和心——所谓中国人如何看世界及如何把握人生这两点。对于中国人来说，"道"是自己和世界的根源，所谓"道"就是天地大自然造化的理法，也就是贯穿这个世界的宇宙的秩序。"道"虽无形但能生成天下有形之物，是"天下之母"（《老子》）；它生成包括人间的一切万物，又回归到那里，因此它又是"天地之根"（《老子》）；它作为贯穿自然世界和人间世界秩序、法则的根源，是"天地之理"（《庄子》）。它虽是无形的，但又是流动变化的（《庄子》），它是"无为自然"（《老子》），这其中有很深的意味存在。

　　"道"是一种变化的流动，在这样的过程之中，万物在不停地生成变化，人间也把那种一瞬一间的变化当成主体的生存体验，它已不是单纯计量的物理时间了，是日月运行、四季推移、昼夜交替并呈现出自然法则和秩序的时间。依照这种秩序和法则，人类进行着农耕和祭祀等世间万般活动，这与"道"有着深刻密切的联系。对于中国人来说，时间不单纯是过去的时间（历史），而是现在的"镜子"，现在的时间也不单纯表现现在，它是包含人间行为规范的时间。因此时间和空间应该作为一体来被捕捉和理解，时间是流动的空间，空间只是流动时间的断截面，时间被无限地抽象化了。对时间抽象化思考的中国人，当然对空间的理解也是如此。对于他们来说，空间是包含着时间的变化和流动，空间支撑着万物生成的法理，扩大了与人类生活体验密切的活动范围，它就不单纯是远近高低的物理空间了。中国人对空间的体验是在完全非等质性的基础上成立的，包含着起伏凸凹、曲折错杂、反转倒立。因此可以理解作为拥有人类之形体的庄周为何会成为蝴蝶，在蝴蝶的空间中若隐若现。中国人捕捉的空间不是能够计量测定的空间，它是主体的空间，是被时间化的体验的空间。从他们的眼中能够看到广阔的空间中时间的流动，时间的流动中也能捕捉到空间的宽阔，这其中所蕴含的深刻性和丰富性反映了他们对世间自然认识的敏锐性和洞察力。

由于"道"的造化作用使得这个世界上有形事物的生存得以可能，人类也是因为"道"的造化作用与其他自然万物一样拥有同样的根源，他们是同根一体的。人类本来就是自然的一物，与鸟兽草木、山川土石等自然物在存在的本质上是一致的。老庄哲学中的"万物齐同"、儒家伦理中的"万物一体"等都没有把人类与自然对立，而是在人类的根源上来考虑两者的共通性和同一性。把握了世间根源的"道"（自然），也会在鸟兽草木、山川土石等自然物的存在中去感受到这种"道"，在一草一木的真理中来发现世界的普遍真理，在感受隐藏在土石中的"道"的同时来领悟人类生存之根源。在中国人生命的感动中可以延及山野中的一棵小草，路旁的一块石子，在这份感动中体悟和直观到的是世间宇宙的本质和实相。感动世界的多样性，使得他们培养了自己对生命意识理解的丰富性和深刻性，在无限开拓自己生存愉悦的同时，并把这种意识和愉悦传达在艺术中，立足于"无"的世界，悦乐于"有"的世界。所以中国的艺术中更多地表现了这种对生命的感动，无论是作为听觉艺术的音乐、语言表象艺术的诗，还是作为视觉艺术的书法、绘画等艺术形式，都拥有同样的性格，那就是在艺术中表现了天地造化的"道"以及在此基础上所表现出的人类生存之"道"，这种表现和艺术手法是与西方国家完全不同的，它具备自己非常特殊和独自的审美趣味。日本学者福永光司曾经把中国人这种对艺术的感觉称为"伟大的感觉"①。以音乐为例，中国的古典音乐一般指的是舞乐，这种音乐是和舞蹈表现的内容、艺术表现的形式技巧等联系在一起的，比较有代表的是《礼记》中的《乐记》篇和《庄子》中的天运篇《咸池乐论》。前者是反映了儒家政治伦理的哲学思想，旨在调和人间社会秩序进而调和作为那个根源的天地大自然的秩序，也就是把表现"天地之

---

① ［日］今道友信编：『講座美学』第一卷，東京大学出版会 1984 年版，第 218 頁。

道"作为音乐的本质，通过音乐来实现秩序的调和，并强调和确立人心之安乐。后者表现了老庄的无为自然的哲学思想，把"无为之道"作为音乐的本质，强调根据"无为之道"能够使人心之安乐，音乐的旋律在与大自然宇宙旋律的象征这一点上是共通的。《乐记》是中国现存最早的音乐论书籍，拥有极强的政治伦理性格。与其说把音乐作为纯粹的艺术来论，不如说它更强调和关心儒家的教理体系；与其说是追求音乐自体的艺术价值，不如说它是作为与礼的哲学结合的礼乐论展开的，音乐的政治性被强调了，而作为艺术论的品格被大大降低了。但是不管怎么说，它至少展示了关于音乐的本质及关于艺术的一般根源问题的敏锐思考。比如说，艺术的根源在人之心中，规定艺术价值的东西是人心之感动，是精神层面的纯粹性。或者说，艺术的创作参与到天地的造化之中，优秀的艺术作品不仅探究自己和世界的根源，而且必须通过某种艺术形式表现出来。因此艺术是创作者人格的象征，艺术作品拥有的最重要的意味是其中充溢着创作者的精神，艺术的本质表现在它不惜于与他人分享，它是不带有己欲的思考，这也是中国艺术哲学中一贯的主张，可以说它是中国艺术本质和精神的原型。尽管《乐记》的音乐论是作为儒教的礼乐论的一环被赋予了非常强烈的政治伦理性格，但是在它的根底深处也包含了对艺术本质的敏锐的认识和把握，它作为艺术论丰富思想的根源拥有着极其重要的意味，它给予以后展开的中国艺术哲学思想很大的影响，12 世纪以后的朱子学就是一个代表。他把《乐记》中的"天理人欲"说作为自己实践哲学的根底，表现出了对"感于物"的心动的敏锐关心，并且对人类的"性"（本性）和"情"（情欲）问题进行了细致的思考和探索。对于"性"和"情"的问题在《乐记》中也有精致的分析，这成为朱子实践哲学的根底，其强调的是音乐的"善"也就是对感于物而心动的"情"的节度，从而使天理人欲的学说得以充分展开。在中国的艺术论中，《乐记》占有着极其重要的地位，它关于艺术本质的思考，使其成为中国丰富的艺术思想的源泉。

《咸池乐论》是关于咸池的音乐的论考，这是《庄子》天运篇中的文章。相对于《乐记》是儒家音乐哲学的代表，它是道家音乐哲学的代表。《乐记》的音乐哲学作为儒家音乐哲学的一环，是"治道"的音乐，是强调秩序和节度的和乐，它把人置放在社会的人伦秩序之中，重视音乐的社会功利性，音乐象征着最高的政治人格也就是王者的功业，是为了表现王者实现了的政治秩序。《咸池乐论》是强调道家的"道"也就是拥有真实世界中的和乐，它象征着对真实世界的调和，来表现与这种调和成为一体的求道者的灵魂的愉悦感。它重视深入思考人生存的根源及强调音乐独立的觉醒和净化作用。一般来说艺术活动的根底在于对人的生命的意识，也就是"生命感"，《乐论》的音乐论是重视在秩序中的生命感，《咸池乐论》是重视在混沌中的生命感，所谓混沌是指悠久无限的天地大自然，是意识到自己生存根源的强烈的生命感。因为意识到了自己生存的根源，可以往纵深挖掘发展，比起社会的、政治的生命感，它更是重视拥有个人的、实存的性格的生命感，这种对人灵魂净化的音乐更能反映艺术的本质。《乐记》主要是意味着舞乐的"乐"，是作为礼乐构成儒家政治哲学的重要一环，《咸池乐论》完全脱离了舞乐的要素，真正作为音乐被论述，它代表了道家音乐哲学思想。"乐"是作为真正的反映人的灵魂的音乐被意识和重视，音乐作为自体的价值从礼乐的政治哲学中解放出来，并作为"道"的哲学的一环被主体化和审美化。将人与"道"也就是真实存在的世界相结合，来探究自己生存的根源，从而赋予其净化和觉醒的新的艺术价值，期待人的灵魂的飞翔，这是道家音乐哲学的根本特征。它对人精神的感动、灵魂的净化，使得其在魏晋时代产生了众多的共鸣者。

琴棋书画作为中国士大夫基本的修养是在魏晋时代萌芽，并在北宋以后被普遍化，比起政治伦理它更重视主体的内在修养和审美趣味。对于他们来说，音乐的哲学同时也是书画的哲学，真正有价值的艺术表现了自己生存的根源，吐露了自己内心深处的"造化"（道）。作为魏晋时代诗人、哲学家的阮籍的音乐论（《乐论》），也在其中进一步导入了"道"的音乐哲学，同时嵇康的音乐论（《琴赋》、《声无哀乐论》）也是强调了音乐对灵魂的慰藉作用。这些不仅对中国的士大夫阶层产生了很大的影响力，而且对以后的中国音乐哲学的发展，甚至是艺术哲学都有引导作用。中国音乐表现了象征大自然的旋律，人类根据这种旋律确立了自己在现世生存的秩序，并寻找和回归本来的根源"道"。现世秩序的确立和向大自然的回归，使得中国人的生命表现出更强烈的感动，这也是中国音乐的表现特质，同时也体现出中国艺术的特征。中国人的生命的自觉是在时间和空间上的无限扩展，生命的感动是寻求表现的整体性和根源性，生命的体验是把视觉体验与听觉体验结合在一起，听觉体验又与其他感官的诸体验结合在一起，各种各样的知觉和思维、表象和观念结合在一起，形成庄子所谓的"混沌"。所谓诗画的一致或者说是诗书画的一致只不过是这种"混沌"的多方面、多角度的表现手段。

　　道家思想对中国文学艺术产生的影响主要体现在艺术精神之中。艺术精神是特定历史条件下哲学思想与审美意识结合的产物，当它形成之后，便浓缩并积淀在民族文化心理结构中，长期地影响民族文化艺术的发展。哲学在最高境界上与艺术相通，但艺术毕竟有别于哲学，"艺术之异于宗教与哲学，在于艺术用感性形式表现最崇高的东西，因此，使这最崇高的东西更接近自然现象，更接近我们的感觉和情感"①。至于采用什么样的"感性形式"以及怎样运用这种"感性形式"，这又取决于某个民族的审美心理、审美意识。艺术根源于人的某种心理需要，艺术的本质是主体精神的自由性，真、善、美的完满和谐统一是艺术的最高境界。庄子"逍遥游"的自由观以及与之相应的"得至美而游乎至乐"的审美理想，无不契合艺术的需要，成为道家艺术精神的哲学基础。"天地与我并生，而万物与我为一"把人放在了宇宙中心的位置上，"道"的精神便转化为"人"的精神，这就突出了人的主体精神性，也更接近艺术的本质。继而庄子强调人要以超功利的态度对待人生，以生命的自由为人生第一要义，这种人生态度恰恰是一种审美态度，有了这种态度便可以直觉并审视到人生之美，便可以使心灵活动冲破现实藩篱，去寻找精神的绝对自由。这种精神活动的最高境界是心灵与无始无终、无涯无际的自然和宇宙合为一体，真正达到"逍遥游"的境界。"浪漫型艺术的真正内容是绝对的内心生活，相应的形式是精神的主体性，亦即主体对自己的独立自由的认识。"② 庄子的"逍遥游"的自由观为道家艺术提供了精神特质——"主体对自己的独立自由的认识"，决定了道家艺术的想象特点是超越一切自然与人为的束缚，达到与自然、宇宙的合一。

　　中国的"道"在老庄的哲学中是指宇宙苍生之间所包含的规律，所谓

---

① ［德］黑格尔：《美学》第一卷《序论》，商务印书馆 1996 年版，第 10 页。
② ［德］黑格尔：《美学》第二卷，商务印书馆 1996 年版，第 276 页。

"道法自然"。形而上之"道"具有高度的理论抽象性，它不可言说，不可界定，一切都是自然而然，它是虚无，也是产生万物之源。"在中国传统的存在论上，寻求万物的根源'道'和'气'——但这种关于宇宙观、历史观的哲学原理在日本是没有的。"① 可以说在日本的神道教中有中国道教的投影，道家思想是在隋唐之前就已经传入日本，并与日本各种宗教、文化要素等融合后成为其思想的一部分。它对日本的政治、宗教、文化等都产生了巨大影响，特别是与日本固有之原始信仰相结合后，对民众的精神信仰层面产生了极深作用。日本宇多天皇宽平年间（889—897 年）藤原左世撰写的《日本国见在书目录》中记载了《老子化胡经》、《抱朴子内编》、《神仙传》、《太上老君玄元皇帝圣化经》等道经经典，道教也从《易经》中承袭了"神道"一词，意为"神明之道"。道家思想是通过汉译佛经这种间接的关系开始在日本流布的。因为老庄与禅宗关系密切，中国的禅僧们久有好读老庄之书的习惯。这样随着佛经在日本的传播，老庄之名也广为人知，出现很多老庄著作的注释书，老庄的人生观和艺术观给日本审美意识以很大的影响。日本学者认为，道家思想"与其说是作为信仰，不如说是作为一种生活的润饰游乐而（在日本）推行开来"②。

　　日本的思维特征是长于具象而短于抽象，自然对高度抽象的"道"不会有什么感觉和反应，它对中国文艺审美的吸收也主要体现在外在的形式层面，而对形而上之"道"的层面是缺乏研究兴趣的，这与日本具象的思维特征和"超政治性"是有关系的，他们对"道"作为宇宙本体的最高抽象是难以理解的，认为是神秘不可知甚至不可思议的，这样的思维特征导致他们缺乏对"道"的共鸣，自然只会去吸收文艺的语言形式、韵律、文体等技艺层面的东西，因此在中国被作为核心概念的"气"等范畴不被日本所热衷自然是可以理解的了。中国人不轻易言道，视道为体系完整的思想学说，是宇宙、人生的法则、规律，如老子的"道可道，非常道。名可名，非常名"。"道"在中国是很神圣、严肃的东西，可在日本却遍布于日常生活和文化的方方面面，如茶有茶道、花有花道、剑有剑道，甚至还有香道、柔道等，"道"在日本文化中是流淌在日本人血液中的养分，构成

① ［日］今道友信编：『講座美学』第一卷，東京大学出版会 1984 年版，第 354—355 頁。
② ［日］太田青丘：『日本歌学と中国詩学』，弘文堂 1985 年版，第 17 頁。

整个民族的精神大厦。日本民族不擅长抽象思维，即使对于深奥的哲学理论，也要从点滴细节中去领悟，也就是说从具体的小事物去领会大道理，以"器"作为工具去找寻"道"，并发展各种"道"，"艺道"可以说是日本文艺理论的抽象形态或者说是一种精神指向。日本虽然也在有意识地从形而上层面加以理论上的提升，使得"艺道"成为一种精神的象征，但它毕竟表现为从文艺实践中总结出来的、体现出明显的技艺性和主观人为的特征，因此它更多地体现在形而下层面，或者可以说它就是作为一种相对于"道"的"器"的存在。

　　日本人难以理解和把握高度抽象的"道"，感兴趣于表现具象意义的"道"，或者说他们在具象与抽象之间寻找一个平衡点，并与本国各种技艺结合在一起，形成了"艺道"、"书道"、"茶道"、"武道"、"歌道"等一系列相关的文论或美学概念。但这个"道"已非同于中国的作为最高本体论范畴的"道"了，它是存在于文学艺术作品中的一种技艺，是含有主观精神性追求的形而下的"器"，完全不同于中国具有客观本体性的形而上的"道"。中国的"道"由于它的形而上和思辨色彩，需要发挥艺术想象来领悟其中之"道"，也就是刘勰在《文心雕龙》中所强调的"神思"，而日本的"道"作为一种技艺需要"学"。关于日本的"道"有这样的解释：日本的艺道无疑是重视技能的，但仅仅看重技能，就流于"术"，流于"工"，是游戏本位、实用本位，绝不是现在我们所说的"道"。之所以特别地将"艺"看做"道"，就是因为重视贯通其中的至高纯真的精神。那么，艺道中的"精神的东西"是什么呢？这可以从几个方面加以考察。第一，艺道中有确定的理念，而且从事艺道的人对这种理念要有明确的自觉，并以此为目标不断精进。第二，在艺道的领域中，是有一种严格的传统，从事艺道的人要牢牢地保持继承传统。第三，对艺道而言，其稽古修行要重视实践，要在躬行锻炼中加以体会和体悟。重视以上三点，则"道"的精神就在其中，"道"的意义就在其中了[①]。

　　"道"实际上在日本有一个演变的过程，在平安时期"道"比较偏重于学术、技能等方面，进入中世时期，由于禅宗思想的影响，"道"的含义逐渐发生了变化，转变为通向人生彻悟之路的意思。因为禅宗思想中的

---

　　① ［日］参阅佐々木八郎『芸道の構成』，富士房昭和 17 年版。

"道"不同于儒家的"人道"、道家的"天道",它是"心道"①,"心道"即为修行之路。这样一来,禅宗思想与日本本土文化结合后形成独特的日本文化现象——艺道,艺道既是一种单纯的技巧,又是技能上的超越,虽然不同于中国的"道",但它也是在寻求一种宗教精神,这种精神深深地影响了日本的审美意识。

中国到了魏晋以后,出现了儒学不断衰微、道家思想影响日盛一日的局面,而且道教思想逐渐演变成了玄学思潮,魏晋玄学作为道家思想的发展传到日本后,对日本人的价值观形成发挥了作用。其中道教的神仙境界及其美妙的幻想,往往为文人墨客所欣赏,不仅能使之开阔视野驰骋想象,而且能够增加作品的浪漫色彩和超脱尘世的情趣。这种情趣不仅迎合了名士们追求精神和心灵安宁的愿望,更对日本传统审美理念"幽玄"、"寂"等产生影响。"幽玄"所显现出的审美趣味在某种程度上讲是道家思想情趣的一种体现,老庄讲超然物外,不为利禄所动,讲天然朴素之美,这也正是作为"幽玄"、"寂"等理念典型表现形式的松尾芭蕉俳句中所崇尚、表现出来的审美特质。

三　"自然之妙谛"与"简易之深趣"

正因为在佛教传入之前,中国已形成了完备的、主导社会的哲理思想体系,所以佛教的传入,只可能使社会意识发生某种程度的变化,而不可能由它成为社会意识的主宰。但在儒、道与佛展开较量的同时,在东方共同的心性追求这一点上三种思想体系渐渐地实现了某种融合,因为"从形式上看,印度佛教的坐禅形式与中国的道家、道教追求虚静、淡心寡欲的修炼方式有某种类似,所以,在两者接触的初期阶段,中国文化首先在外在形式上与印度佛教相调和。从内容上看,儒、道、释三家都关注人生的问题,在哲学思想上都表现出对真善美的追求,在人格理想上也相互补充,趋于一致,在人性问题上,三家也有某种契合。如儒家讲'人皆可成尧舜',道教讲人人可以成仙升天,佛家讲人人都有佛性,人人都可成佛"②。在这种文化交流语境中,老庄思想与佛学之间存在着某种深刻的相通性,如"无

---

① 参见皮朝纲《禅宗美学思想的嬗变轨迹》,电子科技大学出版社 2003 年版,第 26—28 页。
② 蒋述卓:《佛经传译与中古文学思潮》,江西人民出版社 1990 年版,第 144—145 页。

与空"、"心斋与禅定"等。在老庄思想中，"天下万物生于有，有生于无"。"无"之所以更根本，乃是因为它代表无限之域，比起有限之物更为博大深远，能知"无"之为物者则为善于体道之人也。它与"有"相对应，"有"就是直接表现出的事物，有生于无可理解为通过可见之物领会不可见之物，通过有限而达于无限，它对中国艺术精神的影响甚为深远。禅家所谓的"空"即自性本为虚空，既可纳万物亦可生万法，它并不是什么都没有，也不是空寂不动，它有巨大的包容性和无穷尽的流动性，"空"虽可涵盖一切但不偏于一物。道家的"无"与禅家的"空"都具有生成性，都能生万物，是一种本体，同时也能够超越实存之物，借助于有限来呈现无限。但区别在于，"无"与"有"虽然相对，但"有无相生"，它们之间并没有绝对的不同；"空"在禅家眼里是一个绝对的概念，世间一切"有"一切"法"都生于"空"，除"空"之外其他都是虚幻的。另外，"无"就天地万物来讲，它是客观事物的一种存在形式，或者可以说是形式上的一种客观存在；"空"相对于"无"的物质性，它实际上表现的是一种心性的精神状态，着重于人对待世界的态度。老庄思想中的"心斋"是指人在达到这种状态之后能够借助于纯粹的想象力来提升精神，从而使心灵自我扩张达到一种超越。"禅定"就是指"外不住于相，内不生妄念"之相，也就是说要能够抑制欲望与控制住自己的情感，使心灵处于变动不居状态，达到"寓意于物而不留意于物"之状态。它与"心斋"都是指人要能够摆脱世间一切纷扰，一切束缚，不为功利所累所惑，使自己内心时刻处于一种虚静、平和的状态。老庄思想与佛学的相通及与儒家思想的融合为禅宗文化这一新的文化生成物提供了赖以产生的交流语境，因此无论儒、道两家接受与否，中国的佛教——禅宗毕竟作为一个独立流派出现了。

　　禅宗思想与魏晋玄学的结合使得文人们都追求一种宁静恬适的艺术情趣和平淡朴素的艺术情调。道家老子的"致虚极，守静笃，万物并作，吾以观复。夫物芸芸，各复其根，归根曰静"（《老子》）。认为"道"是万物之本源，"虚"和"静"为"道"的基本表现。庄子"不荡胸中则正，正则静，静则明，明则虚，虚则无为而无不为也"（《庄子·庚桑楚》）。是让人荡涤胸中"恶欲喜怒哀乐"种种情感，达到虚的境界。虚，才能无为而无不为。"虚"与"无"联系起来，显现出把"虚"从外在于主体的"道"

向理想人格过渡的趋向。禅学与玄学的联系正是通过"无"来沟通的。禅宗的兴起，大大超越了魏晋玄学和佛学对"无"的运用，它不是以"无"去解"空"，而是由"无"去悟道，以求不着于"空"，赋予了"无"和"空"更具体、更现实的含义，注入了个体生命的活力。因为在禅宗看来，"无心"就是"平常心"。但不能执著于"空"，如认为禅宗讲"本来无一物，因此，四大皆空，根本没有人与物的关系问题"①，这便是对"空"的执著。所谓"本来无一物"并非"无一物"，而是心不著于一物即是空，是无念，把"空"视为"无一物"即是对"空"的执著，也是未悟禅道。山水画作为艺术家心中的自然流露，怎不能悟道呢？如水墨山水画中"淡"与"远"的色彩与构图，便成了一超直入的悟道法门②。"淡"与"远"包含有丰富的禅宗意蕴。淡，作为水墨山水画推崇的画风，应是中、晚唐的事情。明人莫是龙的《画说》载："禅家有南北二宗，唐时始分；画中南北二宗，亦唐时分也……南宗则忘摩诘始用渲淡，一变钩斫之法。"所谓渲淡，是指墨所渲染的颜色深浅。中、晚唐后，山水画以水墨代替青绿，渲淡体现了水墨的本色，其基调是淡。当然，淡的思想含义，首先起源于道家，《庄子·山木》中的"君子之交淡如水"。这时的"淡"有薄、浅的意思，感觉应与"虚"、"无"相通。后来又进一步引申为淡泊、安静的意思。诸葛亮《戒子书》谓："非淡泊无以明志，非宁静无以致远。"只有淡泊，才能虚静、淡忘，才能心不住念于一物。因而，淡包含了由道家向禅家演变的全部内涵。而渲淡作为中、晚唐后出现的水墨画法，亦被称为破墨即皴染。这种墨色的深浅合乎水墨的本色，天真自然，顺乎万物自然之道，也顺应了道家自然观向禅家"平常心"的发展。同时也表明"淡"已由道家的境界进入禅家的悟境③。因此司空图对"冲淡"的感受，远不止于象外之象、言外之声的道家思想层面，他所理想的"和淡"境界，是以一种不执有无，于相离相，不住心于物，在瞬间感悟中体认自心，这种感受不可言语，不可把握，只能自己去体会。王维的"空山不见人，但闻人语响。返景入深林，复照青苔上"这种境界就是一种溢满佛理

---

① 徐复观：《中国艺术精神》，春风文艺出版社 1987 年版，第 327 页。
② 同上书，第 256 页。
③ 同上书，第 259 页。

禅趣的淡。柳宗元的"千山鸟飞绝，万径人踪灭。孤舟蓑笠翁，独钓寒江雪"同样传达出这样一种淡的味道。"远"本来是指画家通过构图去表现，文人通过构图去感觉，并从对这种远的感觉中去体悟远的禅宗意蕴。远之又远，趋于无限，趋于虚、无，便是道。即是超出有限的象追求象外之象。远与玄相通，魏晋玄学追求玄，也必然追求远，《世说新语》中有"玄远"、"清远"、"旷远"、"深远"等概念。北宋画家郭熙提出山水画中"三远"概念："山有三远。自山下而仰山巅，谓之高远。自山前而窥山后，谓之深远。自近山而望远山，谓之平远。高远之色清明，深远之色重晦，平远之色，有明有晦。高远之势突兀，深远之意重叠，平远之意冲融而缥缥缈缈。其人物之在三远也，高远者明了，深远者细碎，平远者冲淡。"这"三远"不仅标示着水墨山水画技巧日趋成熟，同时也体现出时代的审美情趣。禅道不可言说，不可形于象，只能靠心灵去体会。"远"的画面构图可以把人的心念引向画面外的无，使人在瞬间的感受中，反观自心，体悟到生命的无限。从这里也可以看出道家与禅家的区别。道家通过"远"向无限追求，无限是目标，是道；禅家则是以"心"的外射，通过"远"向无限延伸，然后往复盘亘，最终返归自心①。

历史进入中世，即镰仓室町时期（1192—1600），儒、道虽然还在影响着日本的审美意识，但随着日本和歌理论的发展，佛家特别是禅宗的影响开始凸显出来。"佛教的传入没有驱逐既存的日本信仰，而是佛教信仰与日本原始信仰实现一种共存状态。"② 汉学造诣颇深的歌人藤原俊成③信仰佛教，不仅创造了优美、清新、温雅的"幽玄体"，而且首倡"歌佛相通"说。他认为佛法能通晓"和歌的优劣与深奥的道理"，达到"从心自悟"。俊成之子藤原定家④也是中世歌论的集大成者，他通汉学，受儒家思想影响较深，但同时信佛教。他在《三五记》里说："今之所谓幽玄之体，总而言之，乃歌之心，词朦胧，非同一般的样式。所谓行云回雪二体，只是幽玄中的余情而已，但必有心。幽玄为总称，行云回雪应为别名。归根结底，称之为幽玄之歌里，以薄云掩月之势、风飘飞雪之情景为心地，

① 徐复观：《中国艺术精神》，春风文艺出版社 1987 年版，第 261 页。
② ［日］加藤周一：《日本その心とかたち》，株式会社スタジオブジリ 2006 年版，第 44 頁。
③ ［日］藤原俊成：平安末期、镰仓初期的代表性歌人，和歌"幽玄"体的首倡者。
④ ［日］藤原定家：镰仓初期的歌人，和歌理论家，是幽玄华美、象征性歌风的奠基者。

心、词之外，并以影浮眼前见胜。"① 其中的"行云回雪"是从中国《高唐赋》的"且为朝云，暮为行雨"，《洛神赋》的"仿佛兮若轻云之蔽月，飘飘兮若流风之回雪"而来。这种飘渺幽远之境的神仙艳冶趣味，不只是老庄思想和道家情趣的反映，佛家的色彩也掺杂于其中。

　　藤原定家带有神秘气味的飘渺而幽艳的美进一步得以发展。著有《彻书记物语》的正彻②认为，歌的妙趣"并非用词说与人听者，只应是自然领悟"。这种妙境，正如《沧浪诗话》所说"水中之月，欲取虽易，但取之不及"而难以到手。说明诗趣、歌趣与禅家风味一脉相承，均是在语言之外的，这同时也是讲求含蓄的"情在言外"（皎然《诗式》）的艺术要求。曾师从正彻学歌的心敬同样精通汉诗文，他是从佛道谈歌道，将和歌的修行功夫最终归之于人格修养，说"不解胸中之毒气，即难以吟出自己的真诚歌句"来，并且强调"无师自悟"、"顿悟直路"之法，几乎达到"歌禅一致"的地步。和歌理论发展到心敬，佛家思想对歌论的影响已经达到一种极致，同时儒、道、佛的思想影响也融而为一。在歌的本质和功用上，儒家的"言志"、"缘情"除社会政教作用外，还强调陶冶性情、提高品格；老庄等人的"虚静"在构思中被加以重视；在和歌体式的研究中，不仅针砭了歌风时弊，而且丰富了各种诗歌风格的内涵，从而形成了以"幽玄"为代表的具有民族特色的美学思想。

　　如果把日本幽玄等审美情趣与庄禅意境作一比较，会发现日本审美意识中更喜欢"一花一世界"，甚至它们之间的毫微之美都能深切感受到，情感上的表现是纤细而又暧昧的。庄禅意境中所展现出的以有限超越无限的时空意识，让我们感受到了中国古典审美意识中的"滚滚长江"的气魄和胸怀，在超越之中所显现出来的冲淡空灵之美充满着活泼泼的生机和魅力。美是庄禅意境追求的终极目标，它是以儒家理想人格作为基础，以善为前提的美，修身齐家治国平天下是其人生哲学的宗旨。禅宗思想以善与真为前提，体现在文学创作上不能摆脱道德、善恶等伦理层面的内容，这是在士大夫阶层积淀的一种集体无意识，其温柔敦厚的品格在庄禅意境中

---

① 赵乐甡：《日本中世和歌理论与我国儒、道、佛》，见饶芃子等编《中日比较文学研究资料汇编》，中国美术学院出版社 2002 年版，第 141 页。

② ［日］正彻：室町时期的禅僧，歌人。

得以充分展现。显然儒家思想一直在左右着文人创作，即使禅宗思想进入到创作中，文人的内心深处还是在坚守着儒家的信念，儒家的规范让他们在创作中把握尺度不能逾越。可以说儒家是禅宗的思想依托，它们共同拥有的对人间生命的关怀以及实践性品格使得两者达到思想上的融合，禅宗在一定程度上也弥补了儒家思想中对生命自由及真性情关注的欠缺。文人们在创作中既能维持自己对自由性情的追求，同时也能合乎和维护社会伦理规范，在怨而不怒中寻求心灵上的安然自适。中国禅宗"主要突出的是一种直觉智慧，并最终仍然将此智慧融化和归依到肯定生命（道）或人生（儒）中去……"[1] 禅宗在中国从它的思想源头上来讲是无法摆脱儒家思想的影响，对禅宗思想形成发展起到重要作用的魏晋玄学中也依然可见到儒家思想的光辉，即使嵇康的"越名教而任自然"也只是希望抛掉虚伪且陈腐的礼教，追求人间真性情，并没有完全抛开儒家思想，这与慧能提出"不思善，不思恶"的心理境界是相通的，都是追求超越名利的庄禅境界。

四 "发乎情而止乎礼义"与"托其根于心"

尽管中日两国风土、政治经济条件及宗教文化形态各异，但中国传统文化思想对日本古代文化产生的深远影响确是不容忽略的事实。从中日文化交流上来看，中国秦汉时期的物质文化、隋唐时期的制度文化、宋元时期的宗教文化、明清时期的民俗文化等都对日本产生了深刻的影响。从公元前 3 世纪至公元 3 世纪为日本的弥生时代，在这一时期两汉文化传入日本。公元 3 世纪后半叶至 6 世纪，两汉、三国、两晋的文化涌上列岛。公元 6 世纪末至 7 世纪中叶是飞鸟时代，六朝、隋文化传入日本。公元 7 世纪后半叶至 8 世纪初，日本开始吸收中国初唐文化。公元 8 世纪是日本的奈良时代，受中国盛唐文化影响，日本有遣唐使，中国有鉴真和尚东渡。公元 8 世纪末至 12 世纪末是日本历史上的平安时代，晚唐、北宋文化传达于日本。公元 12 世纪末至 16 世纪后半叶是镰仓和室町时代，南宋、元明时期，商人、僧侣民间往来，南宋成熟的禅文化开始波及日本，并成为日本武士思想文化的支柱。在艺术层面表现为水墨画接受禅宗影响，能乐

---

① 李泽厚：《美学三书》，安徽文艺出版社 1999 年版，第 391 页。

作为庙会上的杂耍说唱形式之一在这时被观阿弥、世阿弥注入文学色彩并正式得以问世，同时日本庭园中的砂石树草也被赋予了艺术内涵，作为一种艺术被欣赏。公元16世纪末至17世纪初是桃山时代，乱世英雄丰臣秀吉为了彰显自己的权力而建造的城堡及其内部障壁画体现出华美、豪放之感，透着霸主之傲气。这个时期茶道也从日常生活层面上升为艺术层面。1603年至1608年为日本历史上的江户时代，明清儒典在日本得到研究，明清小说得以普及，儒教成为治国依据，独特艺术形式被催生，如浮世绘、歌舞伎、俳句等。可以看出这种影响特别表现在文艺思想层面。《日本书纪》作为日本历史上较为完备的史书，它从体例到语言都受到《汉书》的影响。日本文学史上第一部诗歌总集《万叶集》也明显受到《诗经》和《昭明文佚》的影响。《怀风藻》（公元751年）不仅标志着日本诗歌的肇始，而且也是现存最早的汉诗集。

应该说在文艺理论的发展过程中，儒、道、佛三家思想对创作理论都有过深刻影响，但对创作中的文学艺术现象、审美认识等影响最深的就是佛道思想。所谓"道法自然"，崇尚清静无为，主张与自然和谐相处等都对后世文艺理论产生了深远影响。当文人的主观愿望与客观现实发生矛盾时这是一个很好的"出世"之道，李白的诗歌就表现出仙风道骨、超以不俗的老庄思想。与李白有相似人生历程的日本江户时代的松尾芭蕉在俳句上开一代新风，创作了大量艺术价值和美学价值很高的俳句，形成了风雅的独特美学特征。"风雅之诚"是其俳论之一，所谓"诚"即真实，它以"顺应造化、回归造化"的精神作为基础，这种精神与老庄哲学的"天人合一"宇宙观、自然观和人生观相吻合。芭蕉在仕途上不得意，失意也使他在心理上、人生观上与现实社会形成了强烈的反差，他厌倦了社会，选择了隐居山川中漫游的一种生活，他在云游中接触下层百姓的经历更使他的孤寂、悲凉之感加重。这个时期的作品是芭蕉内心深处的心境写照，也可以说是老庄思想与禅的修行精神融合而成的一种超脱。

松尾芭蕉作为江户时期著名俳句作家，一生致力于俳句创作，并超越传统的俳句风格，独创"蕉风"。他将自己置身于变化无常的世界和令他心旷神怡的大自然中，在漂泊之中得到精神上的超脱，这与道家思想特别是庄子对他的影响有很大关系。庄子一生崇尚自然，率性任真，政治上主张无为而治，生存方式上主张返璞归真。"天地与我并生，万物与我为一"

的"逍遥游"是他追求的绝对自由的最高精神境界，让内心自由地畅游于大自然中，从而使精神得到彻底解脱。松尾芭蕉的《笈之小文》中的"造化"概念就来自《庄子》，"造化者，造物者"，指天地万物生成和转化的根据，芭蕉所讲的"随造化，与四时为友"就是指要顺应自然而行。庄子所谓以虚静、恬淡之态顺应自然，这样才能不为世间外物所累，才能达到逍遥无忧之境界。庄子主张"无用是大用"的观点，以无用的避世态度来对待世间一切功利，以达到绝对逍遥之状态，芭蕉的远离尘世、外出漂泊也包含着他对"无用之用"的逍遥境界的追求。芭蕉主张"物我一如"与《庄子》的造化有一定的渊源。芭蕉在作品中反复引用《庄子》思想中的自然观。同时他还受到了白居易"闲适诗"的影响，白居易诗中所体现出的佛道思想及"闲适"、"感伤"的审美情趣也契合了他的心境，因为白居易诗中看似平易悠闲的情趣其实流露出退避政治、知足常乐的老庄思想以及对田园生活的向往，而这一切恰恰是芭蕉的生活境遇和心灵写照。那种追求与自然融合、心物一体的精神及对季节的细腻把握非常契合于芭蕉俳句中所追求的"风雅"审美情趣，闲寂、幽雅的创作风格也在俳句史上形成了新的美学特征——"蕉风"。松尾芭蕉的俳句在接受佛道思想这方面与王维的诗歌确有可比之处。中国的山水田园诗具有明显的玄学色彩，所谓玄学就是形而上学，是一种人生哲学，玄即为道，玄言诗中有写景的成分，山水田园诗可以说是玄言诗的自然延伸。山水田园诗受到"天人合一"美学思想的影响，也可以说它是"天人合一"美学思想的具体化。谢灵运是山水诗之祖，陶渊明是田园诗之祖，而王维的诗歌是诗中有画，画中有诗，在他的超凡脱俗中渗透着道佛两家思想。与谢芜村是江户时代的画家兼诗人，他极为推崇王维的艺术风格，并力求在自己的诗画创作中追求王维的艺术境界，可以说在他的诗画中有浓郁的中国情结。他以王维为楷模，用俳句的形式绘制出的山水田园画所散发出的田园诗般的墨香，让我们看到了他所追寻的美学思想和超凡脱俗的境界。

日本的《古事记》《日本书纪》记载，儒家的《论语》《千字文》是在应神天皇时代（约3世纪）传入日本，佛教是在公元552年传入，在7世纪最为活跃。镰仓、室町时代，五山禅僧已经开始开展对《老子》《庄子》的研究，江户时代开始有日本人注解的《老子》《庄子》，可以说江户时代才真正开始对老庄的专门研究。日本在接受中国儒道佛影响时，是以其原始神道精神，也就是以它的本土文化思想作为根基的。因此它在对儒道佛思想的吸收过程中，既有着儒道佛思想的渗透，也有着对外来思想的反拨，在这样的一个过程中其本土文化思想得到了创造性发展，它对儒道佛思想的融合、消化，使其拥有了独特的审美特质。至平安时代，日本本民族文化的独特审美特质得到了充分显现，也实现了从"汉风"到"和风"的转化。这种转化也促进了和歌的发达，改变了过去汉诗以言志为本的思想机能，确立了以心为本的歌论。从 10 世纪纪贯之提出"和歌者，以人心为种籽"开始，到平安时期藤原公认提出"有心论"，"心"的概念一直贯穿着和歌的发展并得以深化。歌的源泉就是心，有心才能创作出真正的歌来，强调的是要"托其根于心"。歌的产生本来就是源于人对自然的一种真实的感动，将这种感动外化为语言就是诗歌。在日本和歌中这种真实的感动就是"诚之心"，"诚之心"就是"真心"，"以心为本"就成为和歌的本质。"知物哀"的审美情趣就是在以"真心"为宗旨的基础上发展而来的，它是将本真的具有情绪化的感动升华为具有理性观照的审美情趣，这种感动就被赋予了更多的人类复杂情感，蕴含了更为广泛、深刻的情趣。"余情幽玄"之心被视为和歌最高的审美基准，它进一步深化了"物哀"之心，拓展它的象征性，使"心"的蕴含更为深刻，让"心"溢于言外，充满着含蓄之美和无尽之意味。我们从佛道思想中能够看出对文学影响最大的就是心性之说，心性与古之所谓三境有关系，三境即物境、情境、意境，物境偏于外在之形，情境重于内在之情，而意境则因思于心而得其真。无论是物，还是情、意，均与心相联系，只有"心生"才能"言立"，才能表达主观情感，才能用心来求情、求意，才能真正抒发内心的情感体验，因为人世间的真事物、真感情都是与心性紧密相连的。中国文学在表达心性时，是主张一种直觉的内心体验，使感情表达得真挚而炽烈，但在这种炽烈中却还包含着儒家理性主义思想的影响，心的真挚中包含着理性，心性不仅要在内面性上表达感情，还要在外面性上保持理性，使心性和理性能够浑然一体。日本文学是一种主情主义的文学，它重心重情，可以说是趋向于一种非理性主义。它把心与情结合起来，而完全不同于中国文学情感表达中的心与理的结合。和歌中的"有心论"成为"物哀"的依托，同时佛教的心性思想机制也得以扩大。《源氏物语》是以"物哀"为审美主调的日本文学，它已经完全摆脱汉文学模式，它作为吸收中国儒道佛思想而达到交融的典范，做到了依照本民族的审美价值取向达到和魂的自觉。"物哀"可以说是《源氏物语》的作者紫式部在日本本土的神道说和外来佛教的心性说的结合上创造出的具有日本特质的美学理念，它是基于日本神道自然本性产生出的一种自然的悲，也可以说是一种美的感动。紫式部采取以神道"真实"为基础的观照态度，又在其中渗透着深深的佛教思想，佛学思想中所推崇的佛心的寂静能够揭示出人心的真实，从而来发现人性的真实。据日本学者统计，该书出现的"哀"字多达1044次，出现"物哀"13次，"哀"指的是悲哀和同情，"物哀"是使哀的真实感动的对象更为明确，表现出对物的感动之心、感动之情，并以调和的形式表现出人间诸相，它的表现形态有感伤的、可怜的，也有同情的、壮美的。它所体现出的美的感动是在"知物哀"的基础上的，对人生世相各种喜怒哀乐情感的表达，具有更为深刻的内容。所以"物哀"也表现了人性本质的真实性及最真实的人的感动，让人在感动中去调和人性中的善恶美丑，去发现美和创造美。根据本居宣长的解释，物哀表现了人的一种自然感情和人性自然的真实，这种唯美的感动超越了善恶美丑。这种美的感动可以表现为对人的感动，对人间世相的感动，对大自然的感动。在对大自然的感动中，表现为季节变化所带来的无常感。

融入儒、道、佛思想的日本审美意识，把这种影响渗透到戏剧（能）、绘画、茶道，甚至庭园艺术等诸多领域，并且在本民族的土壤上，创造了在借鉴中国儒、道、佛思想基础上的文化财富。就这样在不断的摄取和融化中丰富和发展了自己，在借鉴中形成了独具民族特色的审美观，应该说，这种审美观是来自中国的却又是地道的日本的，滋味截然不同。戴季陶指出："一个民族在信仰生活和艺术上面，长处短处都是不容易抛弃更变的。只要是稍微对于中日两国的美术有过一点经验的人，无论是对于哪一种的作品……都能够一眼便看出他是中国的或是日本的。这一特点的发现，比之发现中日两国人身体面貌的差别尤其容易而确实。"[①] 这就是所谓的"纯粹"、"地道"。由此来看，中国传统文化对日本文化的影响更多地体现在表象上，其内在更多地表现为其民族的重视情感、淡泊自然的特性，而不同于中国的哲理思辨、悲壮恢弘等特征。这也说明日本民族对外来文化的

① 戴季陶：《日本论》，海南出版社1994年版，第171—172页。

借鉴是根植于本土文化传统的基础上的，应该说它是独立的审美系统。

需要强调一点，中国和日本都是多神教国家，运用的都是多元思维。不过，虽然是多元思维，日本情况是略有不同的，它的多元世界不是一下子呈现出来的，而是像幻灯片一样一个场面一个场面地交替出现，日本人采用的是为适应条件变化而转变态度的"改换"方式。中国人的情况常常是，多元的世界同时呈现，任凭挑选合适的加以利用，这种情况可称为"选择"方式或"分用"方式。中国人的分用方式，很早以前就能看到。比如儒教与老庄，前者肯定道德与政治，后者否定前者的人为观点，主张顺乎自然，观点正好相反。中国的知识分子中有不少人，儒教、老庄都信崇，实际上是分别利用。所以中国人常常在得意时信奉儒家，而在失意时尊崇道家思想，这就是中国的"分用"方式。例如苏东坡便是很明显的例子，苏东坡的诗文带有儒家色彩很强的政治论，但他又是个老庄和佛教迷，赞美老庄思想的诗文也非常之多。因此，同样是相信多元世界的民族，日本人的"改换"方式与中国人的"分用"方式并不相同，从而也产生了日本人与中国人性格的不同。这当然与地理环境也有一定的关系，日本属于季风地带（夏季降雨量集中），中国虽同属于季风带，但南北情况差别很大。中国南北的分界线，正好处于黄河与长江的中间地带，南半部的气候与日本相似，夏天降雨多，那里从事的是稻作农业，北半部与欧洲相同，降雨量少，属于世界上的半干旱地区。从整体来看，中国的风土适于农耕，但也部分需要畜牧。日本与中国文化这样那样的不同点，大概与有没有这一畜牧要素有一定关系。但日本和中国作为农业民族，古老信仰均为泛神论，承认各种各样的自然物中均有精灵存在，并融会于自然之中。农业的自然环境与单调的沙漠自然环境相反，具有无限的多样性，而且存在着无数精灵，于是，自然出现了多神教。而且日本和中国这样农业民族的宗教，选取的神性格都比较温和，具有女性倾向，无论在日本还是中国民间，最受喜爱的神都具备慈母的性格，这与在沙漠中诞生的神之严厉男性特征形成了鲜明对照。

我们可以看到日本古典文学的自觉性表现在它是以本土文学思想作为基础，以外来文化作为推动力，最终达到儒道佛思想的影响和本土抒情文学思想的调和与统一，实现外来文化与本土文化的完美交融。也就是说它是接受中国思想的影响，但依照日本的精神和思维方式来行动。平安时代是日本文学史上的辉煌时代，"风雅"、"物哀"的文学观念是这个时期文学的主要特点，表现为纯粹的贵族文学。而这个时期平假名和片假名被发明，从中国输入的汉字文化就逐渐与日本文化融合起来。平安时代的和歌集《古今和歌集·序》（905 年）是日本的第一篇文学理论文章，有假名序和汉文序两种。汉文序（作者纪淑望）："夫和歌者，托其根于心，发其花于词者也。人生在世，不能无为。思虑易迁，哀乐相变。感生于志，咏形于言。是以逸者其声乐，怨者其吟悲，可以述怀，可以发愤，动天地，感鬼神，化人伦，和夫妇，莫宜于和歌。"假名序（作者纪贯之）："和歌者，以人心为种籽，发而为各种言语。人在世间，诸事纷繁，心有所思，即托之于所见所闻而形诸语言。听花间鸟啼，水中蛙声，芸芸众生，孰不歌咏。无需费力，即可感动天地，使彼世之鬼神动心，男女之间和合，猛士之心亦得以慰藉者，和歌也。"虽然两个序都涉及和歌的本质、作用、内容和形式等关于歌论的基本问题，但能看出汉文序是按照中国《诗大序》写出来的，表现出更多的政治色彩。而假名序表现出了日本固有的抒情传统，它是以"心"作为思想基础，表现出一种"真实"的文学思想。中国的《诗大序》中一方面肯定"诗者，志之所之也，在心为志，发言为诗"；另一方面也强调诗歌的"吟咏情性"，情志是统一的，但表现情感态度要合乎人的理性精神，"吟咏情性"时要"发乎情，止乎礼义"。它还是强调以儒家的话语建构来约束现实的文艺创作，它的言说指向不能脱离当时的历史文化语境，而日本的假名序依照日本的精神进行创作，表达出的是人性"真实"的思想。

第二节　主意的情感世界与主情的审美世界

儒道佛的互为渗透和互为汇合这一特定的历史文化环境造就了独特的审美趣味，也形成了独特的艺术语言和艺术风格以及独特的审美心理和审美特质。中国传统文化思想表现为儒道禅的结合，但传统文化的主体结构是儒家思想，按照李泽厚在《中日文化心理比较试说论稿》中的认识，儒学自秦、汉以来是"中国文化的主干"，它以各种方式和形态在不同程度上支配甚至渗透到人们的思想生活之中，逐渐形成为一种文化心理状态，规范着整个社会活动并成为人们行为的准则和指南。它是一种充满形而上和思辨色彩的"理性文化"，强调主意的审美观。日本原始神道信仰长久地渗透到日本人的文化和心理之中，重视对非理性的追求。按照李泽厚的理解，儒学在日本只是"被吸取作为某种适用的工具"，没有改变日本民族尊重自然情欲的基本态度。反而是佛教禅宗在某种程度上契合于日本原始神道精神，使其呈现出非理性文化色彩及"天不可知、理不足情"的原始神道的神秘主义。可以说日本传统文化的主体结构是佛教，其主导思想是佛教禅宗，在文学艺术层面强调一种主情的自然审美观。

一　中国：美善结合与美真统一的对立共处

中国的审美意识体现在伦理道德层面上，善为其审美标准，强调善和美的统一，它是以伦理道德的善来评价美的价值和意义。它不放纵于人的自然欲求，往往从审美对象所具有的感官美的深处去发现和挖掘精神层面的美，在获得美的感受的同时满足生命充实感的享受和理性美的追求。在古典美学中所强调的"善"有着比伦理学意义上的善更为广泛的含义，它不仅包含着道德层面的功利价值，还有着与人类的目的性相符的功利价值。孔子将"善"的概念引入审美领域，他认为《韶》乐"尽美矣，又尽善也"，"美"是作为美的形式的最高评价，"善"是作为符合一定道德观念内容的最高评价，尽善尽美不仅将美与善统一起来，而且还等同起来。

由于道家美学是建立在自然无为的思想基础之上，它追求自然生命之真性美，使美摆脱了依附于仁义伦理道德上的善，在美的本质上肯定了美与真的统一，追求"素朴而天下莫能与之争美"之境界。老子的"五色令人目盲，五音令人耳聋，五味令人口爽，驰骋田猎令人心发狂，难得之货令人行妨"（《老子》第十二章）否认了影响纯真无伪之天性的声色享受，同时老子也批判了孔子的美善统一的伦理道德观，形成了疾伪贵真的美学观。庄子发展了老子的思想，提出了"法天贵真"审美观念，他保持并发展了老子关于世间事物天然纯真之本性，要使得大自然中一切事物能够任其天性逍遥于天地之间。只有自然之真情方能给人以感人至深之美感，所谓矫情伪性只能令人生发丑感，以朴素自然之本性才能成为"至美"之人。"朴素而天下莫能与之争美"出自《庄子·天道》："夫虚静恬淡，寂漠无为者，万物之本也……静而圣，动而王，无为也而尊，朴素而天下莫能与之争美。"朴素之美是指"大美"，是最高境界之美，呈现出尚未经过人工雕琢修饰的纯朴自然之美。表现在文艺上也要体现出自然之声，以

"天籁"为至真至美之乐，他发展了老子的"大音希声"、"大象无形"等观念，以"解衣般礴"呈现出自然之本性美。庄子的人生观，追求的是一种精神上的超然世外，作用是使主体达到一种人格上的升华和精神上的绝对自由。从儒家追求"充实之谓美"到道家向往"朴素而天下莫能与之争美"，这种"解构"的过程实际上也是儒道互补的过程，它形成的是美善结合与美真统一的对立共处的两大审美体系，彰显出中国艺术精神的民族性特点。

"中国和日本的文学观念确实是大有不同的，这差异是从哪里来的？简明地说就是政治与文学的关系。在中国传统中有对文学的理想态度与不应回避政治问题而应积极关心政治问题的倾向。但在日本对文学的看法是，文学最重要的是知'物哀'，如果文学涉及政治则不雅，这样的倾向性很强。"[①] 从对"风雅"概念的理解可以看出这种差异。"风雅"在中国人的传统观念里是指那些具有一种高雅的生活情趣、风度翩翩且文学修养非凡等行为或品质的人，如"风流儒雅"、"风流雅士"等。根据《辞源》中的解释，"风雅"是指《诗经》中的《国风》和《大雅》《小雅》，"风"即风化、教化的意思，"风"既要体现时代精神，还要发挥其审美教化功能和感化作用，所谓"风雅"就是一种"雅正"精神，一种审美理想和审美追求。儒家思想把"风雅"列为"六义"中的二义，主张诗歌要能够担负起对社会政治的"讽喻"和"讽谏"作用，对统治者进行"美刺"。一旦失去了政治这一大前提，也就无从谈起"风雅"。汉代《毛诗大序》中阐释"诗言志"的主张，更是强调了诗歌的审美教化功能："是以一国之事，系一人之本，谓之风。言天下之事，形四方之风，谓之雅。雅者，正也，言王政之所由废兴也。政有小大。故有小雅焉，有大雅焉。"[②] 在这里就把政治同个人加以联系起来，即是说把政治纳入个人的生活立场叫做"风"，将人类社会问题同政治结合起来加以理解叫做"雅"，"风"用于教化、讽刺，"雅"用于"正"。很明显"风雅"是发挥辅君化民的社会功用性。唐代白居易认为，"风雅"是"六义"的基本精神，其核心美学思想就是诗歌创作要能够以审美教化为最终目的，要发挥诗歌创作的审美教化

① ［日］铃木修次：『中国文学と日本文学』，東京書籍1991年版，第18頁。
② 十三经注疏整理委员会整理：《毛诗正义》，北京大学出版社2000年版，第19—20页。

功能，主张"文章合为时而著，诗歌合为事而作"，以后"风雅"的政治伦理诗教传统被文论家视为最高的审美标准。当然"风雅"的教化审美目的应该是以诗歌创作必须表现高尚的品德情操和审美意旨、创造富有生命力的审美意蕴作品为基础。李白主张诗歌创作应该追求"清真"、"自然"的审美境界，杜甫认为诗人要有"雅才"，诗歌语言要为"雅语"，要为"清词丽句"，要重视"风雅"反映现实的审美功能，并进一步强调"亲风雅"是自己诗歌创作所遵循的审美精神和审美理想。"风雅"传统的进一步得到弘扬与李杜大力主张"风雅"传统美学精神并加以审美创作实践是分不开的。同时"风雅"观念的影响根深蒂固，这种意识不仅影响创作者的活动，也影响欣赏者的审美观和价值观。需要指出的是"风雅"精神要求诗歌在进行"讽喻"时能够"发乎情，止乎礼义"，要能够符合中国传统温柔敦厚的中和之美。

注重社会功用性的"风雅"精神使得"风雅"在中国传统语境中呈现出它独有的"政治性"品格，与此相对照，日本的"风雅"理念主张要游离于日本的政治，所谓"脱政治性"，一心一意地埋头于自然，它是一种与自然相融的境界。文学在中国是一种政治武器，中国的社会现实促使文艺创作与社会、与政治的关系密切，文艺的思想性、政治性深入人心。有些人认为离开社会政治进行创作没有价值可言，所以中国才会出现屈原、杜甫等具有忧患意识、忠君爱国的大诗人。而日本人认为诗歌是娱乐和消遣的一种方式，是为了获得精神上的享受和一种审美满足，与社会政治没有关系，将政治问题引入文艺作品中将会失去文艺本身的"风雅"，文艺是一种超现实的存在。对于文艺创作主体来讲"不要靠近现实，在脱离现实的地方才有作为文学的趣味。而且，想在离开现实的地方去寻找'风雅'，'幽玄'和'象征美'，这是日本艺术的一般倾向"①。白居易主张"文章合为时而著，歌诗合为事而作"，创作出很多讽喻诗却很少在日本流传，但他的闲适诗、感伤诗却极受日本人喜爱。中国古典审美意识的确给予日本审美意识很大的影响，但日本虽然沿用了"风雅"两字，对"风雅"含义的理解基本与中国"风雅"概念相同，却没有承继、接受汉语所赋予"风雅"的原本含义，它重新注入与日本人审美意识相吻合的意义，

---

① ［日］鈴木修次：『中国文学と日本文学』，東京書籍 1987 年版，第 31 頁。

也就是游离于社会现实和政治之外，追求顺从自然并与自然一体化的人生乐趣。特别是反映在文学创作上存在很大差异，已不是汉语所赋予它的真意，明显缺少中国的"风雅"精神，有自己鲜明的民族特色，并构成了日本文艺美学的一个重要理念。日本虽然深受中国传统思想和文化的影响，但日本在吸收中国思想时却有意识回避文艺的审美教化功能。例如我们可以把《毛诗大序》与《古今和歌集》的"真名序"作一比较。《古今和歌集》在日本诗歌方面占据重要的地位，该诗集具有和汉两种序文，一个是纪贯之写的"假名序"（日文序），另一个是纪淑望写的"真名序"（汉文序），从"真名序"中可以看出它是仿照《毛诗大序》而写就的。《毛诗大序》中写道："诗者，志之所之也，在心为志，发言为诗。情动于中而形于言……故正得失，动天地，感鬼神，莫近于诗。先王以是经夫妇、成孝敬、厚人伦、美教化、移风俗。故诗有六义焉：一曰风，二曰赋，三曰比，四曰兴，五曰雅，六曰颂。"①"真名序"是这样写的："夫和歌者、托其根于心地、发其花于词林者也。人之在世、不能无为。思虑易迁、哀乐相变。感生于志、咏形于言。是以逸者其声乐、怨者其吟悲。可以述怀、可以发愤。动天地、感鬼神、化人伦、和夫妇、莫宜于和歌。和歌有六义。一曰风、二曰赋、三曰比、四曰兴、五曰雅、六曰颂。"②在这里可以看出日本诗人有意识地回避中国"诗教"的精神，把注意力和重点放在咏叹以"花、鸟、风、月"为代表的自然景物上以及男女恋情方面。

中日两国在"风雅"审美理念上的差异有多方面的原因，社会政治原因是一个重要表现。儒家思想一直在中国占据统治地位，"文以载道"的思想影响深远，强调"兴观群怨"的政治教化功能。在中国人的观念中，文学应该是与政治有关的，文学应能表现社会现实，这才是风雅的文学观。"风"、"雅"都反映了人与政治的关系，它作为一种正统文学的美学理念而存在，它是政治性的风雅，带有批判性的精神，强调"上以风化下，下以讽刺上"，白居易的"文章合为时而著，诗歌合为事而作"明确提出文学要为政治服务。相比于中国的儒家思想，日本儒教缺少"治国平天下"的政治内容，更强调个人的道德修养，诗歌对于他们来说是一种消

---

①　十三经注疏整理委员会整理：《毛诗正义》，北京大学出版社 2000 年版，第 7—13 页。

②　［日］小澤正夫校注：『日本古典文学全集・古今和歌集』，小学館 1980 年版，第 413 頁。

遣和娱乐。"风雅"强调远离现实社会、政治，埋头于自然，顺从造化，追求"物我一如"，把中国"风雅"的内容完全换成了适合日本人旨趣的东西，这也从一个侧面反映了日本民族在吸收外来文化时能够结合本民族的实际，最终形成了具有自己独特审美特质的美学精神。当然"风雅"的演变在日本是有一个发展过程的。它刚传入日本时并没有完全脱离中国的"风雅"含义，因为在当时中国的汉诗还雄踞着整个日本文坛，即使日本假名出现以后，作为贵族阶层的知识分子也必须首先精通汉诗文并能创作汉诗。这种被称为风格雄浑、刚健有力，适合"言志"的汉诗文学就成了代表主流地位的男性文学，而风格优美、纤细柔和，适合"缘情"的假名文学就成了女性文学的代表，被置于二流地位。直到《古今和歌集》的出现，才标志着日本在模仿中国文化的基础上形成了能代表日本独自文学特征的诗歌，使得"和歌"同"汉诗"处于同等的地位。后来随着佛教思想的影响，无常思想大行其道，佛教也成了人们的精神寄托，反映在诗歌创作上，"风雅"的精神实质发生了改变，创作远离了社会和政治问题，开始追求优美、典雅的艺术风格。

中国深厚的土壤形成了主意的民族心理结构，这种心理结构带来了在审美中对道德化情感的弘扬以及强烈的主观色彩，诗不离道，诗要言志，松树美在其坚忍不拔，梅花美在其孤傲不屈，人为主观地赋予自然事物以道德意义是中国审美意识中的一个主要特征。

二　日本：以真为美

日本则完全不同于中国对美善结合的追求，它在顽强地寻找一条属于自己的以真为美的道路，追求一种主情的审美观。"中国诗论多受儒教思想影响，把诗文作为政治道德的手段来确立它的价值和意义。"① 相比于体现在伦理道德层面上、以善为其审美标准、强调善和美统一的中国审美意识，日本审美意识则以抒情为主，视真为审美基准，强调真和美的统一。"在中国传统的存在论上，寻求万物的根源'道'和'气'——但这种关于宇宙观、历史观的哲学原理在日本是没有的。"② 日本不同于中国的德行

① ［日］今道友信编：『講座美学』第一卷，東京大学出版会1984年版，第354頁。
② 同上书，第354—355頁。

本位的价值观，虽然也注重伦理性，但更强调集团性。日本本土文化中缺少对宇宙本体论和人生的思考，缺少理论上的探索，它既崇尚暴虐，又在文化特征上偏向一种阴柔、纤细、暧昧等。它不作本体论上的探讨，当然也不会进行理性上的思辨。日本文化没有一个具体的思想核心，也缺乏逻辑上的一致性，思想文化呈现出一种"杂拌性"。任何一种多元文化都有一种在价值倾向上占主导地位的主导文化，在中国就是儒家文化，而中国的儒家思想进入日本后，没有改变日本民族尊重自然情欲的基本态度，这也正是日本的美学和艺术思想不同于中国美学和诗学那种处处强调教化和社会功利性的根本区别所在。如中国诗歌与日本和歌都注重抒情，但和歌的抒情是以真实为特质，它重心重情，趋向于一种非理性主义。它把心与情结合起来，完全不同于中国审美情感表达中的心与理的结合。久松潜一认为："真是真实，也是诚。在日本古代道德——神道来说，也可以认为活在纯粹的感情中的就是道。与所谓无道的地方就有道是一致的，与以古代的神为中心的，既是神又是道是一致的，同时与恋爱生活中的纯粹感情也是一致的。所以，这种'真实'精神成为日本文学发生根源的精神，也成为上代日本文学的精神。"①

追溯日本和歌的起源，可以发现它源起于男女之间朴素的恋歌，是男女自身对恋情的真实感动，所谓"恋心"。后逐渐在"恋心"的基础上拓宽了真实感动的范围，在日本第一部和歌集《万叶集》中形成了和歌的三大主题，即歌咏恋情、歌咏包括人间世态的世相、歌咏自然和四季，并定下和歌的基调为以上这些真实情感的直接抒发，逐渐形成"真实"的文学思潮。随着歌论的形成，"心"被强调为歌的本质，将真实的感动的心表达出来就是"真心"，之后在"真心"的基础上相继产生了"物哀"和"幽玄"两大思潮，深化了"心"的内涵。构成这种文学思潮形成的背景是其本土的神道教，神道教的显著特点在于它的"现世性"，它主张自然界的一山一水、一草一木、一花一鸟等都是生活在人世间的神，人们能以自己的心灵去体会神思。因"神道以诚为本"，"真心"根植于"诚"之本质上，"诚之心"就是"真心"。"真心"被视为和歌的根本，"以心为本"

---

① ［日］久松潜一：《上代日本文学研究》，转引自叶渭渠《日本古代文学思潮史》，中国社会科学出版社 1996 年版，第 113 页。

是和歌的本质所在。"真心"作为一种朴素的思想情感尚处于情理未分化的状态，将"真实的感动"上升到"哀"感这一层面上，说明人对文学的感性意识已逐渐发展为理性的审美范畴。"哀"具有深刻的精神性，它虽然也是内心真实的感动，但已不是最初的感性情绪，而是带有个人主观的理性观照，它的主观感情被加大，从一种情绪性逐渐推移到充满情趣性的感动，"哀"之前加上"物"能够使感动的对象更为明确。当然"物哀"比"哀"具有着更具体和更深刻的思想内涵，它是客观和主观调和的产物，是对客观世界的理性观照，是闪烁着理性光辉的真实情感。这种情感需要言辞来表达，这就涉及"心"与"词"的关系，因为和歌是根于心而发于词的，心词调和在和歌创作中是非常重要的，"幽玄"与"余情"的情趣性和情调性是心词调和所产生的一种艺术境界。"心"作为和歌的本质，表现"真心"就是和歌的根本宗旨，随着和歌的发展及文的自觉，"真心"所表现出的带有情绪性的感动逐渐上升为带有理性观照色彩的一种情趣化的感动，"心"所体现出的内涵得以深化和升华。

　　日本在接受外来文化时要进行筛选，寻找与本土文化契合的东西，形成独特的文学观念和美意识。铃木修次说道："日本文学本来就是岛国的，以同一家族的小集团为对象的文学……在这样的环境里，没有必要盛气凌人，没有必要冠冕堂皇地进行思想逻辑的说教。倒是有使人相互安慰、分担哀愁、体贴入微的必要。咏叹也最好只摘取心有灵犀的那一点。在平常彼此了解的同伴当中，也没有必要不厌其烦地作解释了。大约，到了这种境地便诞生了短歌的艺术世界。的确，在这样的世界里，'慰物宗情'（即'物哀'）的感受，以及对于这种感受的领会，便成了重要的文学因素。"①这是多种因素带来的观念上的差异。如同前面讲到的"风雅"精神，它传到日本后其实质逐渐发生了流变，偏离了"风雅"的本义，远离了社会与政治问题，片面强调"优美的"、"典雅的"艺术作品，儒家诗学思想的影响几乎消失殆尽。在日本的审美意识中，美学是远离现实存在的，松尾芭蕉认为："西行之和歌，宗祗之连歌，或雪舟之绘画，利休之茶道，其贯道者同一也。合风雅者，顺造化而以四时为友，所见之处无不为花，所思之所无不为月。"（《笈之小文》）这里指出风雅之道是顺应自然、与自然为

---

① ［日］铃木修次：『中国文学と日本文学』，東京書籍1991年版，第62頁。

一并合乎艺术创造规律的，芭蕉的俳句艺术就是寻求一种合乎自然的"真实"、追求闲寂、枯淡的审美意境，"风雅"可以说是俳句所追求的最高境界，它贯穿整个日本文学，也是日本文学艺术所追求的极高审美境界。作为"和歌"理论的"幽玄"曾为俳句艺术的精神产生了积极的作用，在松尾芭蕉之前，"俳谐"基本上保持着"和歌"理论的一些风格，讲究余韵、含蓄，追求意在言外的"幽玄"之美。芭蕉经过长年的实践活动和创作经验，把"俳谐"从"幽玄"的境界进一步升华到更高一个层次，独创性地建立了"风雅"理念。

"风雅"在日本是指游离于人生的美的心情，是一种典雅的形态，是完全日本式的风雅。在芭蕉那里，风雅是贯穿所有艺术的根本精神，能够顺从造化，埋头于自然是一种理想的风雅状态。完全不同于具有"讽喻"作用的中国风雅概念，它充满着对大自然热爱的"幽玄"、"雅致"色彩，对政治选择了有意识的回避，这不仅体现在作者上，同样体现在作为接受群体的读者上。"脱政治性"在日本文学中被称为一种"软文学"，这种脱政治性当然与创作主体是有关系的，"与在中国从事文学的多是官僚士大夫阶层不同，日本从事文学的多是政治的'局外人'，如法师、后宫女官、隐士、市民等"[1]。日本文学家加藤周一指出："日本方面有自己选择模仿中国文学的一面，及至批判社会时就脱离政治社会的'俗'，而隐居于'雅'。换句话说，只是以逃避为前提来进行的。"[2] 赵乐甡在《日本文学"超政治性"特点的形成》一文中写道："中日文学有无政治性的根本原因在于两国传统文化的差异。日本传统文化的主体结构是佛教文化，其社会反映是佛教思想意识，代表倾向是形而上、抽象、超现实、出世、无常、禅静寂悟；中国传统文化的主体结构是儒家文化，其社会反映是儒家思想意识，代表倾向是形而下、具体、现实、人世、修齐治平。两种文化结构及由此衍生的社会一般意识形态的差异决定中日文学的社会职能迥异，从而导致中国文学的政治属性和日本文学的超政治属性。"[3]

当然以说教色彩盛行的中国政治性文学也有"缘情"的观念存在，如

---

[1]　［日］铃木修次：『中国文学と日本文学』，東京書籍1991年版，第62頁。

[2]　［日］加藤周一：《日本文学史序说》（上），叶渭渠、唐月梅译，外语教学与研究出版社2011年版，第206页。

[3]　赵乐甡编：《中日文学比较研究》，吉林大学出版社1990年版，第137—138页。

何处理"言志"与"缘情"的关系，李泽厚曾经在《华夏美学》中说道："艺术究竟应从抒发情感志趣的意向出发呢？还是应从宣扬、宏大伦理教化出发？是'载道'呢？还是'言志'或'缘情'？这个似乎本只属于儒家美学的矛盾，却在后世华夏的文艺创作和美学理论中，一直成为一个基本问题。"① 而日本不存在"言志"与"缘情"的矛盾问题，他们只追求优雅的抒情性，重视纯粹感情表达的"情趣主义"，强调文学的独立性，心对事物有所感，有所悟，重视感情，欣赏情调。如同日本思想家和辻哲郎在《日本思想史研究》中所说："本居宣长极力主张'物哀'是文艺之本质，这是他的功绩之一……文艺的目的不是道德性教诲，更不是讲述深远的哲理。假如把文艺当作政治和道德的功利性手段，这种做法恐怕一点儿都没有用。只描写'物哀'就可以表达文艺之本质，这才正是义学的独立与价值。在儒家全盛时代，即在除了道德和政治的手段以外不赋予什么文艺的价值时代，本居宣长极力主张这一文艺观念在日本思想史上也可以说是划时代的事情。"可以说接受中国文化影响的日本文化在与本国的社会、风土、民族性等同化融合之后，形成了日本的作风、样式和特质。它从外在的"样式"来看是中国的，但其内在所表达的"情感"却完全是日本的，它是植根于日本民族文化的土壤之中。因此"对中国人来说最重要的有关'风雅'的内容，在日本完全被改变，成为'情调'色彩，变为日本式的'风雅'。日本人，当摄取外来文化时，去掉'异'味，在这去掉'异'味的底蕴上形成了日本独特的文化，日本人自古以来有这样的特征……当摄取外来食品时也是这样。经过改造，从而适应日本人的爱好，使之淡泊化、纯粹化和简朴化"②。

中日审美意识具有独自的文化精神和内核，日本虽接受中国的影响但并未改变其根本精神。情感在日本人的心理结构中居于主导作用，这种情是"感于事物而产生的心的动作"，是人与自然万物相互融合之后所产生的共感关系，它是"以心传心"。主情的心理结构源自日本独特的自然风土结构和社会结构，它是以感动为核心，并认为"无感动（情）的人生是乏味的人生"。这种情感的表达使得日本民族形成了独具特色的审美意识，

---

① 李泽厚：《华夏美学》，安徽文艺出版社 1999 年版，第 250 页。
② ［日］铃木修次：『中国文学と日本文学』，東京書籍 1991 年版，第 24—25 页。

情最终成为和歌、物语、俳句等文学艺术创作的主题，即使在茶道等生活艺术中也成为审美表现的主要对象，茶道的主旨就在于对茶人之心的体味，从而达到忘我的情感境界。

一个民族区别于其他民族的重要标志是文化基因的差异，主要表现为民族的精神本性与文化传统。日本在对外来文化摄取之前有属于自己的纯粹的日本思想和民族审美意识，但是"移植了本来在日本没有的思想，从而通过摄取充实了本国的美学思想"①。在日本对外来文化摄取方面，中国是一个最重要的被摄取国家，特别表现在古代。中国传统文化思想渗透于日本社会生活的各个方面，并在与日本民族固有的传统文化融合后，形成并积淀为具有本民族特色的文化形式，这是一种被称为"大和魂"的日本民族精神。"日本民族独立的精神体现在'和魂'上。"② 到了中世时期，出现了很多与艺术、美学思想相关的理论，其中纪贯之《古今和歌集》的假名序，明确了和歌是单纯的"心情的开花"，诗的艺术的根本是情感的表露，并把这种情感寄托于花草鸟兽等自然物。和歌作为一种自觉的美意识，是自然发生的抒情的世界，它表现出一种情感的意味，体现出艺术的感动。将和歌理论化并作为艺术批评和创作标准的是藤原公任（966—1041）的《新撰髓脑》和《和歌九品》，特别是《和歌九品》把和歌划分为九品等级的思想，是受到了佛教九品莲台的影响，其基本是根据中国唐代的书论和画论中品等论的影响。之后藤原俊成（1114—1204）、鸭长明（1155—1216）等创造了"余情"、"幽玄"等美意识，美的范畴被进一步细化。到了藤原定家（1162—1241）更是开拓了"余情妖艳"的优美范畴。在定家基础上以禅之思想深化幽玄体和有心体审美趣味的是正彻（1381—1459），其著作为《正彻物语》，正彻的禅与歌论的融合，使得日本人的精神在和歌中得以充分展现。幽玄体是在继承藤原俊成之后发展起来的，表达一种余情和静寂的情思。有心体是定家最重要的范畴，也是其理想的歌体。

近世时期，继承定家歌论思想并使之与佛道结合、进一步深化诗学思

----

① ［日］今道友信：『东洋の美学』，株式会社テイピーエス・ブリタニカ1980年版，第89頁。

② ［日］吉田光、生松敬三编：『岩波講座・哲学の「日本の哲学」』，岩波书店1969年版，第270頁。

想的是心敬（1406—1475）。而从佛教思想的影响进而开拓艺道精神、演剧论的代表是世阿弥（1363—1443）。芭蕉的俳谐、西行（1118—1190）的和歌、宗祇（1421—1502）的连歌、雪舟的（1420—1506）的画、千利休（1522—1591）的茶，都是一种感动的风雅的精神。艺术中对余白的重视实际上就是继承了歌道中的余情精神，造形艺术中那种幽远的情境就是幽玄理念的表现。近代时期，坚持诗学精神与人生理念紧密结合的代表是松尾芭蕉（1644—1694），他漂泊于山水之中，完全逃离现实，创立了俳谐精神。在美学的意味上，松尾芭蕉追求艺术与人生的一致。江户时代剧作家近松门左卫门（1653—1724）的净琉璃原是一种说唱曲的名称，它的名称来自室町时代中期的《净琉璃姬十二段草子（净琉璃姬物语）》，在江户时代与耍木偶相结合，作为偶人净琉璃而得到发展，近松在戏曲和演剧方面追求情的美学。本居宣长（1730—1801）继承传统，主张纯粹的日本精神的美学，提出了从自然物象与自我接触的经验中认识到事物的本质并感动的"物哀"理念，这种感动不仅仅是知觉层面上的东西，它更是在认识层面上具有意味深长的审美感受。"在宣长来说，他从感觉经验、认识、感动、表现要求、艺术创作等关于创造的相关的美学经验的构造进行了详细的分析。"① 本居宣长的思想也宣告作为学问的美学的成立。他承继传统，把古典作为媒介，主张具有纯粹日本精神的美学思想，并规定了"物哀"美意识，在事象与自我接触的体验中，认识到事象的本质并产生感动。

三　主意与主情

从总体上来看，中国文学注重"诗言志"，抒发意志，富于理性，刚性雄健，而只表现个人主观情绪的文学不被视为正统文学；日本文学则注重内心情绪和感受的抒发，细腻的情感表达体现出特有的感性柔美。中国古代文学中以男性为主导，日本古代文学则相反，若不具备敏锐的感悟力是难以理解日本文学的细腻情绪的。中国的创作主体士大夫阶层表达自己的政治理想，在文中直抒胸臆、风骨、刚健，入世思想，政治教化责任。文学在日本最初是作为一种游戏精神被传承，作为出世文学存在的，为个

---

① ［日］今道友信：『东洋の美学』，株式会社ティビーエス・ブリタニヵ1980年版，第117頁。

体的咏叹寻求共鸣。中国文学表现出复杂性，同一时期可能会有多种审美表现形态，如南宋时期存在的"豪放"和"婉约"两种诗风，如有些士大夫在政治上失意时会寻求"逍遥游"的创作方法等，而日本文学相对来说就比较单一。不过从性情抒发上来看，"诗言志"、"歌咏言"都注重纯朴、真挚的人情之美，只不过文艺作为性情的表现形式有刚柔之分，表现在文艺上当然就有刚柔之别。如果从审美意识角度来看，中国表现出刚健之美，日本则呈平和优柔之美。日本著名学者吉川幸次郎在他编著的《中国文学史》中曾说："我喜欢中国文学，因为它们是彻头彻尾的人的文学。歌德是伟大的，但丁也是伟大的，但他们是神仙文学，英雄文学，不是凡人的文学。荷马史诗和希腊悲剧、喜剧，它们都是表现英雄，神仙和妖怪，与它们同时的《诗经》，是以我们大地上的平凡的人的日常生活，以他们的悲与喜作为歌咏的题材，所叙述的都是实在的事件。"[①] 中国的《诗经》、日本的《万叶集》描写的都是普通人的质朴无华生活，是典型的现实主义文学，表现出与西方文化体系的明显差异。"西方是偏于再现、摹仿的哲学认识论的美学，东方是偏重于表现、抒情的伦理学和心理学相结合的美学。"[②]

　　中日文艺创作中的"政治性"和"脱政治性"带来了审美意识上的差异。中国是重视理性的审美意识，文人在创作中追求政治意义，创作是他们为实现其政治理想而采取的一种方式，但往往这种理想在多数情况下只能是一种梦想，是难以实现的梦想。体现出以儒家思想为主导的现实主义文学主张，追求重视社会作用的"政治主义"文学；日本强调文学的独立性，心对事物有所感，有所悟，重视感情，欣赏情调，是重视纯粹感情表达的"情趣主义"文学，可以说情趣性是日本审美意识的一个重要表现，并追求优雅的抒情性。因此日本审美意识以抒情为主，视真为审美基准，强调真和美的统一；中国的审美意识则体现在伦理道德层面上，善为其审美标准，强调善和美的统一。它基于儒家的温柔敦厚及道家的放旷情怀，体现在审美意识中显得更为超脱、从容和平和，日本在接受影响的过程

---

①　参见吉川幸次郎《中国文学史》，陈顺智、徐少舟译，四川人民出版社 1987 年版。

②　周来祥：《东方与西方古典美学理论的比较》，见《中西比较美学文学论文集》，四川文艺出版社 1986 年版。

中，是基于以哀为美的审美传统的，因此在审美意识中更倾向于一种哀感的情调和唯美情趣；在对审美意象的刻画上，虽然都在追求精致化，但中国审美意识更具有超越性，能够超越单纯的感官上所得到的美的感受，开拓感性和理性思考的双重空间，最终上升到哲理层面，而日本民族相对于中国在感情上对审美意象的观察更为纤细敏感，能在细微之处体察旨趣，对意象的描写也就更为细腻和精致。他们注重真切的情感抒发，表现个人内心情感真实感受的抒情诗歌在《万叶集》中有充分表现，即使是表达战场上的男儿情感，也不是如同杜甫《兵车行》中的磅礴气势，而是充满了悲伤、哀怨的基调，表达了对亲人的牵挂之情和离别之绪。

　　虽然中国审美意识呈现出超越性，但文人在精神上的超脱不及日本文人。中国文人大多在仕途受挫后选择隐居山林过着闲适自乐的生活，"一生几许伤心事，不向空门何处消"，总是带着消极和无奈的意味。文人笔下的山水田园之美在表现他们闲情逸致的同时，也承载着他们太多的无奈和归隐之心，"入世"的无奈只能化作"出世"的放逸情怀。参禅悟道也是为了寻求精神上的安慰和解脱，实际上很难真正做到完全地摒弃世俗。在这方面，日本文人要比中国文人超脱，如芭蕉真正做到了与山川自然合为一体，脱离世俗与欲望，专心修道，"以旅为道"，"回归造化"，以旅为伴，以苦为乐，一生漂泊。置身于广袤的大自然中，身心融会其中，回归大自然的那份亲切感是任何语言也难以表达的。日本审美意识所表现出的这种特殊性，若没有细腻的情思和敏感的情怀、缺乏有深度的悟性是难以感悟其中纤细旨趣的。那种难以言传的纤细、不可捉摸的幽寂呈现出的是一种微妙神秘的美学意味，让人流连忘返，同时也充分体现了日本民族的文化审美精神。日本文艺尤为重视心与心的交流，甚至在一些戏剧表演中更重视心与神的交流。比如作为一种具有强烈写意性的能乐，其表演中的一动一静所体现出的美感令人有无法言喻之感，在那种"冷的美"的背后，是人内心的悲美结合的复杂情绪。"日本文艺多显阴性，日本人的冷的想象力造成了它文艺中相应的特色：和歌尚静寂，物语多余情，茶道多闲雅，能乐带鬼气。"① 即使在和歌创作中表现出的清空、淡远之美，也偏于拙朴枯寂冷瘦，不同于中国诗歌的略有丰腴秀美之感。我们也不难理解

---

① 梅晓云：《日本文化的"幽玄美"》，《人文杂志》1990 年第 1 期。

中国诗歌所体现出的气韵生动、绚丽多姿，日本俳句的质朴枯寂、简约至极。这种枯寂、简约让日本人更相信"不完整的事物更有意义"，甚至认为"保留着残缺的状态反而更有情趣"，这种观念成为日本人共同拥有的审美情感。对"残缺之美"的肯定正因为无常思想的存在，这也是世间之所以显得如此美好的缘由之在。不能简单说这只是一种消极态度，恰是对待人生价值的一种积极认识。因此他们在喜欢绚烂樱花的同时，更感动于随风散落的花瓣，甚至更认为那是一种美的极致。在他们眼中，那不是樱花的凋落，那是又一次兴盛的开始。残缺本身就是一种圆满，包含着无常思想的圆满，正因为残缺的存在才会令人思索和品味，同时也是生发出各种情感的一种契机。这种审美意识不同于中国自古以来所追求的"圆满之美"。

　　中国的审美意识以主意为主，儒道对立互补的双重特征使得"善"与"真"得到了统一。反映在文学艺术中表现为一种注重社会功用性的"风雅"精神，符合传统温柔敦厚的中和之美。日本审美意识则是一种主情的审美观，它虽然沿用"风雅"两字，却没有承继汉语所赋予的原本意义，重新被注入与日本审美意识相吻合的意义，主张文学艺术游离于社会现实和政治之外，埋头于自然，追求顺从自然并与自然相融的审美情趣。它已呈现为鲜明的民族特质，并构成日本文艺美学的重要理念。这种"脱政治性"决定了日本对形而上层面的"道"是缺乏研究甚至是不感兴趣的，它着眼于具象意义上的"道"，或者可以说是化抽象之"道"为具象之"艺道"，在具象与抽象之间寻找平衡点，从具体的小事物去领会大道理，以"器"作为工具去找寻"道"，并发展出各种艺道。它不是通过想象来领悟，而是作为一种技艺需要学习，但又不流于其中之工，它追求贯通其中的至高至纯的精神，重视艺术实践层面的修行。

　　中国传统文化的主体结构是儒家思想，呈现出主意的情感世界，创作中追求美善结合与美真统一。而日本传统文化的主体结构是神道教和佛教思想，创作中追求以真为美和主情的审美世界。不同文化背景下的文艺创作，无论是作者的创作意识还是读者欣赏时的心理活动在内在气质上都是有差异的。"文章乃经国之大业"观念下的诗教传统，使得中国文艺创作充满着社会功利性，日本文艺创作仅仅是作为纯粹感情的传达，或者说是一种精神上的调剂，无论在内容还是形式上都趋向于唯美主义，追求"物哀"、"幽玄"、"寂"等审美境界，表达了日本民族深层的纤细、典雅、素朴等古典气质，这种"民族性"体现在和歌、俳句等文学样式的形成和发展上。无论是在诗歌的内容和表达的形式上，还是在艺术的审美趣味上与中国都是不同的，我们可以看出日本在追随中国诗风的同时，表现出了自己非凡的艺术创造力，真正做到了"汉为和用"。其中的消化、改造等显示了他们的融合、创造等能力，也体现了日本民族独特的审美心理。

第三节　自然审美之趣

一　自然本体的复归和超越

人类从大自然中来，与大自然的千丝万缕联系让他拥有着自然属性，同时又在走出自然、创造社会的过程中具有社会属性，这两种属性始终潜藏于人类自身灵魂深处，代代相传，并影响着人类的行为，这被西方心理学家称为"民族心理沉淀"。这是一种群体特质，主要表现为民族性格（国民性）、民族意识等，也可以说是民族文化心理意识。它是一种非显现的心理活动方式，不易捕捉，若隐若现。"把人与自然区别开来，是人的初步自觉；认识到人与自然既有区别，也有统一的关系，才是高度的自觉。"[①] 人类对山川草木、花鸟风月等自然的理解是多种多样的，有时自然与人类保持着亲密的关系，有时它又是一种障碍，如寒暑风雨等，而有时它又成为一种规范，视角不同对自然的理解也就有所差别。

在西方，自然被置于人的陪衬地位，人是"万物的尺度"，自然只是工具，艺术创作也以人为主，他们追求一种致用的自然观。东方民族不同于西方民族的商业文明，它更多地呈现为农业文明，封闭式的生产方式，使人们产生了一种自给自足式的快感，一种天人合一式的满足。这种建立在对现实世界肯定之上的、人与外界对立消弭的心理追求，主张人与自然的融合，强调和谐，提倡随顺，企图将外界的一切对立均纳入自我，一起消融于宇宙精神之中。这种人与大自然交融共存的生活生存状态，使得东方民族对自然对象有着深厚的依恋之情和感性认知，这种状态也渗透到其他领域，包括文学艺术和审美领域。在东方民族的艺术和审美文化中，对

---

① 张岱年：《中国文化与中国哲学》，东方出版社 1986 年版，第 5 页。

自然生命的赞美和讴歌成了一个重要的话题，这尤以中国与日本为代表，特别表现在美学思想上。在中国先民的生产和生活用具上，如骨器制品、陶器制品、铁器制品和青铜器制品上，装饰有大量的动植物纹样，日本的《古事记》与和歌诗集《万叶集》中都有对自然神的描绘和对大自然的讴歌。东方美学思想是把天地人作为一个有机的、统一的、动态的自然整体来看待，并自觉地维护人与自然的和谐关系，它具有强烈的生态意识，这种意识体现在中国的"天人合一"思想和日本的"神人一统"思想上。黑格尔说："东方人在沉浸到一个对象里去时就不那么关注自己……他所要求的始终是他用来比譬的那些对象所产生的一种客观喜悦，西方人却比较主观，在哀伤与苦痛中也更多地感到憧憬和怅惘。"① 这与西方的"主客两分"的思维模式是有很大区别的。日本近代作家夏目漱石认为"以西方的想法，面对一座山，首先想到的不是品尝望山之趣，而是要凿通隧道，以利通商"②。西方人的心态是向外追求，积极认识、探索自然奥秘，以期达到利用自然、改造自然之目的。东方人是通过描写、表现自然来揭示人的丰富的感情世界，努力将天地宇宙和生命感应完全融合为一。黑格尔说："地方的自然类型和生长在这土地上的人民的类型和性格有密切的联系。"③对于以中国和日本为代表的东方民族来说，它不去划分是主观还是客观，它追求的是天地人的永恒之美，无限之美，如中国道家的"大音无声"、"大象无形"等。泰戈尔指出："东方艺术的伟大与瑰丽，特别是在日本与中国（理当包括印度），就在于，在那里艺术家看到了事物的灵魂，并且相信它。西方可能相信人的灵魂，然而它并不真正相信宇宙有一个灵魂。这是东方的信仰。东方对人类的全部精神贡献都充满了这一观念。所以，我们东方人，不必深入细微末节并强调它们；因为最重要的事物是这一宇宙灵魂，对它，东方的哲人们已经静坐沉思过，而东方的艺术家们也以艺术的亲证加入了他们的队伍。"④ 东方美学以其鲜明的民族性反映了这种精神的力量，一种永恒的追求，它是直觉的、感情的、审美的。它在内容上

---

① ［德］黑格尔：《美学》第二卷，朱光潜译，商务印书馆1996年版，第137页。
② ［日］今道友信：《东西方哲学美学比较》，李心峰等译，中国人民大学出版社1991年版，第144页。
③ ［德］黑格尔：《历史哲学》，王造时译，生活·读书·新知三联书店1956年版，第123页。
④ ［印］泰戈尔：《泰戈尔论文学》，倪培耕等译，上海译文出版社1988年版，第98页。

洋溢出浓厚的民族生活气息和独特的精神蕴含；在表现形式上显露浓郁的民族风格和异域的表演风采。主张天人合一的"天地与我并生，而万物与我为一"的本体自然观为东方民族所信奉，这种自然观视人向自然本体的复归和超越为精神之极境。它注重人与自然的调和，庄子"独与天地精神往来而不傲倪万物"、孔子"知者乐水，仁者乐山"、刘勰"情以物兴，物以情观"揭示出人与自然、主体与客体的审美关系，"主体和客体、人和自然是平等的关系，任何一方都感觉不到来自对方的压力，但二者又默契冥合，显示出相同的品格。""实用功利的自然观所反映的主客体关系是社会的、实践的；道家的'以天合天'则是自然的、理想的，是人对世界的审美关系。"① 中日在"天人合一"自然美意识上有许多相通之处，受道家思想和佛教禅宗之影响，日本文化也主张人与自然融会一体，"按照古代日本人的自然观，人和自然融会一体，构成一个总的体系，它不像基督教的认识那样将人视作万物的管理者，因此不把人与自然两者对立起来，而是把人融于自然……这样，依据日本文化，人和自然两者没有明显分化，主客浑然相交。日本人主张'天人相与'实质即源于此"。② "草木之开花结实，同人之荣兴——佛教把自然和人生合为一体的思想，相当普遍地扎根于日本人的心里。"③ 东方所追求的"天人合一"观念强调的是天人相通，"天"不仅指自然万物，它还是天道，是自然之本性，自然之精神。相比于中国，日本关于天人同一性只是淡化了其中的伦理学色彩。

一个民族独特的自然观势必影响这个民族的意识形态，特别是对民族的审美意识以至审美情趣都有一定的规定作用。中日两国具有不同的自然地理环境、政治经济条件和文化宗教形态，形成了各自独特的文化性格和审美情趣。日本人遵循"自然即美"的审美理念，审美意识根植于美丽而又多变的自然环境。日本是呈弧形排列的岛国，被森林覆盖的山地占国土面积的大半，平原极少。地壳活动、火山爆发频繁。气候是温暖、湿润的海洋性气候，雨雪丰富。树木生长茂盛，海洋资源丰饶。这种自然环境使得人与自然保持和谐状态，人们以感激之情与敬畏之感依存于大自然之

①　李炳海：《道家与道家文学》，东北师范大学出版社1992年版，第170页。

②　高亚彪、吴丹毛：《在民族灵魂的深处》，中国文联出版公司1988年版，第159页。

③　[日]南博：《日本人的心理》，刘延州译，文汇出版社1991年版，第47页。

中，人与自然融合共生。孕育于这种自然环境中的日本民族认定存在于大自然当中的山川草木等不是外在于他们的客观物象，而是精灵的化身，正是认定万物都是有灵的，才让他们保持着与大自然的共生共存。自然环境所提供的丰饶资源使得他们能够自给自足，作为处于孤岛中的民族也缺乏与外来文化的冲突和交流。因此不同自然环境形成不同自然景观，一个是巨大而瑰丽，另一个是细小而纤丽。在自然观上的感受也不同，一个追求大，另一个倾向小，中国人喜爱大山岳，以山高为贵，"登泰山而小天下"，名山大川的雄伟峻拔常常成为文人墨客的创作对象，以大为美的理念形成了追求深厚、宏阔的审美情趣。日本以小为美，形成了特有的缩小文化。这种"小"的志向，是由于被自然的不安和信赖生发出来的，如被山包围的地理环境，暴风、长雨等带来的湿润及马上又恢复的亲和力等。他们认为山不在高，小而幽者胜；作为创作题材的多为细浅而清的小川小溪；茶室、庭园的缩小，生花、短歌、俳句等艺术既纤细又洗练，追求纤丽细巧为美等，"一即是多"的禅学精神即根源于此。日本虽然疆土狭小，但雪山、温泉、峡谷、瀑布、幽雅庭院、葱木绿草、繁花似锦等呈现出一幅诗情画意，但美丽又与特殊的地理位置形成的自然灾害有着难以调和的矛盾。因此对美的向往和恐惧是共存的，美好的事物在他们眼里是稍纵即逝的，这种心理形成了特殊的审美观念。中国与日本都是对大地、自然有着难以割舍的亲和之感。"趣"与"寂"作为中日两国比较有代表性的审美范畴，它们的审美表现核心反映了人与自然的审美关系，集中了中国和日本关于人与自然精神交流的思想精华，体现了两个东方民族对待自然的独特的审美态度。二者的审美趣味均趋向于超越和内省，通过与自然交流来领悟人生，当然它们更多的是关注个体的生命存在，包含了更多舒展个性的要求。

二　"比德"自然观：对人生终极关怀的精神思索

中国人在亲和自然、寄情山水的传统文化中，人的自然品性总是与"素"、"朴"相连，"见素抱朴"《老子·十九章》，"既雕，既琢，复归于朴"《庄子·山木》。素朴是与自然造化同功的诗性精神境界，体现出自然天性与人的纯真品性相融合的美，是一种"绚烂之极归于平淡"的自然诗性化境。人与自然相融"要求自身与自然合为一体，希望从自然中吮吸灵感或了悟，来摆脱人事的羁縻，获取心灵的解放。千秋永在的自然山水高于转瞬即逝的人世豪华，顺应自然胜过人工造作，丘园泉石长久于院落笙歌"①。自然之"大美"给人以无限想象。因此中国人在"登山则情满于山，观海则意溢于海"中能够"思接千载"、"视通万里"，做到"神与物游"，懂得如何"想象以为事，惝恍以为情"，懂得如何在一种"似与不似之间"获得"气韵生动"的美学效果。从而感受一种"只可意会，不可言传"的情感体验，以实现一种"神与物游"、"物我两忘"的审美理想。

中国赋予自然以一定的政治意义和审美超越意义。中国古代以人文之眼看自然，发掘把握自然的精神意义，不是把自然看做认知对象，而是把自然现象看做人的精神品质的象征。中国文人具有伦理精神气质，天地自然万物在他们眼里自然具备一定的人伦道德价值和意义。以儒家来看，自然存在的意义意味着天赋的人伦道德关系，天地万物存在是为了说明人事，阐发伦理精神，而不是为探求自然之本身。庄子所代表的道家反对儒家的道德说教，提出"无为"的观念，认为"无为"应是人的本性，但实际上这种"无为"又是根源于自然的。庄子认为"无为"是天地万物的存在方式，人作为万物之一也应该"无为"，人的"无为"就表现在要顺应天理，不为不作，要顺应天地万物的本性，保持与万物的一致，看来"无为"是根源于天地自然本性的。但庄子后学在某种程度上背离了庄子，《庄子·天道》说："君先而臣从，父先而子从，兄先而弟从……夫尊卑先后，天地之行也，故圣人取象也。"他们肯定了儒家的观点，并试图从天道自然中寻找社会伦理关系的根源，因此在道家看来，天道自然无为，人道也应自然无为，人道只有不违背天道才能返璞归真。"人法地，地法天，天法道，道法自然"（《老子》二十五章），老子构造了一个自然无为的"道"作为宇宙的本源，天道自然观成为其认识人事的基础。由此可以看出，无论儒家还是道家，以他们为代表的思想家们构建天道自然观的目的是为了建立自己的人伦道德体系，自然是他们认识的手段，并不全是他们认识的目的。在中国古代哲学中，没有独立于政治伦理学之外的、科学意义上的自然观和自然哲学②。当然这不同于西方强调主客二分、人对自然

---

① 李泽厚：《美的历程》，文物出版社 1981 年版，第 169 页。

② 肖万源、徐远和：《中国古代人学思想概要》，东方出版社 1994 年版，第 18 页。

的主宰作用，中国是"天人合一"的思维模式，人与自然保持一种亲和关系。庄子的"天地与我并生，而万物与我为一"（《庄子·齐物论》）突出了自然与人的合一，强调了自然给人们所提供的物质基础和精神给养，自然成为人精神的安顿之地、慰藉之所。人类应该在寻求自然、认识自然的过程中达到与自然的交融，表现出自由自在的本真状态，以逍遥游精神超越于现实世界进入审美世界。

中国人追求一种主客观的平衡和人与自然的和睦相处，追求一种天人感应的效果，常以感情悟物，进而使自然万物人格化，以达到"天人合一"的境界。进入"天人合一"之境界需要人不断提高自我之修养，将自然融入自我感悟之中，以审美的方式欣赏自然，这种方式既不是主体照搬客体，也不是对客体的强加，而是自我融入大自然的一种自觉，是内情与外物的协调统一，人与自然永远是相依相伴的。中国对于自然美的自觉欣赏意识出现很早，并经历了一个由自在状态到自觉状态的理论发展过程。原始社会自然只是一个顶礼膜拜的神秘对象，人们对自然山水表现出强烈的畏惧和崇拜心理，人与自然之间还没有建立审美关系，自然物还不能成为审美对象，自然只是通过人的想象而达到直接的物质功利目的。但自然崇拜中通过丰富的想象力创造出的各种自然神，使得原始艺术产生，人们不自觉地将自然形象化、人格化了。随着社会生产力的发展，人与自然逐渐建立起一种相亲相和的关系，自然山水已不仅仅是崇拜的对象，它已经与人的伦理道德品质联系在一起，联想到自然中所显现的人伦精神。孔子曰："知者乐水，仁者乐山；知者动，仁者静；知者乐，仁者寿。"（《论语·雍也》）他是用伦理道德观念取譬于某种自然物，看重的是自然物所体现出的人格精神，人自身的品格与自然客观物的属性统一起来。它注重自然山水审美的人伦精神和人文精神，自然物中蕴含着审美主体的情感，它被赋予了人格之美。这种观念标志着人与自然建立起初步的审美关系，人与自然的关系也逐步变得亲和起来。关于自然审美还有一种精神倾向是更强调人与自然之间的情感联系，并把整个大自然当做审美对象，认为"天地有大美"，这种自然观体现在老庄哲学上。它不同于把自然山水比作伦理道德观念的儒家思想，明确认为天地自然是"大美"境界，人应该体验自然，复归自然，在与大自然的融合中获得精神上的慰藉和解脱。到了魏晋时期伴随着"人的自觉"、"文的自觉"，欣赏自然美成为一种自觉的行为，魏晋玄学作为老庄的后学进一步发挥了这种自然天道观。玄学将儒家提倡的"名教"与老庄提倡的"自然"结合在一起，审美视野由社会伦理转向自然山水，亲近自然、纵情自然成为当时名士的风尚，他们在山水所带来的"体静心闲"中追求玄与佛的统一，从山水自然中体悟到对现实人生的超越和解脱。如徐复观所言："以玄对山水，即是以超越于世俗之上的虚静之心对山水；此时的山水，乃能以其纯净之姿，进入于虚静之心的里面，而与人的生命融为一体，因而人与自然，由相化而根忘，这便在第一自然中呈现出第二自然，而成为美的对象。"[1] 后来唐朝禅宗盛行更是崇尚自然，以禅宗的眼光看待自然，则一山一水、一草一木皆有禅意和佛理，皆为无上境界，甚至禅宗精神往往用自然山水现象来表达，所谓"青青翠竹，总是法身；郁郁黄花，无非般若"（《景德传灯录》卷二十八）。我们可以看到在儒道佛三家思想的交汇点上，儒家之自然使人安贫乐道，它是象征的自然；道家之自然使人以虚静之心坐忘于大千世界之中，它是真正的具有素朴意义的天然的自然；而佛家之自然则充满着禅情意趣，它以寂灭之心态进入返璞归真之审美境界。在庄学与禅学合流之后，皈依自然、寄情山水成了文人的精神寄托，以道家的自然姿态、佛家的寂灭心态来融入大自然就会进入一种返璞归真的审美境界，在这种境界中感受万物之情、享受天理人趣，这种"趣"不同于形而下的世俗之趣，而是合乎中国传统"天人合一"思想、具有形而上意味的理性之"趣"。这种"趣"不带有任何功利目的，是物我两忘的境界。

自然成了审美对象，人与自然之间就建立了一种审美关系，自然给予人的是自由感和愉悦感。人们把与大自然的这种审美关系反映在文学创作上，先秦时代的《诗经》《楚辞》就已经大量运用自然景物来作为人与社会某种特点的象征了，理论上出现了"知者乐水，仁者乐山"。魏晋六朝时刘勰的"情以物兴，物以情观"更为深刻而精确地表现了主体与客体、人与自然的审美关系。在中国传统美学中更是洋溢着对自然生命的热情赞美与崇拜，各种艺术形式都以表现自然生命为美，鱼、莲花、鸟是美的，它们象征着强大的生命力，并且以"梅、兰、竹、菊"比拟君子，达到将人的情感与自然物互渗，对生机勃发的自然物加以赞美和欣赏的目的。因

---

① 徐复观：《中国艺术精神》，春风文艺出版社1987年版，第201页。

此自然风物在中国是作为人的道德属性的一种象征，松、柏、梅、兰、菊、竹等这些自然物的某些特点与人的道德属性有类似的地方，人们往往在欣赏自然物时不仅仅着眼于客观观察自然，而是融入审美主体的思想和想象。还有，受老庄哲学思想对文艺的影响，文人在作品中通过对具体自然物象的描绘来表现宇宙的本体和生命，对自然作形而上的思考，如果脱离了宇宙生命，作品的审美内涵就不够深刻，也不能显现出对宇宙世界的终极关怀。中国文人对自然的态度既表现出抚爱关切的具体化，又体现出抽象的、形而上学层面的精神思索，与天地相通，超脱又洒落。它往往是通过具体的物象，但又不拘泥于具体的物象细节上，而是通过具有象征意味的事物，将心底深处的愁绪弥漫于主体与天地物象之间，以言有尽而意无穷的意境之美给予人游目骋怀的遐想空间。"自然造化的微妙的机趣流荡的生机与人内在生命勃勃不息的流转是相通的，生命—艺术（审美体验）—自然在本质上是一种异质同构的关系。"① 文人们在感悟于山川草木、世态物象等自然之基础上生发出应得之趣，这是一种"心物感应"的自然观。而发于客观物象又不囿于此，他们在"味象"中感受主体之神明，在"得趣"中悟入诗道之本质所在，诗之趣与"神情妙会"趋近，是自然之天成，而不是苦意索之。实际上人之趣既是人自身灵性的极致呈现，也是自然之美的呈现，或者可以说是自然之趣通过人而显现出来，自然之美是"物感"、"神韵"、"趣"等审美范畴形成之根本。

中国语境中自然还有另一层含义，就是指不加任何修饰的朴素自然之美。《老子》的"人法地，地法天，天法道，道法自然"、"见素抱朴"及《庄子》的"既雕既琢、复归于朴"、"朴素而天下莫能与之争美"就是指自然朴素之美。这种思想直接对文艺产生影响，庄子在《齐物论》中所提到的"人籁"、"地籁"、"天籁"启发了后代的诗论家。"人籁"是指经过人工乐器吹奏出来的音乐，"地籁"是众窍借助外力所发出的声音，而"天籁"是最符合自然的声音，它是自然万物依据自身情况而发出的自然之声。刘勰的"为情而造文"，钟嵘的"自然英旨"，李白的"清水出芙蓉，天然去雕饰"等也都是强调在文艺创作中要崇尚自然、倡导朴素自然之美，并能够保持一份最初的纯真，达到"返璞归真"之境界。刘勰在

---

① 胡立新、黄念然：《中国古代文艺思想的现代阐释》，中国社会出版社2004年版，第74页。

《文心雕龙·物色》篇中说："人禀七情，应物斯感，感物吟志，莫非自然。"这里他从心物交感的观点出发，倡导文学的自然朴素之美。后来明代的思想家李贽提出的"童心说"强调的就是一份真性情，一种合乎自然的纯朴、率真之心。这种素朴自然之美正是中国古典审美范畴所追求的本真状态，是文人之自身灵性的极致呈现。

三　"植物美学观"：对自然微妙变化的纤细感受

"自然本来是中国的文字，在对自然的理解方面以及中国人与日本人的接受方面，还是存在差异的。"[①] 日本作为岛国具有独特的自然美，加之他们固有的对太阳神和树神的崇拜，尊重自然、热爱自然，追求人与自然共生等成为他们原始的审美意识。日本审美范畴可以说是从自然的生命之美开始生发，在直接感受"风"、"月"、"雪"、"花"等自然事物形式美的同时，品味出具有普遍性的美感，并在艺术创造中加以提升，达到了以"幽玄"为最高层次的美的境界，从而也实现了人与自然的有序融合。

日本学者中井正一把日本的美学分为两类，第一种是夺目之美，是以明艳、绚烂、雄壮等形式表现，如明媚的阳光、灿烂盛开的鲜花等，这是带有普遍性的一般美。第二种美是自然之美，这是带有日本民族特质的独特美，也是日本美的主要形态。它是以闲寂、沉静等状态所显现出来的美，如草木枯荣、落花流水等，这是带有日本味道的独特美，是美中之极致，是一种体现出"物哀"、"幽玄"、"寂"等精神的美，这种美体现在它特殊的自然环境和自然观念上，并以一种特有的文化形式表达出来。大桥良介强调了日本文化所具有的自然性及作为一种"风的文化"的存在[②]。他认为日本文化的自然性被保存在造形之中，也就是说清净的自然性的美通过外观的造形表现出来。伊势神宫（保持着神社建筑的纯粹性）的造形就是日本自然美特质的一种表现。枯山水是无形的一种造形，水和草木皆无的山河，象征自然生命的形皆枯，而以无机物的石和砂来代替山河，寓意深刻。为何用无生命力的石和砂来表现有机的世界，难道保持自然的山

---

　　① ［日］相良亨：『「おのずから」としての自然』，『日本の美学』1986—88 第 10 期，ぺりかん社，第 22 頁。
　　② 参见 ［日］大橋良介 『「切れ」の構造——日本美と現代世界』，中公叢書 1986 年版。

水草木不可吗？看到枯山水的庭园往往会有这样的思考，石终究是石不是山，砂终究是砂不是水，实际上这是禅的一种悟境的表现。山的寓意水的意味，石和砂充分地表现出了它们的自然本性，只是这种自然美已不是那种纯天然的自然，已经有了"艺"的味道，禅的精神。

　　所谓"风"有作为大气的风、作为呼吸的风、作为气息的生命的风。"风"在东西方都是作为一种形而上学的现象，作为文化概念的"风"，外界人间社会诸相实际上是人的内在精神的一种展现，所谓风貌、风体、风采、风姿等。风首先是作为一种自然现象存在，但如果说到一个人具备什么风貌时，这个风的意思就接近于"气"了，所谓"气风"，气风不单单是内在的心理层面的东西，表现在外就是一种气质，这种气质是"天地正大的气"所表现的一种风，而不是弱气之风。受惠于品质之优的气质创作出的诗和音乐等艺术就是"风雅"之作，这不单纯是创作技巧上的表现，它更是通过技巧而表现出来的"自然"，如果这种"自然"表现过度，就容易"风狂"，但风狂表现在作品上也可以算是一种风格。中国和日本在关于"风"的概念理解上大致相同，都是关于人的内在的一种文化现象。在社会生活中"风"作为一种文化现象表现为"风俗"、"风习"、"风潮"等，这是一种自古以来流传下来的自然的风。对于国来说是"国风"，对于家来说是"家风"，这不仅是外在的社会现象，也是人内在的气风的表现。体现在培养国、家、人等内在品质的教育上，就是一种"风化"或"风教"。由"风的文化"所形成的自然物就是"风物"，所形成的自然风景就是"风光"，日本对自然风物的歌咏充分显现了其"风的文化"的特点。栗田勇盛赞日本美的发现，无论是春日之樱、秋之红叶，还是自然界的花鸟风月，都美得让人心动。能乐的"幽幻"色彩、歌舞伎"艳"之意味及各种艺道所表现出来的枯淡静寂之美令人回味。而且他们在表达这种美时都带有一种含糊性、不确定性，特别追求话外之音、言外之意，这种民族心理与诗歌创作中的含蓄表达是相通的，和歌的短小、自由，更能抒发个人内心世界丰富的审美感受和意趣，具有独特的日本民族风情。我们可以看到在日本的和歌中，表面上的写实、直叙，实质上是借用一些象征、比喻等表现手法来抒发感情，表现审美情趣，充满着日本特有的"柔"、"艳"等情调。景物的描写和情感上的抒发使得和歌在通俗、质朴之中显现其言外之意，引领读者发挥想象进入充满意趣的审美世界之中。

　　日本民族自然观的核心思想是"万物有灵论"和"天人合一论"。日本先民认为宇宙中的万物都是有灵的，柳田圣山认为"日本的大自然，与其说是人改造的对象，不如说首先是敬畏信仰的神灵"①。这是日本民族的自然崇拜之精神。日本人在陶醉自然美景的同时，认为这些自然万物都承接着神的灵气，即万物有灵。"阿伊努族人（日本最早的居民）认为宇宙中的万物都是有'灵'的，并给宇宙的森罗万象安上'神'的名字。人间与这种'灵'世界的关系是相互授受的关系。"② "本居宣长曾经说过，通过古神话、古传说可以了解日本人的世界观和人生观，可以探求日本人精神文化的本质和源泉。"③ 河合隼雄在《从日本神话看日本人的精神》一文中认为日本人的精神结构具有"中空性"，"这种由中心统合的模式……就是日本人心的内部构造，即使作为日本人的人际关系的构造也是很合适的。这就是说，这种用眼睛无法看到的中空构造在日本人的思想、宗教、社会等构造中存在着"④。英国学者 L. 比尼恩也认为"日本人对于一项事业或是一种观念的忠诚，含有那么一种绝对的性质"、"这种精神不仅在行动世界里表现得极其强烈，而且在观念的世界，在艺术中也得到表现"⑤，这虽然是谈日本人的民族性格的，但实际上指的是"万物有灵"的原始信仰对日本民族性格的影响。神灵是具体、有形又是超绝、无限的，它寓身于大自然之中，赋予自然万物以生命，同时它又不为具体事物所限，超存于自然万物之上。如何来把握"有灵"的万物，那就要在精神上做到与客体世界的和谐共处，也就是追求"天人合一"境界。日本的"天人合一"观大体上与中国的这种观念相通，只是淡化了其中的伦理学色彩，它来源于"万物有灵论"，但它真正的形成和最后定型是受到中国老庄思想和佛教思想的影响。老庄的"天地与我并生，而万物与我为一"的思想强调人与自然的融会贯通、主与客的浑然相交，佛教中的"人与自然同根同体"这些都影响了日本的"天人合一"观，人在与自然相知相融的过程中达到

　　① ［日］柳田圣山：《禅与日本文化》，何平等译，译林出版社1991年版，第63页。
　　② ［日］谏访春雄：《日本的幽灵》，黄强等译，中国大百科全书出版社1990年版，第53页。
　　③ ［日］铃木大拙：《禅与日本文化》，陶刚译，生活·读书·新知三联书店1989年版，第207页。
　　④ 范作申：《日本传统文化》，生活·读书·新知三联书店1992年版，第42页。
　　⑤ ［英］劳伦斯·比尼恩：《亚洲艺术中人的精神》，孙乃修译，辽宁人民出版社1988年版，第95页。

物我不分、物我合一，从而超越客体自然最终达到物我两忘的境界，这些观念是日本独特审美意识"寂"范畴形成的思想理论基础。

如果说"万物有灵"观与"天人合一"观对于中国和日本民族来讲还具有一定的普泛性的话，那么"植物美学观"就体现出日本民族自然审美的独特性，反映出他们对自然风物的自觉美学感悟，日本民族的文化形态和审美意识多源生于大自然，可以说"植物美学观"是"寂"范畴产生的现实基础。对于他们来说，大自然是美的本原，也是美的极致，一切事物的美生发于大自然，最高之美也只存于大自然之中，"审美意识的基本语词中的最重要的概念都是来自植物的"，"诸如静寂、余情、冷寂等，也尤多与植物由秋到冬的状态有关"①，无论枯藤老树还是绿草红叶都呈现出一种源自事物本性的自然的美。植物美学源于日本人对生命的感受以及因季节变迁所生发的美感，这是一种自然美学，"日本文化形态是由植物的美学支撑的"观点不仅表现为对日月星辰、风花雪月等自然物的欣赏，同时也有对植物生命的自然同情。万事万物在时间长流中只是瞬时的存在，各种自然原始之美也只是暂时的幻象，人在这种无定中生发出无可奈何之感。自然事物的形式之美对人来讲所具有的象征意义，使得人容易陷入"借此而言彼"的情感状态，它既体现出审美主体对客观外物的情感价值判断，同时也把自己的情感寄托渗透在自然事物之形式美上，表现为人与自然的同情。植物美学体现在用四季的交替变化和草木的千姿百态来表达人生命运的转换及情感心理，日本人表现出对大自然尤其是季节转换天气变化的特殊敏感性，季节中尤以较短的秋季最适合日本人的情绪性和伤感性的抒发。自然界的转换发展为无常的哀感和美感，并体现在"雪、月、花"等自然物相的描写上，以使自然和人的感情能够完全结合在一起。如秋天所富有的寂寞之情令人引起悲哀情绪，或如满月后的残月、鲜花盛开后的花瓣散落等都能反映出日本人的感伤性和情绪性的特征。日本民族对自然风物的亲近感使得他们体会到身边事物所具有的真实的感性美，用情感、靠想象力去感受自然使得人心与自然息息相通，以特有的真诚、朴实感形成了"诚"的审美意识。

---

① ［日］今道友信：《东方的美学》，蒋寅等译，生活·读书·新知三联书店1991年版，第191页。

　　大自然对于日本人来说是他们审美意识的源泉，荷兰学者伊恩·布鲁玛在其著名论著《日本文化中的性角色》一书中指出："热爱自然通常被视为日本美学的基础。"① 日本学者清水几太郎指出："日本的所谓文化，是建立在对文化和人为的根本不信任的基础上的，是建立在担心失去与自然同质性的恐惧的基础上的。"② 日本学者栗田勇认为，日本人的自然观有三要素：第一，日本人认为自然不是一成不变的，而像四季一样不断变化；第二，日本人认为自然是和谐有序的；第三，日本人认为自然和人不是对立的，是相互依存的。③ 日本人的自然观拥有深刻的意味，完全不同于欧洲的自然观。日本的自然观表现在人与自然的一体化，人是自然的一部分，这是日本独特的精神性所在，这种独特性与宗教有着深刻的联系，日本追求宗教与自然的调和。日本是拥有独特自然观和宗教观的民族，人与自然的共生在审美意识层面表现为强烈的主观宗教情绪色彩，形成各种极其丰富的艺术表现形式。日本原始信仰作为其传统文化的内核，左右甚至决定着日本的审美意识。日本人的根底深处是多神论，多神论的宗教观在日本人的信仰中生长，并且多神论也极深地影响了日本人的生活，在生活中他们追求宗教与自然的调和，表现出强烈的感性色彩，即使是人为制作出的第二自然，实际上也考虑它本来的自然状态，如花道（插花），采来在自然田野中生长的花，然后制作成新的形状，成为更加洗练的自然的艺术。还有枯山水的庭园作为日本独特的艺术，象征着自然观和宗教观的统一。庭园艺术是把自然的事物如石、土、水、植物等作为素材，但又超越于这种自然态创造的艺术。枯的山水看不到山水，但能感受到水的流动和人的存在，把自然事物作为素材，但又超越于这种自然态。在日本文化中，山是自古以来的信仰中祖先所在的地方，因此在庭园中包含着人的价值观、世界观，是一种宗教的自然。枯山水成为一种抽象的表现宗教意识的独特艺术，茶道等艺术也是如此，如茶室作为在世界上独有的建筑物，重在精神的交流和心的解放，是充满独特意味的空间。茶道中瞬间的"姿"实际上是永远的"相"，禅之精神、茶的心、岁月的历练等全部呈现

　　① 〔荷〕伊恩·布鲁玛：《日本文化中的性角色》，张晓凌等译，光明日报出版社 1989 年版，第 67 页。

　　② 〔日〕梅棹忠夫、多田道太郎编：《日本文化和世界》，講談社 1978 年版，第 34—35 页。

　　③ 〔日〕栗田勇：『雪月花の心』，富士通経営研修所 2007 年版，第 30—31 頁。

在这永远的"相"之中，这是"茶禅一味的心"之体现，也是幽玄之"空寂"的表现内涵。静谧、清寂的大自然虽变化无常但又充满生机和活力，以自然之真悟自然之性，由大自然的纷繁变幻悟得世间万物的虚幻无常。在与大自然的交融契合中，以灵心慧性体悟佛理之精深，最终获得愉悦和解脱，观照大自然万象的"无常"实际上能够体悟到生命个体虚幻不实的深深禅意。

人类对大自然的审美观照实际上就是所谓的自然审美观，它蕴含着人与自然关系的深度思考，透射出独特的自然美意识，自然审美观构成了日本民族审美意识的基底和主体。人与自然之间是一种纯粹的审美关系，他们视之为"正确的趣味"，并以此培养了其民族敏锐精纯的审美悟性，甚而铸成了其民族性格中的风雅、唯美倾向，如泰戈尔所言"日本创造了一种具有完美形态的文化"。人与自然之间纯粹的审美关系使得自然美表现为一种纯粹自律的美。浓缩的大自然是花，正是由于花的美丽，才使得花成为大自然神秘的象征。那种神秘表现为一种优雅的微笑，无论对谁都是一样的美丽，给人一种幸福感。什么样的人都能一样理解花的美丽，表现为一种完全的自律性。自然造化的神秘完全集中在花的身上，不敢想象没有花的生活将是多么的寂寞，没有花的自然将是多么单调。花是自然给予人类的睿智的结晶，那是美的殿堂。日本的自然是花的世界，四季变化带来的种类的丰富，让人感受到是在花中生长和生活。因此花道在日本的发展不仅仅是由于日本的自然、草花特别优美的缘故，他们对自然美有着纤细的感受性，通过对大自然四季草木推移凋落的观察，进一步延伸到对人生深刻哲理的思考。飞花落叶之美令人产生一种无常之感，枯枝、凋落的姿态又让人在精神上达到一种升华，这种唯美又超越于美的性格在日本艺术中特别是中世的艺术中被更加地自觉化，这种美所拥有的深刻哲理让人感到意味无穷。自然美已渗入到日本人的内心深处，对花的热爱、对自然美的憧憬影响到他们对外来文化的接受，并形成了具有独特审美特质的美意识。例如平安朝时期的美的理念"物哀"，它是一种由于对事物的感动而在内心发出的哀叹声，这个理念的成立与佛教的人生无常和自然的移转变化有着密切的关系。"幽玄"、"有心"等也是由自然与人生深处的探究有联系的，这些美的理念与西方的关于美的理论性是没有关系的一种感觉，与中国的"气韵生动"在感觉这一层面是一致的，但性质是完全不同的。"气韵生动"的理念表现为与自然对置的一种人格上的意志力，是一种神圣的存在，表现出对于自然的更为敬畏和信仰。日本对于自然表现得更为亲近，自然对于他们来说是感受到无上愉悦的优美环境，"物哀"、"幽玄"等理念是把人类投入自然的纯粹的感伤作为创作的根源，是一种感受力的倾诉，因此它是与教化、修养等没有任何关系的无功利的纯粹美的享受。它通过自然与心的交感化为抒情而表现出来，追求优美与抒情的审美理念也就成为日本独自的审美意识。这种纯粹自律的美还表现在日本人对自然景色的热爱及敏感于四季的变换、万物的兴衰荣枯，并形成了独特的细腻、感伤的审美体验，其落花意识和悲秋情怀成为和歌创作中的永恒主题，也是审美意识中的突出表现。他们习惯在"悲"中寻求"美"，感伤的情绪弥漫在别的惨痛、愁的基调之中。

松冈正刚在《花鸟风月的科学》中从"山"、"道"、"神"、"风"、"鸟"、"花"、"佛"、"时"、"梦"、"月"十个方面对日本文化进行了比较详致的梳理，并分析了花鸟风月成为日本文化载体的生成和变迁过程。日本民族自古即以自然风物来感悟人生，体察人情，他们在"对自然的感触中，既能体现出作为日本人特有的性格，也会具有人类共同的普遍性"[①]。并最终归结为日本民族特有的美学理想"物之哀"。虽然他们在文学创作中也有一种反对人为的朴素情怀，但它还是借助于自然风物如残月败花等来表现不可言之余情，并发展为一种淡淡的哀怨和感伤。自然风物在日本文人的笔下不是作为人物的陪衬，而是作为真正的主体被加以描绘的。如《枕草子》（作者为清少纳言）作为日本古典文学随笔文艺的始祖，有关自然风物的描写散落在各章段之中。日本文人善于运用如同工笔画一般细致的笔触，客观描写大自然的形状、变化等，专注于大自然本身的细节，用笔简洁而细腻。他们不是以俯仰自得之心境游于大自然之中，而是在一个特定的角落，静静地注视着自然，感受自然生命的律动，敏锐地捕捉到那最富有情趣的一瞬间，并把这一瞬间定格为一幅美丽的画面，作细致而冷静的描绘，给予人的是一种寂静而纯粹的审美体验。

樱花在日本被尊为国花，菊花被奉为皇家之花，它们都呈现出外扬内

---

① 　[日] 东山魁夷等：《日本人与日本文化》，周世荣译，中国社会科学出版社 1991 年版，第 19 页。

蕴的审美精神。据日本《樱大鉴》记载，樱花原生于中国，是从喜马拉雅山脉传过去的，传到日本后深受日本人的喜爱。满树的樱花所形成的花山、花海让人感到的何止是美丽、激动，更是一种力量，观花的熙攘人群和蔚为壮观的花山好像是日本人凝聚力的象征，在如此狭小国度生存并能在面对逆境时挺起来，樱花所折射出的哲理得到了充分的展现。在樱花绽放的季节，樱的美丽在日本列岛从南到北映天耀地，樱花树下赏花场景随处可见。它作为国花是高贵的象征，春天的象征，美好生命的象征。樱花开放时热烈灿烂、妩媚娇艳，凋落时决然壮烈，美到极致，这种境界才真正是绚烂之后的片刻辉煌。让人顿生悲怜之情，惋惜伤感。中世文学史上的随笔集《徒然草》第137段有这么一句话："樱花并非唯有盛开的时候才值得观赏，月亮并非皓月当空才最美丽……含苞欲放的枝头与枯叶满地的庭院尤其值得玩味。"也就是说随风散落的樱花花瓣与烂漫盛开的樱花比起来，更能引起人们纤细的情怀和深沉的思考。这种深切的感受不仅源于表面对自然的歌咏，更加入了深沉的、引人无限遐想的内容。日本武士就常以樱花自喻，"做树就要做樱树，做人就要做武士"的谚语就充分说明了日本人的精神世界追求。同样对菊花的尊崇使得文人墨客以菊作为主题进行咏唱，特别在和歌、俳句之中涌现不少咏菊作品。日本人认为菊花在美丽之外还蕴藏着一种淡淡的哀愁，体现出"物哀"的审美精神。美国著名人类学家鲁恩·本尼迪克特的《菊与刀》就认为，"菊"是日本皇室的家徽，"刀"是日本武士文化的象征，这组成了日本国民性格的两面性和极其矛盾的民族性格，沉静、柔美之中包含着暴力、武力；谦卑文明之外又表现出极度傲慢和偏见，菊中所蕴藏的优雅和刀中所表现出的冷酷可以说成为日本文化的两个代表性的象征符号。另外"菊"作为一种审美意象在日本俳句中经常用到，其传出的意蕴就具有了普通花卉所不能比拟的不寻常意义。"菊"在中国古典诗歌中是超尘绝俗、高尚人品的象征，如陶渊明的《饮酒》："采菊东篱下，悠然见南山"所传达出的意境，这也影响了日本俳句的创作，芭蕉的《山中十景》："山中不采菊，温泉有香气。""菊"作为一种文化载体，具有特殊的文化信息内蕴。实际上花开花落、树木荣枯等是自然界的生长和发展规律，而日本民族能通过"飞花落叶"来感受到生命之美，并在精神上得到慰藉，无常思想的影响是显而易见的。"樱花一瞬，灿烂地开放，又飘落归根，就像人世间的诸行无常。"人们在与自然界的亲近和交流中，在感动于花开花落的同时行为就会变得温和，内心也逐渐变得澄澈起来，思想上也会更为幽深，从而达到精神上的真正超越。有感于物之情，就会保持内心的纯净，就会感到一切皆有诗情。草庵文学作家鸭长明曾说："当我看到花开花落而感动之时，当我见月出月落而深思之时，就会感到内心变得澄澈，脱去了尘世的污染，自然而然地醒悟了生灭之理，消除了对名利的执念。这就是解脱的开始。"① 可以说这种独有的"樱花情结"体现了日本民族对于大自然的审美思维，它被感伤的日本人奉为生命的象征，"与其因为飘落而称无常，不如说突然盛开是无常，因无常而称作美，故而美的确是永远的"②。自然界的随季荣枯触发了日本人的生命体验，这是一种虽与自然风物同根同源却不能同体同归的无常感和孤寂感，这种感受使得日本人产生一种强烈的在精神上渴求解脱、超越的愿望，也为禅宗美学的传入和渗透提供了空间和可能，同时为"寂"范畴的形成打下理论基础，为其进一步发展开辟了道路。

在中日美学思想的发展过程中，两国都接受了"天人合一"观念的影响，虽说日本的"天人合一"观念是来源于"万物有灵论"的，但它真正的形成和最后定型是受到中国老庄思想和佛家思想的影响。老庄的"天地与我并生，而万物与我为一"的思想强调人与自然的融会贯通、主与客的浑然相交，佛家中的"人与自然同根同体"思想都影响到了日本人的"天人合一"观。人在与自然相知相融的过程中达到物我不分、物我合一，从而超越客体自然最终达到物我两忘的境界。但需要指出的是，日本所强调的天人的相互关联淡化了其中的伦理学色彩，这一点与中国所强调的道德伦理观是有差异的。中国传统思想的主体是儒家思想，它肯定了天道和人道的一致性，并且建立在道德本体论之上，品行和修养等道德因素必须要放在首位，而追求天人合一，保持与自然的和谐是其精神上的支持，因此在审美意识中充满着政治性和宗教式的伦理判断及哲学思考。中国儒家思想对日本文化的影响并没有深入到深层，只显现于表层，日本文学艺术趣味是超政治、超社会的。铃木修次认为："中国和日本的文学观念确实是大有不同的，这差异是从哪里来的？简明地说就是政治与文学的关系。在

---

① [日] 鸭长明著，三木纪人校注：《方丈记発心集》，新潮社 1978 年版，第 275 页。
② [日] 柳田圣山：《禅与日本文化》，何平译，译林出版社 1989 年版，第 51 页。

中国传统中有对文学的理想态度与不应回避政治问题而应积极关心政治问题的倾向。但在日本对文学的看法是，文学最重要的是知'物哀'，如果文学涉及政治则不雅，这样的倾向性很强。"① 而道佛思想特别是佛教思想契合于日本本土文化所拥有的特殊性及审美意识所体现出来的情感基调，亲近和顺从自然成为他们重要的审美观念。"日本文化是情的文化。"② 它具有一种"唯情主义"倾向，表现在审美意识上是以主情为主，以自然的本能欲求为美，这种欲求对于他们来说是一种生命充实感的享受，满足了他们本能的感官美。对于他们来讲，美与善不具有同一的价值，美是超越理性和道德层面、纯粹追求情趣的一种精神性的美的感情。可以说日本美在神秘，追求美的真实和情感的原始化，在以神道为本中捕捉刹那间的永恒。"万物有灵"思想所产生的物哀情愫与佛教禅宗的空的思想结合，产生了"寂"的审美精神；由"神皇一体"思想衍生出的武士道精神与佛教禅宗的融合，产生了"粹"的审美境界，"寂"与"粹"的结合也形成了日本民族精神的精髓。神道教万物有灵的思想和自然崇拜的观念让人们感受着季节更替、无常的悲哀，并从这种密切观察与入微感受中，产生了纤细、阴柔的美学体验，因此这种无常观也逐渐从佛教的教义转向了文学审美，让人们在日常生活中感受敏感、阴柔等审美体验的同时，也推动了文学中审美意识的变化，促成了"物哀"美意识的形成。这里的"物"是指客观的物象，可以是人、事，也可以是自然风物，"哀"当然是指主体的主观情思，客观"物"与主观"心"的合一，就是"物哀"所表现出的悲哀、空寂的美学精神，其中佛教无常观的影响是显而易见的。大自然中花草树木消长的生命历程使得日本人产生了对生命轮回和生命本质的最初感受，风花雪月的转时即逝及日月星辰的推移变化又强化了他们对无常感的认识。日本传统审美意识中执著于对大自然生命的直感把握，也形成了他们细腻地把握自然美的审美心理。原始神道中自然崇拜之理念使得日本人对自然有着天然之亲和情感，人与自然的融合体现于日本人对自然的根本感情，它是日本审美意识中的一个显著特征，也是日本自然风土特殊性的表现。日本中世哲学家安藤昌益认为，"自然"是指天地与人类"自然而

---

① ［日］铃木修次：『中国文学と日本文学』，東京書籍 1991 年版，第 18 頁。
② ［日］新形信和：『無の比較思想』，ミネルウア書房 1998 年版，第 266 頁。

然"的浑然整体，它构成了自然向人生成，人向自然生成的双向关系。日本文化受佛老思想的影响，主张人与自然的融会贯通。"按照古代日本人的自然观，人和自然融会一体，构成一个总的体系，它不像基督教的认识那样将人视作万物的管理者，因此不把人与自然两者对立起来，而是把人融于自然……这样，依据日本文化，人和自然两者没有明显分化，主客浑然相交。日本人主张'天人相与'实质即源于此。"① 日本人的这种"天人合一"观念实质上是对"万物有灵论"观念的发展和升华。

　　虽然中日两国文艺美学在"天人合一"自然美意识上有许多相通之处，例如刘勰在《文心雕龙·物色》篇中指出"春秋代阴阳惨舒，物色之动，心亦摇焉"，"岁有其物，物有其容；情以物迁，辞以情发。一叶且或迎意，虫声有足引心"；日本紫式部在《源氏物语》第二回中说"天色本无成见，只因观者心情不同，有的觉得忧艳，有的觉得凄凉"，还有《枕草子》、《徒然草》等名著中都可以感受到这种自然的审美情趣，但是中国文学中的自然美包含有朴素之美。老子的"人法地，地法天，天法道，道法自然"，庄子的"既雕既琢、复归于朴"都倡导了自然朴素之美。刘勰最早提出了文学的自然之美，推崇文学的"自然会妙"，他提倡"为情而造文"而反对"为文而造情"。南朝梁代的钟嵘主张诗歌应直抒胸臆，反对堆砌典故，标举"自然英旨"。唐代的李白更是以"清水出芙蓉，天然去雕饰"来大力提倡诗歌的清新自然之美。宗白华先生在《中国美学史中重要问题的初步探索》中，论述"中国美学史上两种不同的美感或美的理想"时说："错彩镂金的美与芙蓉出水的美……代表了中国美学史上两种不同的美感或美的理想。"芙蓉出水就是一种天然去雕饰的美，一种更高境界的美，也就是一种自然美。它平淡、素净，正如玉之含蓄美，所谓"绚烂之极归于平淡"。

　　日本民族在对大自然的感悟中，虽然随着自然风物的花开花落、随季荣枯触发了他们生命体验中内心的无常感和孤寂感，体现了他们民族审美的独特性，但这种自然感悟也并不是一味地消极和伤感，他们能从这种无常感中升华到对人生的哲学思考："自然在时刻变化着，观察自然的我们每天也在不断变化着。如果樱花永不凋谢，圆圆的月亮每晚都悬挂在空

---

　　① 高亚彪等：《在民族灵魂的深处》，中国文联出版公司 1988 年版，第 159 页。

中，我们也永远在这个地球上存在，那么，这三者的相遇就不会引起人们丝毫的感动。在赞美樱花美丽的心灵深处，其实一定在无意识中流露出珍视相互之间生命的情感和在地球上短暂存在的彼此相遇时的喜悦。"① 并且他们认为，一片叶子是与一棵树的整个生命休戚相关的，它的凋落有深远的意义，叶子有生有灭，代表着四季中的万物永远地生长变化，人类与大自然同根相连，也在永不休止地描绘着新生和消亡。他们已经超越于生命体验中那种虽与自然风物同根同源却不能同体同归的孤寂感，在超越中虽有一份"无奈"，但他们能以一种出世的精神面对自然、面对人生，保持着对生命的珍视和希冀。还有日本对自然的亲近感和恐惧感也是并存的。日本是个美丽的岛国，雪山、温泉、小桥流水、幽雅庭院等呈现的是一幅诗情画意的画卷，虽疆土狭小但美景无限。他们认为自然事物有一种真实的感性美，这种感性美让他们表现出对自然的亲近感。但特殊的地理环境也让他们感受到了对大自然的恐惧和无奈，这份无奈也成就了日本民族性格的独特性。性格上的独特性导致了日本民族的思维方式呈现出从整体上观察世界的特征，而不甚注意体系中的局部。

　　日本民族对自然独特的审美态度与自然本身对其的恩惠是有关系的，对于荫庇自己的大自然，他们总是怀着赞美和感恩之心保持着与自然的亲近感情，这种强烈朴素的真挚情感渗透于他们的日常生活之中，并表现于文人附庸风雅的吟咏之中。对自然本色的追求也让他们在赞美的同时生发出对自然的敬畏之情，自然是他们生命的母体和根源，必须恭顺服从于它，顺随自然也就成为日本传统思想的核心，这种观念也是神道自然观和佛教自然观的具体表现。日本原始神道的起源就是一种对自然的崇拜，自然就是神的化身。佛教的传入更是激发和促进了这种观念的进一步形成，"自然处处皆神灵"，自然是神，自然是佛，必须对自然保持虔诚和敬仰之心。自然成为他们主要的创作对象，不同于中国文人只是把自然当做一个工具，是他们抒发胸臆的凭借物，真正单纯歌咏自然的作品并不占主流。另外，不同于日本美学思想中的自然概念，中国美学思想语境中的"自然"还不完全指我们通常意义上所认为的自然界，它还指人的一种自然而

---

　　① ［日］东山魁夷等：《日本人与日本文化》，周世荣译，中国社会科学出版社1991年版，第17页。

然的生活状态，是一种本然存在。自然就是一种美，它无须借助于外力而呈现为一种最根本的特性。对于天地万物而言，自然就是原生态，是天地万物原本就有的无限生命力以及其表现出的一种和谐。人只有与自然保持一致，那种根植于生命本源的"天地之大美"才能呈现出来，也就是说人不是在外物之上而是在自己的心灵中体验到这种大美。这种大美是一种无物之美，那种在我们日常生活中能够在眼中看到的客观物象之美仅为小美。人只有在自己的心灵完全向自然敞开之时，自然的"大美"也才能向人呈现，人也在与自然的交流中达到一种精神上的超越和自省。自然本身就是应该顺应天地万物自有的规律，它表现为诗文书画就是创作者心灵的自然流露，是一种高品位的艺术风格，表现在审美趣味上它就是一种特殊的审美追求，是人本真之"趣"的自然显现。

每一个民族都有其独特的文化和审美心理，也形成了各民族的独特审美特质。中日古典审美范畴虽然分别建立在各自国家文艺美学深厚传统的基础之上，但儒道佛的互为渗透和互为汇合这一特定的历史文化语境为其形成奠定了思想基础。中国传统文化的主体结构是儒学，中国人的审美意识中贯穿着一种积极入世、奋发进取的精神，人生被赋予以肯定、积极的温暖色调，认可生命的存在意义以及价值所在。而儒学传入日本没有改变其民族尊重自然情欲的基本态度，儒学只是在为了现实利益的需要时被有选择地吸收，倒是佛教的传入影响了日本的文化和心理。日本原始的神道教与佛教、儒学等相互交织在一起融成一个整体，既不失各自的美又是一种全新的美丽，形成了独具的审美特质。

道家思想对儒家的解构使得中国审美意识从追求"充实之谓美"到向往"朴素而天下莫能与之争美"，这种解构不仅使得"善"与"真"得到了统一，也在社会伦理与审美艺术之间找到了一个契合点，中国艺术精神的民族性特点得到了彰显。道教思想在魏晋以后逐渐演变成了玄学思潮，魏晋玄学作为道家思想的发展传到日本后，对日本人的价值观形成发挥了作用。那种超脱尘世的情趣不仅迎合了名士们追求精神和心灵安宁的愿望，更是对日本古典审美范畴"幽玄"、"寂"等产生了影响。

佛教传入之前中国已形成了完备的、主导社会的哲理思想体系，它的传入只可能使社会意识发生某种程度的变化，不可能成为社会的主宰。而佛教传入日本后却可以与日本原始信仰实现一种共存状态，可以说日本传统文化的主体结构是佛教。佛教对日本文艺特别是和歌理论的影响已经达到一种极致，歌人大多信仰佛教，他们不仅提倡"歌佛相通"，而且认为佛法能通晓"和歌的优劣与深奥的道理"，达到"从心自悟"，因此歌人们从佛道谈歌道，并且将和歌的修行功夫最终归之于人格修养。

儒道佛的互为渗透和互为汇合造就了中日两国独特的审美趣味，并形成了独特的审美特质。中国审美意识充满着形而上的思辨色彩，强调主意的审美观。日本审美意识重视对非理性的追求，在文学艺术层面强调一种主情的自然审美观。但同作为东方民族它们又都表现出人与自然交融共存的生活生存状态。中国人在亲和自然、寄情山水的传统文化中，体现出自然天性与人的纯真品性相融合的美，并表现出对人生终极关怀的精神思索。日本则以"植物美学观"体现出本民族自然审美的独特性。植物美学源于日本人对生命的感受以及因季节变迁所生发的美感，是一种自然美学，它不仅是对风花雪月等自然物相的描写，更体现出对植物生命的自然同情。中日两个民族将对自然对象表现出的这种依恋之情和感性认知渗透到了文艺等审美领域，在描写、表现自然中揭示人的丰富的情感世界，并努力将天地宇宙和生命感应完全融合为一体。

第 二 章

禅理意趣

　　禅宗是中国化的佛教宗派。禅宗视"禅"为众生本来具有之本性，是众生成佛的因性，以禅门宗师所云："禅是诸人本来面目，除此之外别无禅可参，亦无可见，即此见闻全体是禅，离禅外亦别无见闻可得。"禅宗作为一种东方式的生命体悟是极具东方色彩的一种宗教，在强调世界本"空"的同时，又重视生命个体在"空"的世界里体验生命本身的生气和活力，最终使个体生命回归永恒之实在，达到"梵我合一"，这是一种物我两忘的精神境界。在这样的过程中，个体生命通过直觉审美体验——顿悟去把握宇宙与生命的融合，感受那瞬间的永恒。东方人习惯于在顺随大自然的过程中去体悟生命本应有的生气和活力，万物适时而动，但终归要顺随造化，融入到大自然之中。禅宗之哲理在东方文艺创造和审美体验中得到充分展现。在中国的文人生活中，讲佛谈禅成了他们生活情趣和论书作画的重要内容，中国的以禅喻诗，最终还要由禅而返归儒道，在参禅领悟中还是保持着忧国忧民之思、狂放旷达之心，最终达到"三教合一"，以求"明道"。禅被引入日本后，融入该民族的纤细情感、坚忍意志，还有那不可言传的感伤之美。日本水墨画中的余白之美体现了禅机真味，并成为一种"不足的美感"，是禅宗精神的表现。俳句以直觉顿悟的方式生动而又深刻地表现了禅宗的理想境界，也展现了个体生命与宇宙世界的哲理关系。日本的禅学大师柳田圣山认为，"禅宗所谓'无'并不是什么也没有，而是对一种混沌状态和一种气体的凝结的想象"①。禅宗美学展现出

---

　　① 邱紫华：《东方美学史》下卷，商务印书馆 2003 年版，第 1143 页。

的是宁静、空灵、渺远的审美意境，其中的"无"被赋予了某些具体的含义，忽视形式上的表现，而更关注于艺术审美中的神的表现，不能停留在形式美的追求上，而是要超越形式去显现真如，要"得其意而忘其形"。

第一节　中日艺术审美的理想境界

一　禅宗思想与艺术审美

禅宗思想介入到美学领域并体现在文艺创作之中，以禅入诗就是在诗中表现出禅理禅趣。中国审美意识中所追求的"韵味"、"冲淡"等审美情趣、日本审美意识中的"余情"、"空寂"、"闲寂"等审美意识，都受到禅理的影响，这些审美意识均具有一种禅意，讲求韵味与余情，表现空灵冲淡与闲寂清幽，展示其在自然中有妙谛、简易中含深趣的审美特色。

禅宗是中国化的佛教。作为中国化的佛教哲学思想，禅宗虽然有着印度佛教思想的渊源，但它是与中国本土的哲学思想相融合的产物。"禅"是梵文"禅那"的音译略称，静思打坐之意，"禅那"意为"静虑"，只有寂静中之思虑才能发挥自身之力量否定现实的自己，体会到事物现象的根本之理，进入到无形无相的世界。在印度佛教中有禅学而无禅宗，禅宗是佛教在 6 世纪传入中国后逐渐与儒家及老庄思想合流之后产生的，它是"印度的佛教思想与中国哲学思想相结合的产物"[1]。在佛教刚传入中国时，它的一些观念、范畴、思维方式，很难在中国的文化土壤上立足与发展。到了魏晋南北朝时期，它依附于玄学，并通过与玄学的合流而正式以思辨哲学的姿态出现，在思想界获得了迅速传播，不仅使中国原有的各种宗教黯然失色，而且随着禅宗思想的进一步发展和丰富，它成了与儒家、道家鼎足而立的中国三大思想支柱之一，并对中日两国的审美意识产生了直接的影响。中国禅宗东渡后又有了日本禅宗，它的思想和风格既保留中国禅宗的特征，又是中国禅宗的发展，在思想体系、修行方法上都有自己的特性。禅宗在东渐的同时也在返回西行，从明治时代开始借与西洋思想的接触影响着西方人的精神世界，其中铃木大拙发挥了极大作用，这可以说是日本禅宗的继续发展。

---

① 　楼宇烈：《东方哲学概论》，北京大学出版社 1992 年版，第 115 页。

　　禅宗与传统佛教在对待物质世界的态度上已有很大区别，这是需要强调的，也是禅宗美学与佛教美学不同的地方。禅宗对于尘世不再采取完全否定的态度，对自然美表现出了肯定、欣赏，并主张通过冥思方式在感性中领悟精神的自由，由此也发展出了更加全面与完备的审美理论。它欣赏自然美，强调人与自然不是征服与被征服的关系，赞成"天人合一"。"天人合一"是中国的传统思想，但儒、道、禅关于"天人合一"的理论却有着幽微的区别。儒家偏重于伦理观，强调人的行为要符合天道，表现出客观唯心主义倾向；道家偏重于自然观，强调人与自然的和谐，表现出主观主义倾向；禅宗偏重于世界观，强调"梵"、"我"是一种统一的精神存在，偏重于主观唯心主义。偏重于主观唯心主义的禅宗注重心性，强调领悟，主张直视事物的本质，追求绝对空灵、纯粹的精神世界，不采取具象的表达方式，而是通过写意的手法，运用自然、单纯的材料反映内心的空灵与冥想，观者也通过联想与思索来领悟，这种极少主义的写意手法使得禅宗美学拥有独特的魅力。禅宗美学与西方 20 世纪中叶盛行的极少主义风格颇有神似之处，虽然禅宗美学的发展历史要比发源于 20 世纪中叶的极少主义悠久得多，但无论在观念上还是手法上都有类似之处。西方的极少主义源于抽象表现主义，主张语言、造型、色彩等的简练、单纯，排除虚假的、表面的东西，剩下最真实和本质的东西，强调艺术风格的典雅、纯净等。禅宗精神就是要超脱一切物质因素的束缚追求自然、简洁、朴素的东西，回到自在自为之纯真状态，在万事万物任其自然中体现出禅宗自然观的美学品格。曾有学者认为，中国美学的智慧诞生于儒家美学，成熟于道家美学，而禅宗美学的问世则标志着它最终走向成熟。

　　中国禅宗虽是在唐时由慧能正式创立，但它的思想底流在魏晋时期便已出现，魏晋时期的玄学思想与大乘般若"空"论的合流成为禅宗思想形成的哲学基础。王弼认为老子的"道可道，非常道；名可名，非常名"中的"道"是无形无象无名的，道作为宇宙的本体，其一般或共相性即"无"。而裴颜提出了以"有"为本体的论述，是想把王弼抽象的"无"带回到具体中来，但他无法解决"物众形"、一般与个别矛盾的问题。郭象为了解决本体论中"无与有"的矛盾，以"独化"将"无与有"有机统一起来，实际上从存在的本性上来看，事物的存在本身就是一个有而无之和无而有之的生生不息的运动的过程。张湛提出的"至虚"的主张将有无之辨从对外在宇宙本体的探究转向了对人内在的思索，"有无两忘，万异冥一，故谓之虚"，"夫虚静之理，非心虑之表，形骸之外；求而得之，即我之性，内安诸己，则自然真全。故物所以全者，皆由虚静，故得其所安；所以败者，皆由动求，故失其所处"（《列子·天瑞注》）。而"越名教而任自然"的提出者竹林玄学的嵇康将对人内在的思索提高到一个更高境界，它渴望的是一种精神上的自由，追求的是人格上的独立和心性上的适意，"自然"被引向了人的精神世界。禅宗作为东方智慧的结晶，保持着儒家风雅和入世的一面，同时又兼有道家虚无和出世的一面。在中国的本土文化中，宗法伦理、修身养性、学以致用等是儒学中最为重要也是最具活力的组成部分，它的目的在于调节个体与群体的关系，在于"修身齐家治国平天下"。而道家则一向看重自然机趣，虚静游心，"物物而不物于物"，以善作"逍遥游"的真人、至人为最高人格理想。它的目的在于调节个体与自然的关系，这在一定程度上与禅宗有更合乎内在逻辑的质的趋同性和可能性。而在中国传统文化中，自古就是儒道互补，士大夫们徘徊于儒道之间，或在仕途中跃跃欲试，积极进取，或仕途失意，不为人用。失意时，他们往往转向自然，寄情山水，浪迹于江湖，返朴于林泉。禅宗所具有的意趣、所独具的文化心态在这时显现出来，并深入到文人的心灵深处。这在客观上为面临进取与隐逸两难抉择的士大夫，起着心理上的谐调作用。以"文章冠世，画绝古今"闻名的王维，曾执着地追求自己的政治抱负，而一旦抱负受挫，即看淡一切，沉湎佛理，倾心于山林，留意于泽畔。宋代名士苏轼在钦慕屈子、陆贽等经世济时之风云人物的同时，也酷爱陶渊明、王维这样的避世高人，追求禅理之精妙，欣赏隐士之逸趣。禅宗使得士大夫们的原始生命张力得以外泄，使他们的主体意识更为强烈，更为超拔。他们引禅入诗，使中国艺术达到了一种如禅悟似的超知性、超功利的精神体验。

中国禅宗在不断吸取儒家和老庄思想的过程中，逐渐剥离宗教的外衣和宗教感，在某种程度上脱离了宗教的范围而更倾向于哲学，它的随缘任运、自然适意带来的是更形而上的超脱，它在肯定人的主观心性的同时更加追求精神上的自由境界。在以善为美的这样一个前提下追求美的境界，它呈现出来的是一种空灵、幽静、冲淡之美。禅宗哲学从本质上讲是一种生命哲学，它与美学血脉相通，可以说它就是生命美学、体验美学。在禅宗的理论要旨中，"顿悟成性"、"即心即佛"、"不立文字"、"直指人心"等理论不仅提出了响亮的口号，而且适应了中土士人及百姓的文化心理需要，并很快被中土人士所接受。"顿悟成性"的理论根据，在于禅宗的佛性说。禅宗认为，"众生"与佛是一体的，佛在众生自身之中，并不是呈万里之遥，关键在于众生是迷还是悟。顿悟就是顿然悟得自身蕴藏的佛性，佛性犹如自家宝藏，只有悟者才能发现，如同拨开云雾见日月，豁然开朗。"即心即佛"是指把"心"与"佛"重合，即佛性在众生心中，用不着向外觅求。这不仅大大提高了"心"的地位，把"心"作为万事万物的本体，而且认为"本心"包含佛性，"本心"就是佛，把心与佛直接等同起来。虽然禅宗的这一说法是一种主观唯心论，但这种心本体说高扬了主体的能动性，引起了人们对于精神现象的高度重视，这是值得肯定的。禅宗思想中的直指人心的直觉观照、顿悟等思维观念实际上为文学创作提供了一种思维模式或创作方法，它主张自性体悟，在直觉中悟见永恒佛性。这种悟只可意会不可言传，非概念所能穷尽、非语言所能表达，是一种无目的的合目的性，需静静体悟才能感受其中真知，是一个由入世到出世再到入世的感悟过程。从这点上来讲，它对文学创作、艺术审美等有着启发意义，禅宗所否定的外在的、人为的美，与艺术审美所追求的精神境界是相通的，可以说禅宗美学是人类审美价值的最高境界。禅宗美学在诗画和山水园林等艺术中都有显现，山水画中含蓄朦胧、淡泊幽远的空灵意境充分地表现了禅宗神秘的理想境界。禅宗超脱的历史时空观提升了诗歌的整体意境，使得本来平常不带有禅意的山水田园诗也具有了空灵洒脱和余味无穷的审美情趣。元好问的"诗为禅客添花锦，禅是诗家为玉刀"反映了诗与禅的密切关系，特别是在唐宋以后浓重的禅意在山水诗中得到充分的展现，以禅入诗使得诗人醉心于对山水的观照冥想，深邃的禅意在平淡的文字中得到充分的显露。禅境的奥妙深深地影响了士大夫的审美情趣，在其影响下的文人们都追求一种宁静恬适的艺术情趣和平淡朴素的艺术情调，禅宗中所体现出的自然适意、清静恬淡的审美趣味也成为他们追求的最高艺术境界。叶朗认为："禅宗就是在当下活生生的生命中去体验形而上的东西。那些禅师的悟道，看到花开了，听到莺叫了，他一下子领悟了。他是从现实的生动活泼的生命中体验宇宙的本性，它对美学的启示就在这里，所以宗白华讲，中国的艺术有一种哲学的美。'意境'必须要有形而上的东西。要蕴含着人生感、历史感、宇宙感。'意境'概念之所以重要，是因为它集中体现了中国古代思想家、艺术家的形而上学的追求。这是中国艺术和美学的一个特点。"[1] 禅宗思想对中国古典文论和美学思想产生了很大的影响，特别是在与老庄思想融合时更使古典文论和美学思想达到更高的境界，并进一步促进了其发展。它的感性体验和其哲学上的理性思辨使得禅宗逐渐成了一种纯粹的心性修养和精神境界，以后所产生的禅宗美学境界也成了影响后世文学审美的标准之一。

　　禅宗被移入日本以后，"对于当时尚未完全进入封建文明全盛期的日本来说，那不啻是普罗米修斯盗来了神界的天火"[2]。禅宗中的禅法和由此升华的禅意几乎成了日本人之性格和人格模式方面的象征，且禅在日本国民心灵深处已越出了宗教的界面，而成为一种自强不息的民族精神，这种精神展现出禅的沉思的活用及超验思维方法和不屈的自信心。同样在艺术创造方面，得以与禅沟通，极大地促进了日本和歌、物语、书画等艺术样式走向成熟。永田广志在《日本封建制意识形态》中指出，中国与印度有独立于宗教之外的哲学，而日本古代哲学是伴随着佛教的传入特别是禅宗的影响而逐渐形成的。禅宗是在唐时由慧能创立，在宋元时期发展并形成极其成熟和完善的理论体系，彻底地完成了中国本土化的进程，并在这时禅宗开始传入日本。日本禅宗是随着中日两国禅师的密切交往而形成并逐步得到发展的，两国禅僧交流密切，随着中国高僧东渡日本讲授禅宗要义、日本禅僧到中国学习，日本禅宗不仅得到发展，而且也开始了自身本土化的进程。明庵荣西是创始人，临济宗是日本禅宗的最早宗派。荣西的再传弟子希玄道元开创了日本禅宗的另一大派——曹洞宗。临济、曹洞两宗作为日本禅宗的两大宗派，一直并行发展，源远流长。随着日本禅宗的本土化，日本古典文论和美学思想也逐渐受到影响，从而形成了具有日本特质的审美意识。"佛教的渡来没有驱逐既存的日本信仰，而是佛教信仰与日本原始信仰实现一种共存状态。"[3] 日本禅宗如同日本接受其他思想一

---

① 　转引自徐碧辉《跨进 21 世纪的门槛——访叶郎教授》，《哲学动态》2002 年第 10 期。

② 　金丹元：《比较禅意在中日文化中的影响》，《文艺研究》1999 年第 6 期。

③ 　［日］加藤周一：『日本その心とかたち』、株式会社スタヅオヅブリ2006 年版，第 44 頁。

样并不是照搬中国禅宗，而是结合本土的神道教形成的，因此它形成的思想基础是与中国禅宗不同的。

佛教在日本禅宗产生之前在日本已有了较大的发展变化，它甚至成为政治斗争的工具，寺院也拥有"巨大的现世权力"。到平安朝末期，末世观念的流行促使新佛教的产生，否定现世、无常观念开始流行。但这时佛教和日本原有宗教的影响已使得日本禅宗表现出与中国禅宗很大的不同，日本禅宗"教人要'身心脱落，声色俱非'，'十方大地平沉，一切虚空迸烈'，'到头来生死不相干，罪福皆空无所住'，这种彻底的主观唯心主义，实际乃是人的自我淘空的行为，结果就是虚无主义"①。日本禅宗在与本土文化的接触中更多的是迁就其固有的世界观和价值观，并契合于日本古典审美意识中的情感基调。日本禅宗曾被称为"武士的宗教"，它是在以幕府为首的武士支持下得到相当大的发展的，禅宗的许多宗教特质也被认为特别符合武士道精神。日本禅宗体现在禅宗思想与武士道精神相结合，这是它区别于中国禅宗的独特之处。武士道精神与禅宗思想的融合产生了一种被称为"纯粹"的美学意境，因此我们可以看出，日本的禅宗受本土神道教思想影响，呈现出的是不同于中国的别具一格的美学意境：与武士道精神相结合所产生出的纯粹之境；注重无常的悲伤情绪，以"寂"为情感基础，呈现出幽玄的空寂和风雅的闲寂之美。

"禅宗美学对日本民族审美情趣的最大影响在于它促成了日本民族的审美理想。"② 日本禅宗不同于中国禅宗，它的审美化呈现出的是一种独特的精神，是一种先验的孤绝。随着宋代的禅像洪水一样涌进了日本，禅的风骨意趣在日本的文学艺术中得到了深刻的体现。中国的"以禅喻诗"在于强调直觉的思维和象征性，是一种含蓄表现，是禅悟和诗悟"心有灵犀一点通"之处，这一点与日本人的审美情趣有相通之处。日本和歌与禅之关系极为密切，由于它一方面吸收中国禅诗的特长，另一方面又吸收了中国古典诗中非禅诗的因素，所以它更倾向于平淡、朴实、顺乎自然。在创作中着意表现随缘任运、安贫守寂和自由旷达的人生态度，展示出自己空灵无垢的心境，表达了对自然万物的微妙而丰富的情感体验。特别是松尾芭蕉的俳句更

---

①　朱谦之：《日本哲学史》，人民出版社 2002 年版，第 18 页。
②　彭修银等：《空寂：日本民族审美的最高境界》，《华中师范大学学报》2005 年第 1 期。

是把这种禅风禅骨、禅意禅趣表现得淋漓尽致。俳句由于形式非常短小，它的内容也就受到了极大的限制，所以创作俳句就必须以最简约的、含蓄的、暗示性的浓缩语言，尽可能地表达丰富的情感体验。禅的思想恰恰切合了俳句的这种要求，同时也给俳句作者以深切的启示，创作出这种短小的形式表达出深厚的意蕴。这也体现了沧浪所说的"言有尽而意无穷"的美学特征。

禅宗对日本民族的直觉领悟力的锻炼和审美意识中对意境、意象的追求，对"空寂"、"闲寂"、"幽玄"等范畴的形成，都有极大的催化作用。由于禅风禅骨在日本的兴起，促成了日本美学重要审美范畴的产生，如"空寂"、"闲寂"、"恬淡"等。日本文艺审美讲究含蓄美的"余情"，在歌论中注重有无余情韵味，禅的"不立文字，直指佛性"以简洁、自然的观念，促成了"寂"等审美范畴的产生。总之，禅宗所认为的人的心性清净空寂，心中灵明的佛性永不泯灭，只要静悟心中佛性就可成佛的观点的确对中日传统审美意识产生了很深的影响。中唐以后，中国审美意识中所追求的"神韵"、"冲淡"等审美情趣，日本审美意识中的"余情"、"幽玄"、"空寂"、"闲寂"等审美范畴，都受到禅理的影响，这些审美意识均具有一种禅意，讲求韵味与余情，表现空灵冲淡与闲寂清幽，展示其在自然中有妙谛、简易中含深趣的审美特色。

二　"悟"与"空"

中日古典审美意识中的"神韵"、"趣"、"幽玄"、"寂"等范畴，它们作为涵纳在艺术作品中的一种质素，是一种非实体性的东西，是浑融在文本中的审美特征，这种审美特征实际上是以一种看不见、摸不着的"实体"作为基础的，感受这种"实体"必须施以"顿悟"之心，因"实体"必须在虚化的过程中才能呈现出它的灵动和鲜活，这种虚化实际上就是一种非实体性意蕴的显现。人在悟中去感受自然界那种空灵、闲寂之美，追求与大自然融合无间的审美至境，在有限自我的突破中，进入无我状态。这些审美范畴都追求以绝对无的境界作为至高至上的审美境界，在审美主体眼里任何存在均是非实在之体的存在，世界的本质就是"空"，只有"空"才是真正的实体。审美主体能感悟到世间万物即客体"空"的本性，就能"见性成佛"，就能一切顺其自然达到超越境界，并在这种明心见性中感受本真之状态。

禅宗最"突出和集中的具体表现，是对时间的某种神秘的领悟，即所谓'永恒在瞬刻'或'瞬刻即可永恒'"①。禅在刹那、在永恒，如果说无常是世间万物的本质，刹那便是世界的永恒所在。无论有限之事与物，无限之时与空，都在刹那永恒中得到高度融合，物的自性、人的本真，都在这种融合中达到极致，在平凡和自然中蕴含着妙谛和深趣。

禅悟是中国特有的宗教体验，严羽在《沧浪诗话·诗辨》中说"禅道惟在妙悟，诗道亦在妙悟"，揭出了诗禅之间的相通之处。他"以禅喻诗"的目的，绝不在于谈禅论道，而是用"禅道妙悟"来比喻"诗道妙悟"，以此说明诗歌创作的内在规律与本质特征。严羽摆脱了儒家诗学"文以载道"的功利目的，开始重视诗歌的审美特征。在当时唯有禅学能为他提供一种思想工具，禅不依恋、不迷信于外在的神灵与权威，禅是心灵的超越，它的核心就在于"悟"，"悟"不仅是一种心理过程，更是一种思维方式。而诗歌最根本的内在特征，在于诗人心灵中所孕化的审美意象，真正属于诗的审美意象，"以禅喻诗"就是用禅的思维特征，比拟出了诗歌的思维特征。严羽的"以禅喻诗"对以后的诗学理论发展产生了很大的影响，明代诗论家胡应麟作《诗薮》，对严羽的诗学思想阐发多有深入与发展。他不仅指出了禅悟与诗悟的相似之处，更重要的是指出了诗与禅的差别所在。禅悟之后是"万法皆空"，诗悟后不仅把握了诗歌的艺术特征与创作规律，而且还须精研诗歌的艺术传达机制和语言表现。也就是说，他不仅深化和发展了严羽的"以禅喻诗"，更重要的是对严羽不曾言及的诗禅之异深有所见。胡应麟的"以禅喻诗"，侧重于幽远闲淡空灵的风格。他对最喜欢的王维、孟浩然等诗人那种空灵冲淡、富有禅意的诗作，给予了极高的评价，例如说"摩诘五言绝，穷幽极玄"等，这也构成了胡应麟与严羽审美趣尚的不同之处。严羽倾心于雄浑壮伟的盛唐境界，胡应麟则侧重于幽淡空灵的风格，尤为钟爱王、孟一派家数。胡应麟这种审美趣尚，直接影响了王士禛的"神韵论"，他所欣赏的那种幽远清淡的诗风与王士禛论诗重"神韵天然"相一致，同时王士禛也最为偏好王、孟一派的幽淡诗风，"在他的

---

① 李泽厚：《庄玄禅宗漫述》，《中国古代思想史论》，人民出版社 1985 年版，第 207 页。

心目中，王、孟等人的创作是最能体现其神韵说的理论观点的，是其审美理想的典范"①。王士禛倡"神韵"，是把"神韵"与禅联系起来加以看待的。他在《带经堂诗话》卷三中称："严沧浪以禅喻诗，余深契其说，而五言尤为进之。如王裴辋川绝句，字字入禅。他如'雨中山果落，灯下草虫鸣'，'明月松间照，清泉石上流'，以及太白'却下水精帘，玲珑望秋月'，常建'松际露微月，清光犹为君'，浩然'樵子暗相失，草虫寒不闻'，妙谛微言，与世尊拈花，迦叶微笑，等无差别。通其解者，可语上乘。"② 这些诗句，可以说都是禅意盎然的，也是王士禛心目中最具神韵者。既体现了禅的意趣，又把"神韵"所独有的"只可意会，不可言传"的审美特征表现出来。日本汉学者铃木虎雄也认为"境的领悟，也就是禅学与诗学的相通之处"③。

无论宗教体验和审美体验都能使得主体得到情感上的愉悦、精神上的解脱，使得自性、物性、佛性融合统一。中国禅宗的悟道过程和追求的理想境界在著名的三看山水公案中得到充分的展现，第一步，见山是山，见水是水。未参禅时的山水为客观实体，山水只是认知对象而已。第二步，见山不是山，见水不是水。参禅以后主体不再以认知而是以悟道的视角去看山水。第三步，见山只是山，见水只是水。这时主体参悟的心象虽保留了所有感性的细节，但已不是对客体自然的简单模写，而提升到一种审美境界，到此主体的觉悟已告完成。对于日本禅宗来讲，从第一步到第二步就足够了，日本禅宗的追求就是超越无常，超越了无常就是寂灭，就是虚无，就是参禅的最终结果和最高境界。

禅宗美学的重要性或者说它对中国古典美学的影响主要体现在它的"顿悟"观念上，"顿悟"也是禅宗有别于其他佛教流派的重要标志。即使说它有些主观唯心主义或者神秘主义色彩，但它的"离相无念"、"自性顿现"、"法由心生"等观念确实影响着美学和艺术创作。"顿悟"最讲究"无心"，"即心是佛，无心是道"，"无心"之后"真心"即可见。人在俗世之中保持一尘不染之"离相无念"之心，力求做到超凡脱俗。慧能说：

① 张晶：《禅与唐宋诗学》，人民文学出版社 2003 年版，第 116 页。
② （清）王士禛：《带经堂诗话》卷三，人民文学出版社 1963 年版，第 83 页。
③ ［日］铃木虎雄：《中国诗论史》，许总译，广西人民出版社 1989 年版，第 162 页。

"自性常清静，日月常明，只为云覆盖，上明下暗，不能了见日月星辰，忽遇惠风吹散卷尽云雾，万象森罗，一时皆现。"①人人都具有真如佛性，只是要保持"禅定"之精神状态，才能洞见佛性之真谛，进入与宇宙之心冥契合一之"涅槃"境界。世间"本来无一物"，只有主体保持虚静、和谐之精神状态，才能"不以物喜，不以己悲"，才能追求到终极状态的永恒所在。禅宗并不要求凡人远离尘世，不是通过如道家般所向往的逃避现世、隐逸山林的方式来超凡脱俗，而是"于世出世间，勿离世间上"，在凡世尘俗中保持清净之本性。应该说禅宗的世俗化、超俗化解决了儒家、道家甚至佛教所没有解决的问题，那就是身居俗世之中保持身心和谐之本性。虽然孔子有"吾日三省吾身"、老子有"涤除玄鉴"、庄子有"心斋"、"坐忘"等主张内心自省、保持虚静之和谐心态，但儒家旨在对理想人格的追求和实现，道家以逃避现实求得与大自然的合一，而禅宗以出世精神不离尘世的特有的修行方式追求精神上的绝对自由，它的诗性色彩更为浓厚，当下的审美实践性也更为可能。这样一来更能启发审美主体去感悟和体验自身的佛性，审美方式也更加注重主体内心的感悟，更合乎即物而不执著于物的审美要求。在这样的过程中，人的自身佛性得以显现，主体的能动性和创造性也得以充分的发挥和发展。反映在艺术审美上则更偏重于抒情、写意、咏志，以表现心灵为主。"心"被禅宗视为唯一的实体，"心生种种法生，心灭种种法灭，故知一切诸法皆由心造"②。从美学角度来看禅宗"法由心生"的观点，艺术创作的审美指向开始由实偏向虚、由外转向内，抑"意浅之物"而高扬"趣远之心"了，这也是艺术创作中总的审美趋向。"童心"说、"独抒性灵"说、"神韵"说等都可以说是受禅宗"法由心生"思想的影响，文人们更加追求自我的审美情趣，更加偏重虚的空灵飘逸之美。个体生命之"趣"得以进一步张扬，精神自由得以尽情释放，魏晋时期开始出现的主体意识的觉醒被推向一个崭新的高度。

禅宗与艺术分属于两种不同的文化形态，但促使禅艺合流的内在理论基础是"妙悟"这个审美范畴。钱钟书先生早就指出禅与诗虽有差异，但

———————

① 慧能：《坛经》，郭朋：《坛经校释》，中华书局 1983 年版，第 39 页。
② 《黄檗断际禅师宛陵录》，《古尊宿语录》上，中华书局 1994 年版，第 41 页。

在"悟"上却是一致的："（禅与诗）用心所在虽二，而心之作用则一。了悟以后，禅可不著言说，然必托诸文字；然其为悟境，初无不同。"① 敏泽先生也认为："'禅'与'悟'在宋代广泛流行，士大夫知识分子谈禅成风，以禅喻诗成为风靡一时的风尚。其结果是将参禅与诗学在一种心理状态上联系了起来。参禅须悟禅境，学诗需悟诗境，正是'悟'这一点上，时人在禅与诗之间找到它们的共同之点。"② 禅悟介入美学领域体现在文艺创作之中，以禅入诗就是在诗中表现出禅理、禅趣，所体现出的禅理禅趣或率真，或孤寂，或朴拙，或悠远，形成"诗不入禅，意必肤浅"一说。以禅作诗更是影响深远，并逐渐发展成一种超脱现实、观照自然的"禅意诗"，并最终形成了"以禅喻诗"一说。禅悟是一种感性与理性交融的直观思维方式，禅宗思想与艺术审美的共通之处在于感性思维中的直觉领悟，在悟中达到空无之境界。"悟是禅的根本。禅没有悟就等于太阳没有光和热。禅可以失去所有的文献，失去所有的寺庙，但是，只要有悟，禅会永远存在。"③ 人在悟中去感受自然界那种空灵、闲寂之美，追求与大自然融合无间的审美至境，在有限自我的突破中，进入无我状态。禅宗与诗学、美学在"妙悟"的目的和原则上是不同的，禅不在言，诗不离言；禅不需情，诗贵有情；禅为悟空，诗为审美等，但追求"妙"的境界却是相通的，都是超越束缚和限制，任性适情，与自然浑然合一，真正实现生命的升华和超越。

宋代严羽在诗歌创作中所说的"妙悟"是指一种"唯在兴趣"的手段和方法。严羽认为孟浩然的诗歌在韩愈之上，实际上论学力是不及韩愈的，其原因就在于孟浩然之诗歌都是妙悟得来的："且孟襄阳学历下韩退之远甚，而其诗独出退之之上者，一味妙悟而已。"④ "妙悟"本是禅学术语，严羽借禅以为喻，其所谓"妙悟"是针对"兴趣"而言："大抵禅道惟在妙悟，诗道亦在妙悟。""妙悟"观念的提出实际上"标志着中国古代文论之意会性研究方式由潜在走向显性、由实践提升到理论形态"⑤。"意

①　钱钟书：《谈艺录》（补订本），中华书局1984年版，第102页。
②　敏泽：《中国美学思想史》第二卷，齐鲁书社1989年版，第290页。
③　［日］铃木大拙：《禅风禅骨》，中国青年出版社1989年版，第102页。
④　郭绍虞：《沧浪诗话校释》，人民文学出版社1983年版，第12页。
⑤　赵宪章：《文艺学方法通论》，浙江大学出版社2006年版，第66页。

会"是中国古代文论和审美理论的重要特征之一,它从先秦时期用于审美主体对于客体对象的含混性、非确定性的描述,到魏晋南北朝时期已经渗透进具体的概念、范畴与思维方式之中,它作为一种审美实践活动表现为对艺术与审美世界的混整性审美体验,但这时并未作为文艺学的经验方法而被展开系统之阐述。严羽"妙悟"观念的提出实际上是将佛学中顿悟等参禅方法移用至诗学领域,这也是对"文艺学经验方法之意会性的理论表述"。① 以意会意就是一种"悟",它是意会性的思维方法所带来的一种浑然圆整的审美体验。

　　禅宗之妙悟体现在对佛性的领悟,是不立文字,以心传心,其妙无穷,禅宗这种"直指人心"、"见性成佛"之悟与艺术审美活动有相通之处。艺术创作讲究以禅喻诗,讲究悟入,唐代王维即在其山水诗中将禅意融入诗心,使得诗境与禅境融合为一,其诗歌意境给人余味无穷之感。以后诗与禅的结合在文艺创作中得到极大的发展,严羽之诗禅说是为说明诗歌艺术所特有的美学特征即"兴趣","兴趣"是非关书、非关理的别材、别趣,只有"妙悟"方能把握。这是非语言所能表达清楚,只有凭借直觉,从内心去体悟,方能领会其中三昧,这是诗家之妙悟,亦是禅家之妙悟。严羽以禅喻诗,以妙悟论诗,实际上是体现在直觉上的一种默契,它不是一种理性认识。悟的对象是诗歌艺术,"悟乃为当行,乃为本色"(《诗辨》),诗人要以把握诗歌的美学特征作为自己最主要的目的。当然"妙悟"须以"熟参"作为前提,"熟参"本来就是一个禅意甚浓的范畴,参的本质是追求探寻。熟参即为熟读古人作品,领悟其中之奥秘,方能写出好诗,从而深谙诗家三昧。清代王士祯则承严羽"兴趣"余论,提出"神韵"概念,他非常欣赏严羽的镜花水月之说,也特别强调"妙悟",他以"严沧浪以禅喻诗,余深契其说"表达出对严羽的推崇。他在《带经堂诗话》中说:"严沧浪《诗话》借禅喻诗,归于妙悟,如谓盛唐诸家诗,如镜中之花、水中之月、镜中之象,如羚羊挂角,无迹可求,乃不易之论。"禅与艺的合流使宗教禅逐渐熏染上丰富的艺术意味并最终成为充满美学意义的禅宗。而中国艺术也受到禅宗的深刻影响,最终出现"诗书画禅"一体化的美学格局。它们的结合即禅宗美学的形成使中国艺术呈现出

①　赵宪章:《文艺学方法通论》,浙江大学出版社 2006 年版,第 69 页。

一派幽深清远、平和清淡的空灵诗境。

中国禅宗在不断吸取儒道思想的过程中已逐渐脱离宗教而更倾向于哲学，它更肯定人的主观心性，体现在审美领域中是在善的前提下追求美的最终目的，蕴含着活泼泼之生气。作为一种纯粹的心性修养，它更追求一种形而上的超脱精神。日本禅宗形成的思想与哲学基础与中国禅宗不同，其接受本土神道教"万物有灵，神皇一体"教义的影响，在形成过程中更多迁就本土已有的情感基调和自然审美观，缺少理性上的思辨。但反映在艺术审美层面与中国传统艺术审美观一样都追求在静谧的大自然之中获得妙悟，在妙悟中达到空无境界。日本高僧空海曾作《后夜闻佛法僧鸟》表达这种"悟"之境界："闲林独坐草堂晓，三宝之声闻一鸟。一鸟有声人有心，声心云水俱了了。""了了"即明白、了悟之意，"三宝"为佛教中之"佛、法、僧"，诗人独坐于闲林之中，在鸟声、人心与山林云水所融合构成的大自然之中，在自我与大自然融为一体之中深悟禅宗之真境。日本庭园中著名的枯山水作为无形的一种造形，没有悟之心是难以理解其中之寓意的，以水和草木皆无的山河，来象征自然生命的形皆枯，山河以无机物的石和砂来代替。看到枯山水的庭园人们往往会有这样的思考，为何用无生命力的石和砂来表现有机的世界，难道保持自然的山水草木不可吗？石终究是石不是山，砂终究是砂不是水，实际上这是一种寓意深刻的禅之悟境的表现。山的寓意水的意味已经被石和砂充分地展现出了它们的自然本性，只是这种自然美已不是那种纯天然的自然，已经充满了"艺"的味道，禅的精神。这种充满写意色彩的庭园让人们感受到的不是至乐之象，而是一种哀怨与枯寂之情，这非常契合于日本禅宗的精神。它超脱一切物质因素的束缚，回到自在自为之状态，去追求自然、简洁、朴素的东西，这种创作理念引人冥想并使人进入"寂"的精神状态之中。

俳句作为日本人崇尚自然风光、以景寓情之审美情趣的物化形式，它是日本人对自然美"悟"化的一种表述。铃木大拙认为，若想了解日本人，就意味着必须要去理解俳句；而理解俳句，就必须应该去体验禅宗中的"悟"。特别是松尾芭蕉所创作出的俳句与禅宗完美地融为一体，松尾芭蕉也因此被铃木大拙称为"伟大的漂泊诗人"，是对自然充满热情的爱好者，是"思慕自然的诗人"。俳句重视从自然景物中获得淡泊闲寂的审美情趣，俳人通过对外界事物的细微观察，结合对自然淡泊、清静高雅生活情趣的追求，在大自然的陶冶中获得超悟，创造和领悟那超然空灵和神秘幽远之意境。因此对于他们来说，一草一木、一花一鸟皆为有情之境界，平淡、质朴的大自然是他们抒发情感的客观物象，也是他们"悟"化的审美意象，大自然也因此成为俳句创作和禅宗领悟的共同客体。

俳人对自然的感受及对人生的感悟与禅宗的"顿悟"以及追求个体的觉悟有很深的关系。禅家之"悟"是禅的灵魂，它把心性作为修养的出发点和目标，禅宗的终极信仰实际上是对本性真心的一种回归。日本禅宗最大的特色在于它不拘泥于坐禅形式，不注重理论而对实修的推崇，这种理念启发和影响了日本文化几乎所有的领域，包括建筑、绘画、茶道、武士道等各个层面，特别是体现在文学领域。禅僧作为文坛主流，他们以文会友，以诗喻禅，当时很多俳人因汉学功底深厚也深受其影响，特别是到了江户时期，禅与俳句的联系成为一种时尚。俳人笔下的一山一水、一草一木、一花一鸟皆为有情、有感之物，特别是芭蕉的俳句创作因得益于"尝李杜之心酒，啜寒山之法粥"，他将禅宗与俳句完美地融为一体，将玄妙寂寞的禅味与现实和自然人生合一，形成了充满闲寂、余情、纤细色彩的"蕉风"。大自然作为禅宗与俳句共同的客体也是二者悟化的意象所在，禅宗追求"顿悟"，俳句追求生命个体的觉悟并寻求自然人生的融合。禅宗倡导"本心即佛"，倾向于隐逸山林，在大自然中领略超然自得之乐趣，俳人通过对大自然中一草一木、一花一鸟的描绘，将内心的情感投射于其中，以"我心即山林大地"的理解方式，将大自然幻化为自己所欣赏的空寂无人之禅境，去创造超然空灵、恬静淡泊的审美天地。芭蕉俳句将人生与自然默契相处忘怀物我作为人生最高境界，将生命个体灵魂深处的感动与自然风情融为一体，它追求朴素的自然天性，向往高雅洁净的生活情趣，反映在俳句中追求朴素与闲寂之美。禅宗与俳句的完美结合使得俳句充满着引人入胜的艺术感染力，它以细微之心灵和细腻之笔触表现纤细之情感，它带给我们的不仅是生命的感动，还是人的审美情趣与哲理体验所发出的一种共鸣。芭蕉的俳句可谓是禅宗文化对日本艺术影响的典型写照，芭蕉之所以能"所见之处，无一非花；所思之处，无一非月"，表明他能以一颗洁净寂寞之心，通过自然界的微妙变化来表现内心深处的感动，将自然美与人的真情实感巧妙地融合在一起，在"遵从造化"中"回归造化"。芭蕉就是以这样原始的方式回归自然，追求与自然相渗相融，并将自然作为精神复归之所，在大自然中陶冶禅性，在漂泊的孤独中反省人生之意义。

禅宗的影响带来了日本审美的禅化，形成了"空寂"、"闲寂"等审美观。千利休提出了"空寂"是以贫困作为根底，而贫困是"空寂"的本质构成的认识；松尾芭蕉将"闲寂"归结为俳句的美学风格，认为它是声音消失之后所残留的余韵，它是在静与动中所描绘出的一种物我合一的境界，是作者捕捉对象时的心灵观照，强调的是整体的一种情调。禅宗所追求的就是在一念之间的顿悟，它追求自然与本色的特性使得文艺审美也趋向于幽静、闲寂及淡泊，并最终形成了"空寂"、"闲寂"等审美理念。有日本学者认为，倘若茶道没有"空寂"、俳句没有"闲寂"，就如同调膳忘却下作料，它们的审美形态占据着日本美的核心，这种文学理念及其审美观深深渗透到其他领域，并成为日本文艺追求的最高境界。

禅宗主张修身养性于自然，以求有所悟并得空之境。禅所说的非概念所能穷尽的境界正是艺术审美所追求的极境，它是无法用言语所表达的整体意象。大自然中的石幽水寂、林泉野趣等蕴含禅机的意象经文人们的描绘，呈现为悠远深幽的意境之美，契合于主体的审美之趣，体悟"在拈花微笑里领悟色相中微妙至深的禅境"。这是中日艺术审美的理想境界，也是人生所要追求的精神境界，个体生命游于天地之间，在放任自我中展现出一种生命的律动，在审美观照之中追求与大自然融合无间的至美之趣。文人们在沉浸于"胸中已得山林气，门外何妨市井喧"中将生命之灵气融于自然造化之中，突破有限自我，在心空物空中悟得禅宗真境，并获得一种永恒。当然比起禅宗对中国文化艺术审美的影响，日本文化艺术更充满一种悟化的禅意，它的艺术审美总体上体现出一种禅意性，这种禅意不仅反映在文化的表层，它更对文化艺术的深层核心即人的文化价值观产生深刻的影响。

对中日古典审美范畴的比较研究不能只进行一种静态的分析，而是应该把它们纳入到完整的审美创造过程之中，展开科学的动态的研究，也就是说要注意到审美创造中的一度审美和二度审美。一度审美体现在艺术审美的创造过程，二度审美则是指审美鉴赏过程，因主体的审美需要与审美心理的共通性，一度审美和二度审美之间具有着互通性和连续性，创作者的主体精神或审美意识得以传播和延续。在这种过程中，"悟"是体现审美精神从一度审美到二度审美的关键，"以意会意"、"以心会心"不仅使得创作者之审美情感得以在作品中展现出来，也使得欣赏者体悟到艺术作品中所传达出来的深幽意境之美，"悟"就体现在这些审美范畴的整个生成过程之中。清代李杖在《唐诗会选序》中认为："格力匪悟弗融，音调匪悟弗谐，气象匪悟弗神，意趣匪悟弗遂，其要尤在妙悟。苟有悟焉，四者之美，不期而自合；苟无悟焉，虽强以合之，四者之失必不能免也。"①他强调了"悟"是诗歌意趣得以深远的关键，并发挥了整合各项因素的功能。只有以"悟"之心、在"会心"的体味中领悟审美范畴所传达出的无限意趣，而不同于对审美对象所作出的理性的剖析与阐释，它需要通过主体内心审美的感悟来呈现。

中国玄学思想的"自然"观和关于宇宙本体论的"有无"思想就被魏晋时期的大乘佛教所吸取并提出了佛学中的"空"概念，开禅宗"空"之先河，集大成者当为僧肇的《肇论》。"《中观》云，物从因缘故不有，缘起故不无。寻理，即其然矣。所以然者，夫有若真有，有自常有，岂待缘而后有哉？譬彼真无，无自常无，岂待缘而后无也？若有不能自有，待缘而后有者，故知有非真有。有非真有，虽有，不可谓之有矣。不无者，夫无则湛然不动，可谓之无，万物若无，则不应起，起则非无，以明缘起，故不无也。""欲言其有，有非真有，欲言其无，事象既形，形象不即无，非真非实有，然则不真空义显于兹矣。"②禅宗思想是建立在"无"的基础之上的。六祖慧能提出"无念、无相、无住"的禅宗基本观念，他在《六祖坛经》中解释："无相者，于相而离相；无念者，于念而离念；无住者，人之本性。"③"无念"可以理解为"无心"。禅宗美学中的"无"被赋予了某些具体的含义，忽视形式上的表现，而更关注于艺术审美中的神的表现，不能停留在形式美的追求上，而是要超越形式去显现真如，要"得其意而忘其形"，它展现出的是宁静、空灵、渺远的审美意境。中国禅宗中的空融合了老庄玄学中的"无"和"自然"，追求人格上的独立和精神上的自由，是"无中万般有"的空，它所蕴含的"随缘任运，不着一物"的

---

① 陈伯海主编：《历代唐诗论评选》，河北大学出版社 2000 年版，第 766 页。

② 僧肇：《肇论》，中国社会科学出版社 1985 年版，第 33、37 页。

③ 参见杨曾文校写《敦煌新本六祖坛经》定慧品第四，上海古籍出版社 1993 年版。

心性契合了士大夫对自然的追求，流露出勃勃生机的率性之作既尽显潇洒超俗之风范，又包含"万物皆备于我"的气度，呈现出生命的无限可能性，将世间一切尽收在当下心境之中，禅宗之空促使自由的、超脱的庄禅意境形成。

"悟"的表现手段为审美直觉和审美观照，只有心"明"才能去"照"，而"明"的前提又是"空"，"空"又为"悟"的终极目标，这实际上就是处于一种无物之空灵的境界的禅定状态，是艺术之最高境界。禅宗所追求的极境就是人的本性与宇宙本体的合一，向往一种绝对的美和自由。从艺术创作中的直觉思维到艺术作品所追求的境界，禅宗的影响是非常显著的。"禅是动中的极静，也是静中的极动，寂而常照，照而常寂，动静不二，直探生命的本质。"① 创作者在对具体物象的凝神静虑中空诸所有的心境，获得生命感动的永恒，在自由洒脱的适意中达到超越时空的境界，作生命本体的冥会，以淡泊之性情追求高洁之真趣。

"空"的心性哲学对中国古典美学影响很大。"空"不是空，其中的意义非语言所能完整述之。辞藻上的过于雕琢只能破坏作品的意境之美，"羚羊挂角，无迹可求"的风采神韵才是"空"的审美追求，所谓"空故纳万境"（苏轼）、"超以万象，得其环中"（《诗品·雄浑》）、"不着一字，尽得风流"（《诗品·含蓄》）等皆是以空为基础，惟其虚空才能使万象叠生。客观物象的存在不妨碍禅宗意境虚空之本性，因物象乃由缘合和而生，它是不确定的，是有中之无，无中之有。它讲求化实为虚，以求神韵自然天成。"空"体现出"清"、"灵"之审美意境，"清"可生简约、淡泊之意；"灵"呈现为生机益然的情致，活泼灵动的情思，有周流不息、变化无尽之感。禅宗的兴起促发了中国文人对"彻悟心境"的空灵冲淡之美的向往，在内心感悟中追求一种宁静和悠远，在艺术创作中推崇一种清幽淡远、空灵脱俗的韵致和氛围。晚唐司空图在他的《二十四诗品》中强调了空灵冲淡的风格和意境："浓者必枯，淡者屡深"（《绮丽》）、"落花无言，人淡如菊"（《典雅》）、"神出古异，淡不可收"（《清奇》）、"遇之匪深，即之愈希。若有形似，脱手已违"（《冲淡》）。"澄澹精致"之风格是司空图最为推崇的，从王维到严羽再到王士祯，这种审美趣味贯穿中国的

---

① 宗白华：《艺境》，北京大学出版社 1989 年版，第 165 页。

古典艺术美学。

中日禅宗对"空"赋予的意蕴不同，带来了其审美意识层面的差异。"'禅文化'是日本传统文化的重要内容，它可以说是伴随着禅宗传入日本，并在日本发展、流传的基础上形成的内涵丰富的文化形态。"① 日本禅宗在它自身的哲学基础中就有着无常与虚无的影子。铃木大拙认为，日本文化艺术中所体现出来的非平衡性、非对称性、贫困性、单纯性、空寂、闲静等特征都是根源于禅宗"多即一，一即多"的真谛。这也是禅的美的象征主义。"一即多，多即一"的思想观念最早出自《华严经》的教义②。这种观念也决定了日本美学不追求形式上的完全之美，而以不全来表现或象征理想中为之向往的完美世界。如茶道中的简素枯寂之美等，就是这一思想观念的艺术表现。日本禅宗与日本茶道都是受中国的影响，那为何茶道在日本能形成一种独特的文化形态，这应该与日本禅宗的独特个性和思想内涵及日本文化的特殊土壤有直接联系。中国也有饮茶习俗，但没有能够与禅宗的思想内涵达到深刻的融合，奢华的唐茶逐渐消逝。久松真一认为："'无'是日本茶道文化的创作源泉。'无'是以吃茶为手段的茶道文化的创造性主体。"③ 这种"无"与一般意义上的消极的"无"不同，它是无形无相的本来的自己，与禅"本来无一物"的宗旨是相同的。日本枯淡闲寂的草庵茶契合了禅宗的无常思想，因此得到了进一步的发展。

禅宗对于中国文化的影响远没有对日本文化影响深远。禅被引入日本后，逐渐融入和渗透到日常文化和审美实践之中，而并不是引导日本文化作理性的探讨，日本文化整体上本身就缺少理论性的探索。它融入本民族的纤细情感、坚忍意志，还有那不可言传的感伤之美，显现出禅机真味，并使得日本审美意识表现出独特的气质。按照李泽厚在《中日文化心理比较试说略稿》中所认为的，日本禅宗更能"完成禅的要求和境界"，"更突出了禅的本质特征"。虽然日本禅宗是接受中国的影响而形成的，但中国禅宗因与中国古代哲学的融合，宗教色彩逐渐淡薄，从某种意义上来说更倾向于哲学。但日本禅宗着重于文化实践，重视实修，它绝对是属于日本

---

① 梁晓虹：《日本禅》，浙江人民出版社1997年版，第7页。

② ［日］铃木大拙：《禅与日本文化》，陶刚译，生活·读书·新知三联书店1989年版，第22—35页。

③ ［日］久松真一：『茶道の哲学』，講談社1984年版，第67頁。

的禅宗，不同于中国禅宗的重理、重思，真正表现出了日本民族的审美精神。"传入日本的禅作为日本禅而独立发展。"① 通过日本禅而产生了以"寂"范畴为代表的独特审美意识。佛教传入前，日本理论形态的美学观尚未形成。随着6世纪中叶佛教的传入，佛教中的出世主义及无常观逐渐地渗透到日本人的审美意识之中，日本审美文化中的"诚"的意识也逐渐被"无常观"和"物哀"审美意识所替代。神道教万物有灵的思想和自然崇拜的观念让人们感受着季节更替、无常的悲哀，从这种密切观察与入微感受中，产生了纤细、阴柔的美学体验，因此这种无常观也逐渐从佛教的教义转向了文学审美，让人们在日常生活中感受敏感、阴柔等审美体验的同时，也推动了文学中审美意识的变化，促成了"物哀"审美范畴的形成。"哀"最初是在表达个人情感的真实咏叹中产生的，有一定的感伤性。后来被运用在文学创作中并成为一种文学思潮，日本江户时代的国学家本居宣长在评论《源氏物语》时最早提出"物哀"理念。他把平安时代的理论概括为"物哀"，他认为"在人的种种感情中，只有苦闷、忧愁、悲哀——也就是一切不能如意的事，才是使人感受最深的"。以后的发展中逐渐引发出可怜、感动等情绪。"哀"在《源氏物语》中被推向了更高的层次，并进一步使用"物哀"这个概念表达对人间事物真实的感动，对自然变化的无奈感叹，使其成为一种优雅的情趣并发展成为美学上的重要理念。"哀"的审美内涵随着时代精神的变迁有着一个演变过程。最早是表示一种感叹，《万叶集》之后演化为单纯的表现一种怜爱的咏叹，平安时期才形成"物哀"美意识。这里的"物"是指客观的物象，可以是人、事，也可以是自然风物，"哀"当然是指主体的主观情思，客观"物"与主观"心"的合一，就是"物哀"所表现出的悲哀、空寂的美学精神，佛教无常观的影响是显而易见的。川端康成多次强调："平安朝的'物哀'成为日本美的源流。"② 它是日本人在情感上的一种特殊表达，是一种特殊感觉。花开花谢让他们感受到了生命的无常，把这种哀愁情绪融入到自然万物的审美观照之中，悲与美的相通就得到充分的展现。盛开的鲜花固然美丽，但凋

---

① 中国社会科学院世界宗教研究所佛教研究室编：《中日佛教研究》，中国社会科学出版社1989年版，第132页。

② 叶渭渠、唐月梅：《物哀与幽玄——日本人的美意识》，广西师范大学出版社2002年版，第194页。

零中的残花更能激发他们内心深处的"物哀"美，表现出深层次的思想。

"物哀"在《源氏物语》中得到充分和丰富的阐发。它既包含着喜爱、可怜、同情、感动等情绪，也表达一种纤细的感伤美。"'物哀'不能简单理解为'悲哀美'，悲哀只是'物哀'中的一种情绪，而这种情绪所包含的同情意味着对他人悲哀的共鸣，是指一种美的感情，一种同情的美。"①这种美在于它对"无常"哀婉低回的感动，这种美的感情在于它体现为优雅的情愫，是一种"喜好与无常观相伴的悲伤情绪，感伤情调"。通过禅宗的悟能够将外在物象的瞬息万变转化为心境上的不确定性，由这种不确定性再确立"哀"在禅寂之后的虚无所产生的永恒性。"物哀"审美意识先于其他美的表现形态，随着时代和艺术风格的演化，"万物有灵"思想所产生的物哀情愫与佛教禅宗的空的思想结合，产生了"寂"的审美精神，以幽玄为中心的"空寂"美意识及以风雅为中心的"闲寂"美意识相继出现；由"神皇一体"思想衍生出的武士道精神与佛教禅宗的融合，产生了"粹"的审美境界，"寂"与"粹"的结合也形成了日本民族精神的精髓。

日本禅宗着重于文化实践，它更重视实修，其名目繁多的"道"实际上是禅宗理念渗入日本民族意识的产物，如茶道、华道、剑道等，它们以禅的理念为依托，在潜心于其中的过程中领悟禅宗之真谛。禅宗主张静坐敛心，专注一境，方能达到自性了解之极致，借用日本禅僧兼哲学家久松真一所说的道是"行道之人自己产生之道"，就是行道者经过心灵修炼所产生的一种自觉领悟。如茶道的审美理念集中在"和、敬、清、寂"四个字上，武野绍鸥曾借用《新古今和歌集》中藤原定家的一首和歌来表达茶道之精神："回顾今何在，樱花与枫叶，海边破茅屋，独立秋暮里。"以禅语来解释即佛心无以言表，唯有以心传心。千利休的"茶禅一味"被视为茶道的真谛所在，它要求茶人对自然、对人生有一种达观清彻的悟性，既要保持不执着于一物的心境，又要有不迷惑于一念的感知。茶道实质上是禅宗自然观外化的一种艺术表现形式，茶通禅理，禅悟茶心，茶人能将有色之大千世界悟至枯淡闲寂，达至清静无为之境界。武士道作为日本武士的道德规范和生活礼仪，它也是日本民族历史发展中所形成的一种特有的

---

① 叶渭渠：《日本艺术美的主要形态》，《日本学刊》1992年第5期。

民族精神，禅宗与武士道差不多同时兴起，这使得它们之间的相互影响更为深刻。禅宗主张"本心清静"，提倡和追求淡泊闲适之化境，使得武士能够克制忍受、不事浮华，在排除杂念、摒弃欲望中砥砺武士道之精神。禅宗之哲学理念和修养方法，不仅有助于武士的精神陶冶，而且也激励了武士的战斗精神，这种精神逐渐沉淀于民族审美文化和传统之中，并构成日本民族精神的核心。花道是借一枝一花的美丽，象征性地再现大自然的情趣之美。它取材于有生命的花草，在一草一木中体现出生命力的跃动，在静寂恬淡中蕴含着禅味。日本之艺道虽然表现形式各异，但其文化内涵、精神理念等是一致的，在满足了日本人以不同形式求道欲望的同时，也指导行道者以禅的理念作为依托，潜心领悟事理之真谛。如果说禅宗思想对日本艺道的影响尚属我们能感受到的表层次反映的话，那么它对日本人的审美意识以至文化价值观的影响就属于深层次的，甚而是相当深刻的。禅宗提倡一种只要尊重自己的心就行的适意人生哲学，在自然中追求自我精神解脱，自然成为精神复归之所，寻求精神复归成为文人雅士隐居山野结草庵的缘由，这是对自然的精神上的占有。在"遵从造化，回归造化"中达到"所见之处，无一非花；所思之处，无一非月"。这是禅宗中"本心即佛"思想的典型写照。

禅宗思想中之"悟"与"空"理念是中日古典美学中追求禅艺合流的内在理论基础。禅宗强调顿悟，主张直视事物的本质，回到自在自为之纯真状态，它的感性体验和其哲学上的理性思辨使得禅宗逐渐成了一种纯粹的心性修养和精神境界。深邃的禅意影响了士大夫的审美情趣，在其影响下的文人们都追求一种宁静恬适的艺术情趣和平淡朴素的艺术情调，禅宗中所体现出的自然适意、清静恬淡的审美趣味也成为他们追求的最高艺术境界。"本来无一物"之理念促使他们追求质朴、简素之审美情趣，"悟"、"空"是诗歌意趣得以深远的关键，只有以"悟"之心、"空"之性方能领悟到中日古典审美范畴中所传达出的无限意趣。

第二节　活泼泼之生气与哀伤悲美之色彩

中日古典审美范畴在其生成和演变的过程中都表现出与人的主体精神和生命体验紧密相连，但相对于日本，中国审美范畴彰显出个体生命的活力与意义，在张扬自我、追求自我价值实现中表现出一种自然灵动的活泼泼之生气，体现出生命本应有的生生不息、活泼洒脱之特质，它是无拘无束的审美体验，也是生机勃发的审美情趣。日本审美范畴则体现为哀戚中的苦寂之美，是一种非常独特的具有悲情色彩的审美意识，它更倾向于一种哀感的情调和唯美情趣，在抒发个人之情感中悲观、虚幻气息浓厚，容易沉浸和迷醉于凄寂的审美精神之中。只不过这种哀伤悲美的实质并非一般人所理解的、带有悲观意义的充满否定性的悲哀，它是一种日本式的悲苦，是日本民族对自然与人生的肯定精神以及主动地把握世界的一种方式和态度。他们珍惜并甘于贫困之生活，在流连于无常中感悟寂灭，并在这种过程中享受寂寞所带来的悲美之乐趣。这种审美与情感上所表现出的差异与两个民族传统文化特别是禅宗的影响是分不开的。

一　享受悟道的喜悦

中国古典审美范畴所彰显出的生机盎然、自然灵动之特性与生命个体对个性解放的追求和个人智慧的崇尚有着直接的联系。文人士大夫们向往着山水间的纵情，渴望着身心的自由，在追求一种自然、自由的生命存在状态中憧憬着闲适洒脱的生活方式。于是品茗赏花、吟诗作画等成为文人们放松心情、追求自我的审美表现形式，他们敞开心扉去容涵天地万物间的一切真情美景，于闲情逸致之中享受着自由之天地。只有胸怀闲情者方能独享闲趣，在放旷自然之中舒展着自由之身心，享受恬淡悠游之乐趣，特别是士大夫们所推崇的将人生况味寄情于山水田园之中更是将这种自由觉醒意识推到极致。他们在对山水田园的审美观照之中感受到自身所本应有的生命活力，在将一切尘虑俗念涤荡之后"产生一种愉悦感、超越感、永恒感、自由感，直觉得物我为一，而与太虚同游"[①]。天地万物的勃勃生机使得他们感受到自我生命的生气之美，感受到自身的生命活力，置身自然山水之间所获得的怡然之乐更让他们渴望实现个体的生命价值，憧憬心灵的自由与活跃。于是在天地自然之中尽情舒展着自我审美之趣，无论是自由自在之天趣，还是山水田园之野趣，都契合于文人士大夫们的审美心理机制，个体生命彰显出的是盎然之活泼生机。

---

①　夏咸淳：《情与理的碰撞——明代士林心史》，河北大学出版社2001年版，第312页。

　　在中国古代的哲学观念中，气涵养并生成了自然万物，气的流动带来了鲜活的生命化色彩，有气才会有活泼泼的生命现象。气自古就被用来解释一切生命现象，包括人的精神现象，管子强调精气，孟子强调养气，它既顺应人的自然秉性，又能培养人的精神气质。气与人的生命性情、审美趣味有着密切的关系，它代表着人的思想情感和性格特征，就连日本学者都认为"中国古代的气大致指生命活力"，"气是生命的象征"。它不仅充实着生命，而且还涵养着生命，只有生命的活力充盈其间，方能生机勃勃、机趣盎然。

　　中国人的审美意识贯穿着一种积极入世、奋发进取的精神，一种《周易》所概括的"天行健，君子以自强不息"的精神，可以说儒家美学是充满社会理性和人生进取精神的美学。按照李泽厚在《中日文化心理比较试说论稿》中的认识，儒学自秦、汉以来是"中国文化的主干"，它以各种方式和形态在不同程度上支配甚至渗透到人们的思想生活之中，逐渐形成为一种文化心理状态，规范着整个社会活动并成为人们行为的准则和指南，它是一种充满形而上学和思辨色彩的"理性文化"。受儒家思想积极入世观及豁达之心态的影响，或者是理性的基因所然，中国赋予人生以肯定、积极的温暖色调，认可生命的存在意义以及价值所在，无论是宇宙万物、自然世界，还是具体的个体生命，都被赋予了存在的价值，中国人寻求快乐和美的感觉，重视和提倡中和之美，反对美的传达中的不协调和极端。当然这不是一种盲目的肯定，它是在忧患意识中所保有的一种自强不息和积极进取的精神。按照李泽厚的认识，这是由以儒学为主所建构起的"乐感文化"系统，"这种精神不只是儒家的教义，更重要的是它已经成为中国人的普遍意识或潜意识，成为一种文化—心理结构或民族性格。'中国人很少真正彻底的悲观主义，他们总愿意乐观地眺望未来……'"① 这不是一种盲目的"乐"，它是生命个体在处于人生艰难期而依靠自身所树立的充满坚强意志的积极精神，这也培养了中国人在面对困难时能够采取理性分析的态度。

　　在中国的传统文艺中，既有儒家所强调的"诗言志"、"温柔敦厚"、"乐而不淫"等诗教传统，又有"意在言外"、"言不尽意"等被推崇的审

---

① 李泽厚：《中国古代思想史论》，安徽文艺出版社1994年版，第309页。

美标准。中国文人渴望追求仕途上的成功，珍惜生命，容易感受、流连于具体的有限的事物，即使心空万物，也会一往情深于此际生命，即使"行到水穷处"，也要"坐看云起时"。他们憧憬着真正的生活，在生活中表现出积极的一面，即使不如意也会借助于各种文体抒发个体情怀，推崇洋溢着率真性情、灵动生机、充满着独特个性气质的作品，并呈现出清新活泼之生气美。而中国禅宗认为，佛在人心之中，人心的本性是清净的，只是尘世间的妄念遮蔽了本心，只要驱散如浮云般的世俗妄念，不执着于外物，众生的本性得以明朗，呈现出佛性。这种对"空"的理解，是充满积极心态的一种明亮，呈现出一种活泼泼的精神气质。中国禅宗虽也有世事无常的表达，但不是寂寞地品味虚空，不是过于沉迷于哀婉中的情绪之中，而是在享受一种悟道的喜悦，在感受充满无限生机的空灵之美，在挖掘无常中所蕴含的无限可能性，在流露生命中所散发出来的勃勃生机和活力。这种认识使得中国文人表现出一种积极的生活态度，并在所追求的审美情趣中显现出来。李泽厚认为"传统士大夫文艺中的禅意由于与儒、道、屈的紧密交会，已经不是那么非常纯粹了，它总是空幻中仍水天明媚，寂灭下却生机宛如"[①]。

二　品味寂寞的虚空

中日两国文化虽说是山川异域，血脉相连，但反映在审美意识中却存在着民族差异。中国审美意识强调的是美与善的统一，它是以伦理道德的善来评价美的价值和意义。它不放纵于人的自然欲求，往往从审美对象所具有的感官美的深处去发现和挖掘精神层面的美，在获得美的感受的同时满足生命充实感的享受和理性美的追求。日本是一个有着坚强意志和自我忍耐力的民族，它表现出一种非常独特的具有悲情色彩的审美意识，在抒发个人之情感中悲观、虚幻气息浓厚。日本美以主情为主，以自然的本能欲求为美，这种欲求对于他们来说是一种生命充实感的享受，满足了他们本能的感官美。对于他们来讲，美与善不具有同一的价值，美是超越理性和道德层面，纯粹追求情趣的一种精神性的美的感情，情趣性是日本审美意识的一个重要表现。日本古典审美范畴是与日本国民的审美意识和对美

---

① 李泽厚：《美学三书》，安徽文艺出版社1999年版，第391页。

的体验联系在一起的，它表现出特殊的历史的世相及对美的感受性和趣味性，且被普遍化。它的形成表现为两方面，一方面与日本固有的自然观以及植物美学观的影响有关；另一方面也接受中国禅宗思想的影响，是禅宗中"空相"和"无"的观念在艺术创造和审美领域中的进一步延伸和扩展。日本禅宗"要在这短暂的'生'中去力寻启悟，求得刹那永恒，辉煌片刻，以超越生死，完成禅的要求和境界"，"它那轻生喜灭，以死为美，它那精巧的园林，那重奇非偶……总之，它那所谓'物之哀'，都更突出了禅的本质特征"①。

禅宗作为独立门派兴于中国，但并没有像日本禅宗那样深深植入民族文化精髓之中，这与日本自身文化是有关联的，当日本民族中特有的审美情趣在禅宗那里找到一种依托时，互相之间的影响及渗透又加深了这种审美趣味。受佛教禅宗思想较深，日本审美意识中禅味极浓，喜欢朦胧、幽深的枯淡之美，并体现为一种低沉、哀戚中的苦寂之美，在这种悲情之美中，传达的是空灵中的彻悟心境。其中"诸行无常"观对他们的审美意识产生的影响极深，日本学者小松伸六就明确地指出："在日本作家的传统中似乎有一种透过死亡和黑暗来观察人生的佛教思想，这可以上溯到歌唱'诸行无常，盛极必衰'的《平家物语》，把世俗的人和家庭喻为河中流水的《方丈记》，强调人世无常的《徒然草》和出家歌人西行，游吟俳人的无常感文学。"② 日本的审美意识之所以能自成一体，无常观的美学理念即为其中一种，并被视为人生中的美。日本哲学家南博认为，日本人的无常感的特征，是在以无常审视现世的背后，有一种"绝对的东西"，这种"绝对的东西"实际上是积极对待人生的一种态度，它是一种"日本式的安慰和解救"，是日本民族对人生的一种独特理解和主动把握。

日本最初的无常感实际上受到佛教的深刻影响，是对事物瞬息万变的无奈和感叹，这种咏叹充满了忧伤的情调，随着发展它逐渐演变成一种无常的世界观，视无常为一种美，一种体味，把其定位于"空即色"的无常观，是"自觉式"的无常观。以赞美、褒扬、积极的态度去看，世间万物的无常就成为美的真谛，使消极、被动的无常感逐渐得到升华，并最终发

---

① 李泽厚：《美学三书》，安徽文艺出版社 1999 年版，第 391 页。
② ［日］进藤纯孝：《日本作家的自杀根源》，《日本文学》1985 年第 4 期。

展为一种美学理念。有了这种理念作为心灵之向导，人们才会在樱花凋零时心生美好，才会理解和欣赏武士的从容和淡定。《徒然草》的作者吉田兼好[①]甚至认为"独自在家怀想樱花的样子也是一种美的享受"，他创造了无常美学的一个高度，认为万事万物寓于虚无之中，"本来无一物"的理念是他倡导的"空即色"的自觉的、能动的无常观。花中最美丽之樱花与人中最被敬仰之武士是这种无常观的最鲜明体现，所谓"花属樱花，人惟武士"，两者作为稍纵即逝的事物都渗透着一种极致而自然的美，被赋予了独特的情怀。樱花的突开突落体现出自然界的变幻无常，它所体现出的无常之美是一种无与伦比的美。日本人认为"万事的开始与结束最有情趣，最为感人"，对于樱花来讲，他们更倾情于凋落之樱花，它更能唤起人的伤感，那种落英缤纷时的绝美体现出一种精神品格。武士道在日本的古称叫"叶隐"，就如树木的叶荫，樱花凋落时的精彩是武士所向往的终极状态。他们追求樱花般的精彩，"夏花之绚烂"是美，"秋叶之静美"更是美的一种极致。日本人对樱花的喜爱、对武士的尊崇与无常观理念的影响不无关系，无论樱花凋落时的华丽而决然，还是武士生命的壮烈，都渗透着一种极致而自然的美。

相对于佛教影响下的"无常观"，儒教影响下的"有常观"是中国传统文化的一种表现。关于"有常"一词，《荀子·天论》的开始说："天行有常，不为尧存，不为桀亡。应之以治则吉，应之以乱则凶。强本而节用，则天不能贫；养备而动时，则天不能病；修道而不贰，则天不能祸。"汉朝董仲舒的《春秋繁露》讲道："天之道，有序而时，有度而节，变而有常，反而有相奉，微而致远，踔而致精，一而少积蓄，广而实，虚而盈。""有常"在这里就是规律，指天道有其自身的运行规律，具体讲就是天地运行变化都是有规律可循的，人只有在掌握这些规律后才能发挥其主观能动性，从而达到与天地自然的融合。"有常观"受到儒学思想的影响，它遵循着事物发展的规律。而"无常观"更重视和强调事物总是发展变化的，佛教禅宗中的"诸行无常"为何能扎根于日本，并对日本的审美意识产生影响；人们为何会在醉赏于樱花灿烂芬芳的同时也能迷恋于它的凋谢

---

① 吉田兼好（1283—1350）：歌人，精通儒、佛、老庄之学。其随笔集《徒然草》与清少纳言的《枕草子》并称为日本随笔文学中的"双璧"。

零落？这自然与日本的自然环境有很大的关系，但国民性格也是一个重要的因素，在日本的国民性中，认为没有什么是永恒不变的。应该说这两种观念都是统一在自然界事物的变化发展之中。透过这两种观念的比较，能够看出它们体现了民族文化的不同特征，各有自己的独特审美特质。

中国的"有常"思想使得中国人总是期待着下次的相聚，"后会有期"指的就是人在相聚之后的分离，在分离之后的相聚，只要人有着充满诚意的期待，"后会"一定"有期"，这就是一种"有常观"的体现，这是与国民性中根深蒂固的儒学观念影响有关的。因为受着"无常观"思想的影响，日本特别重视当下的相聚之时，这种相聚对于他们来讲一生中只有一次，要用心珍惜和享受与人的每次相聚。"一期一会"来源于茶会心得，是佛教用语。"一期"指的是人的一生，"一会"指的是一次相会，在人生聚散之间没有一次是相同的聚会，"一期一会"强调生命的不可重复性。时光流转，今日的此会他日已无法重复，因心境已改变，即使人是物是但心已非，即使重复也只是表象而已，过往只能在记忆中追寻。这一期一会中包含着瞬间永恒的真知，没有过去，没有未来，生命只呈现在当下，只有当下才是永恒的此刻。狭窄静寂的茶室中，茶人彼此怀着"一期一会"之心境，在品味抹茶的同时，也在体悟着人生如同抹茶泡沫一样，因此要珍惜每次的相会，使精神世界接受洗礼，心灵得到修炼，获得生命的充实之感。即使在简朴幽深的茶室小天地中，也要追求幽玄之美，达到精神的最高境界。日本的"一期一会"与中国的"后会有期"都有重视和期待再次见面的意思，只是"后会有期"偏重于期待下次相见，而"一期一会"更重视现在的相会，因为当下的见面在一生中只有一次，只限制在本来的一回，茶会结束，这本来的一回就不再存在，要以格外敬爱之心珍惜当下，体验美好。"一期一会"的精神，使得瞬间成为永恒，它是空间和时间凝缩性的结合，自觉地品味那曾经过去的时间，使之永远都有生气。

日本禅宗着重于"哀"的审美体验，重视刹那间的感受，对人生无常的哀叹，使人生发出敏感、阴柔、纤细、凄婉的情感，整个基调是凄寂的。禅宗对日本的传入，不仅为由无常引发的哀感体验提供了哲学基础，同时也在一定程度上提供了某种精神上的慰藉和依托。"空"在日本禅宗中不是充满活泼泼生机的明朗状态，而是一切皆空的"寂灭"，它摒弃的不仅仅是奢华的外在形式，在内涵上也是追求素朴、枯淡的审美精神。用心去体悟世相背后的虚空，才能跳出世俗，沉浸和迷醉于凄寂的审美精神之中。而且禅宗对日本文化的渗透表现在诸多方面，比起中国禅宗它表现出强大的渗透力。日本的文化气质和精神性格自然有历史、文化、社会、政治等多方面的因素，但与禅宗的文化渗透有很大关系。它的"无常性"是以"常住性"为前提的，作为个体的有限是以自然万物的无限为映照的，哀不是悲，也不是苦，它是一种美，它们是相辅相成的。枝叶的繁茂是美的，叶谢花落是哀的，但二者是统一在"以寂静的根的不变的常住性为前提的、在时间的流逝中拼搏，然后返归于根部"①的思想之中的。日本是将生命无常的思想升华为一种审美情感，以审美之态度看待人生，情感上就获得一种超越，因为美感的提升将会消解对生命无常的无奈。

中国禅宗与日本禅宗对"空"的理解是有差异的，一个是充满生机的空灵，另一个是寂灭的虚空。在日本"空寂"有几种情感表现，它最初是表现人与人之间的情感，具体来讲就是它的情感是伴随着一种嫉妒之情而产生的，这在《古事记》所记载的"空寂歌"中有表现。后来逐渐扩大了这种情感表现的范围，包括因爱情、友情、亲情等的烦恼所带来的悲哀、绝望等负面情绪，这种情绪的继续发展就逐渐成为一种失意之态。当这种失意之态无法发泄时，就要借助于自然进行抒发，也就是我们平日所谓的借景抒情，这是空寂情感表现的第二个层面，当然两个层面的情感都是因人情而引起。空寂之情表现在第三个层面就是完全由自然的交错变化而引起的对人情绪的影响，这种变化是与佛教无常观的影响有关系的，大自然中客观物象的变化令人散发出哀伤之感，人们又借助于自然物象表达苦恼与忧郁之情。当禅宗空的思想传入后，这种情绪逐渐被解脱，人们认识到一切事物都是幻象，最终会归于寂灭，人的情感也将归于虚无。空寂一方面借助于自然景物的抒发沉迷于苦恼情绪之中产生余情余韵，品味流连；另一方面又象征着万事万物的最终寂灭状态，内含着虚无的孤独寂寥之感。不过日本"哀"感的实质并非一般人所理解的、带有悲观意义的充满否定性的悲哀，它是一种日本式的悲苦，是日本民族对自然与人生的肯定精神以及主动地把握世界的一种方式和态度。人生虽然比起自然的永恒和

---

① 〔日〕今道友信：《东方的美学》，蒋寅等译，生活·读书·新知三联书店1991年版，第193页。

无限显得无常和虚幻，但人不能沉浸于宿命之中，应该使个体情感以积极和独特的方式倾注于大自然之中，即使无法回避悲哀美的生命体验，也应在空幻之人世不感觉到人生之悲，而是去体会悲苦之美。

日本学者小西甚一指出："日本文学所获得的这些特异的美的理念，其根底存在着无常感，即便我们将无常感看做这些美的理念的前提也并不过分。"[①] 日本人迷恋于内心中的不定、无常感及那份深深的忧郁和物哀感，缠绵悱恻的和歌流露出委婉含蓄的情调，无论是萧瑟深秋的凄楚之情，还是清幽暮色中的寂寥之感都体现出和歌吟咏情性、以悲为美的美学精神。如诗如画的感伤世界生发出的是敏感之心、纤细之情，这种审美体验构成日本独特的美学特质。日本人把诸行无常作为一种美意识来认识和体悟，同时诸行无常也是他们的一种人生观。他们认为此岸与彼岸之间不过是一道变幻不定的彩虹，没有明显的界限，甚至莫名地有种对彼岸的向往。追求物质上的无常和精神上的恒常，使得他们将尚武和平和、战斗之精神和静寂之优雅这些看似矛盾的两面性非常完美地"调和"了，并时刻充满着对既往之感激、对未来之向往的美好心态。我们可以理解为什么日本人习惯驻足于荒芜的、长满青苔的庭院，在伫立观望、流连忘返之中情感完全沉浸、融入荒凉的氛围之中。他们把花草树木融入到日常生活当中，在淡泊功利中追求和坚守着精神信仰。他们用水洗净身心，达到心灵的纯净状态，从而通向理想的精神境界。

我们可以看出日本表面上看似消极的色彩实际上有着积极努力的态度，如同中国积极的色彩中有时也夹杂着无奈和消极成分。例如诗歌中对秋天的描写，日本表现出了强烈的对秋天的无限向往，凸显审美表现中的积极价值，完全不同于中国的悲秋色彩。杜甫的"玉露凋伤枫树林，巫山巫峡气萧森"（《秋兴八首》）、"无边落木萧萧下，不尽长江滚滚来"（《登高》）等给人以肃杀苍凉之感，而日本诗歌中的"红叶秋山茂，将来落叶时。正因将落叶，更欲见秋姿"表现出的更多是对秋天的期待之情，当然在日本一到秋天遍山红叶的美好秋景令人陶醉，这是一种美的极致。不过这种表象上的积极不影响他们对无常思想的追求，虽然中国文人在大量感悟世事无常的作品中也抒发悲欢离合、羁旅行役之感，但抒发之后并不是

① ［日］小西甚一：『日本文芸史』，講談社1985年版，第37頁。

完全沉浸于悲伤恸感情绪之中，而是能够以"人生如梦，一樽还酹江月"之胸怀，在感悟之后力求对它的超越，从而摆脱人世间的一切羁绊，追求禅宗所谓"幻化空身即法身，个中无染亦无尘"之境界。它不在孤独寂寞中品味世间虚空，能以自我调剂豁达之心态在一种悟道的喜悦中体会着不可捉摸之世间百相。日本在这方面与中国的感悟有些不同，它主要比较倾向于对个人主观心性的感悟，不同于中国的"无我之境"，应该接近于"有我之境"，它以"感动的心"作为基础，在一种情感咏叹中陡生"哀"感，并且沉浸于其中久久难以摆脱，这种耽于悲哀与同情的感情咏叹非常接近《人间词话》中的"以我观物，故物皆著我之色彩"。当然日本俳句中所体现出的风雅之闲寂有些近似于中国的"无我之境"，只是"无我之境"要比闲寂表现得更为开阔和超脱，或者说是更充满着一种生机盎然的特征。它"超越具体的、有限的物象、事件、场景，进入无限的时间和空间，从而对整个人生、历史、宇宙获得一种哲理性的感受和领悟"①。所谓"无"不是真正的没有，而是与天地自然融为一体的心境，或者说就是情与景的交融。

　　禅宗关于"自然空观"思想对此影响很大。禅宗主张不仅仅是天人合一，而是天人同一，追求"无差别境界"。人不要受世俗心念之束缚，而要在随缘任运的过程中让心逐渐恢复平静，充满着一种活泼泼的生机，并一直伴随着愉悦之感。而"物哀"、"寂"等审美范畴始终伴随着无常之感，寂寞是它的情感基调，在寂灭中领会变化无常之永恒。禅宗之"空"在日本被看做无常的变化，指任何事物都不能久存，如"草露晶莹物，如何转眼空，我身何所似，草上露珠同"②。"草露"转眼即为"空"，人们只能在无常的哀伤中作着精神上孤苦的漂泊。因此禅宗"空"之观念传入日本后，加深了这种无常感，这种"空"被认为是一切皆归于"寂"，所谓涅槃之境就是一切被消解的"寂灭"，也是参禅的最后结果。这种寂灭就是虚空，就是可以消解无常感的最终精神归宿。因此要珍惜并甘于贫困之生活，在流连于无常中感悟寂灭，并在这种过程中享受寂寞所带来的悲美之乐趣。

---

① 叶朗：《再谈意境》，《文艺研究》1999 年第 3 期。

② ［日］纪贯之等：《古今和歌集》，杨烈译，复旦大学出版社 1983 年版，第 170 页。

　　禅宗之哲理在中日两国文艺创作和审美体验中得以充分展现。中国文人的讲佛谈禅、参禅领悟成为生活情趣的重要内容，日本文艺中体现出的禅机真味成为一种"不足的美感"。中国文人在纵情山水间渴望着身心的自由，憧憬着生命的闲适洒脱，在张扬自我中彰显出个体生命的活力与意义，在追求自我价值实现中体现出自然灵动的活泼泼之生气。他们在参禅悟道中不过于沉迷哀婉的情绪之中，而是在享受一种悟道的喜悦，在感受充满无限生机的空灵之美。而当日本民族中特有的审美情趣在禅宗那里找到一种依托时，其民族审美意识中体现出的悲情之美更充满着禅机禅味，传达出的是空灵中的彻悟心境。日本禅宗重视刹那间的感受，着重于哀感的审美体验，生发出的是纤细、凄婉的情感，它不向往充满活泼泼生机的明朗状态，而是追求一切皆空的寂灭。这种审美体验是一种日本式的悲苦，是日本民族对人生的独特理解和主动把握，表面上所充满的消极色彩实际上有着积极努力的态度，包含着对自然与人生的肯定精神。它在品味寂寞虚空的同时也在享受着参禅后的寂之趣，体悟着那不可捉摸的世间百相。

　　综上，考察了中日古典审美范畴生成的社会历史文化语境，它们作为一种艺术追求虽然是属于审美层面的东西，但其根系是扎在两国政治的或意识形态的诉求上。"物感"、"神韵"、"趣"等凝结了中国传统文化的精髓，从它们的思想渊源上来看是以儒家为主，同时也容纳了道家、佛家思想。儒家所起到的奠基作用首在它的"天人合一"的宇宙观和人生观，儒家所认可的天理同礼教人伦规范相一致，人的心性中即可展呈天理，天人、情理等诸要素的结合构成了人的本性，所谓"诗言志"中之"志"恰是这一本性的发露。这种"志"是一种"情志"，它要"发乎情，止乎礼"，同时还承载着"盖文章，经国之大业，不朽之盛世"的正统。儒家为这些审美范畴的建构提供了独特的审美思维模式，孟子"尽心"、"知性"以"知天"的修养途径，追求内在的超越，把这种超越转移到审美活动中来，就会超越世俗之功利，超越一己之我，回归和呈现出"天人合一"之生命本真的境界。道家为艺术审美范畴的形成奠定了哲学思想基础，"道"虽看不见、摸不着但化生万物，可以想象和意会，庄子"得意忘言"之"忘"便是一种超越，是追求审美之趣的一种姿态，它使得创作和理论升华到一个美学的高度。佛教禅宗思想体现在它对艺术审美活动的浸润，佛教以虚空为本旨，但非绝对之空，它将大千世界的种种事象归之于心的投影，由心造境，境与意会，意生成趣，这种趣既是作品构成的要素之一，又是审美主体所追求的人生境界。因此，中国古典审美范畴其根基深植于中国传统思想文化土壤之中，它是生命的自我超越，是入世中的出世，人只要致力于对当下生活态度的改变，即可解脱世俗功利中的小我，从而进入与宇宙生命的交感共振之中，在不离"此岸"中去登临"彼岸"，从而真正感受生命的本真情趣。

日本古典审美范畴在其形成的过程中也接受了儒道佛思想的影响，中国传统文艺给予其以熏陶。但是从整体上来看，日本"以心为本"的"超政治性"、"唯美性"的审美意识不受制于"发乎情，止乎礼"的规范，疏远于政治，甚至游离于政治之外，与儒家正统美学观有着较大的距离。儒学没有真正深入到人们日常生活和思想之中，它更多的是直接服务于政治领域。在日本具有民族特色的审美理念中很难发现儒家思想的影响，但儒家要求的关于内容与形式统一、质文兼备的"文质彬彬"美学观念在和歌理论所推崇的"姿"中有所显现，以"姿"来统摄"心"与"词"的融合，注意情意和辞采二者的有机结合等含义与"文质彬彬"的审美观念是一脉相通的。道家崇尚虚无、主张超尘绝世的人生观对"幽玄"、"寂"等的影响是比较明显的，"寂"之理念中所要求的"有心"是说唯有排除杂念、清心入境，方能创作出"寂"味之作品，倘若心绪不畅就难以咏出有心之作品，只有脱世超俗之性情才能去把握到永恒虚静的审美境界。道家思想所追求的生活与艺术情趣的融合影响到日本艺术创作，它契合于追求闲寂、亲近自然、任性率真的审美意识。当然佛教思想对日本古典审美范畴的影响更为深刻，特别是在人生观的表现上更为直接。佛教的悲世人生观使得日本审美意识背负了一种空幻的色彩，加深了其悲哀的情调。从宗教到艺术，再从艺术到宗教，这种审美意识逐渐演变成艺术和生活中佛道思想的一种修炼，特别是禅宗思想。正如评论家加藤周一所认为的那样，禅宗思想在日本逐渐成为文学，成为绘画，终于成为美的生活模式，并化为独特的美的价值，使得审美意识体现为一种禅理意趣。禅宗所认为的只有人的心性清净、空寂，只有静悟，才能"通过对外界事物的观照体验，达到物我同一，使内心世界与外在物象融为一体，使美的情感与美的物象结合而得到心灵的愉悦"①。日本审美意识中所追求的"余情"、"幽玄"等审美境界，同禅理的共通之处就在于其感性中的直觉领悟，在刹那间见千古，在简易和自然中深见其趣，无论是"物哀"之悲、"幽玄"之美，还是"空寂"之境、"闲寂"之风雅等均显现出禅宗风格之浓厚的影响。

---

① 葛兆光：《禅与中国文化》，上海人民出版社 1998 年版，第 133 页。

第 三 章

"物感"与"物哀"

　　"物感"是中国古典美学和艺术理论的主要审美范畴，"物哀"是日本传统审美意识中的一个重要观念。"物感"观表明中国审美观念与哲理思考、理性意识相关联，注重情理统一。它客观地阐释了文艺创作的动因，把从物出发作为自己的逻辑起点，有着朴素的唯物主义思想。"物哀"观表明日本审美观念与直观感受、感性认识相关联，重视人的感情态度，突出悲哀之情。日本"物哀"受中国"物感"的影响甚大。二者的共同点是事物形象与内在感情的交融，物象触发情感，情感移注于物象，达乎情景融会的审美体验。

第一节　"物感"：审美之感动

　　"物感"说以天人合一哲学思想为基础，是以外物触发人之内心、从而引发各种情感并导致各种艺术门类创作的发生，客观之"物"与主观之"感"融为一体并成为审美创造的机缘。创作不是主体对客观世界的单纯模仿，而是主体对客观世界所做出的一种感应，是在客观外物对主观情感的激发的基础上，主体将情移注于物的一种移情活动。

一　"物感"说的缘起与发展

　　"原始思维局限于最近的、感受所及的环境，即人们能够思索的便仅是他们直接感受到的东西或现象。"① 原始初民最初接触的思维对象就是自然万物了。对于他们来讲太阳、月亮、山川、树木等都是有生命的,从而产生"万物有灵观"。"原始人不仅把自然界万物看做有灵之物,而且把自己的生命激情移注到自然界万物之上。"② 人之心与大自然逐渐达到心物感应,"人心之动,物使之然也",追求与大自然的和谐相处,达到"天地与我并生,而万物与我为一"的审美理想也就成为人类共同的目标。

自然万物的纷繁变化、此消彼长,特别是其呈现出来的生命之美触发了人类的审美心灵,也唤起人的最初的审美意识,从而在各种文艺中逐渐显现出这种美意识。"人类首先要在自然审美中具备了一定的心理趣味与能力条件,在自然审美中实现了由生理到心理、由客观到主观的升华与飞跃,才可望在文艺创作中运用联想与想象、比兴之体、借景抒情之法。"③ 这样自然万物所呈现出来的美就不仅仅是它的自然属性了,而是与生活在自然界中的人类一样包含着一定的社会属性,自然美也就成为社会生活中"美"的一种象征或一种特殊形式的表现。自然万物诱发了人的长期积淀的审美情思,人们借助它们来表达自己的思想感情,托物寄兴以喻其志。

"物感"在中国古典美学和艺术理论中是指审美创造的主体对客观现实的感受,"物"感于"心","物"感而"情"动,"物感"是审美创造的起点。中国第一部系统论述音乐美学的专著《乐记》之《乐本》篇论述"乐"产生的根源曰:

> 凡音之起,由人心生也。人心之动,物使之然也。感于物而动,故形于声……
>
> 乐者,音之所由生也;其本在人心之感于物也。是故其哀心感者,其声噍以杀;其乐心感者,其声啴以缓;其喜心感者,其声发以散;其怒心感者,其声粗以厉;其敬心感者,其声直以廉;其爱心感

① [德]马克思、恩格斯:《〈德意志意识形态〉节选本》,中央编译局编译,人民出版社2003年版,第2页。

② 佴荣本:《悲剧美学》,江苏文艺出版社1994年版,第72页。

③ 薛富兴:《魏晋自然审美概观》第42卷,《西北师大学报》(社会科学版)2005年第3期。

者，其声和以柔。六者，非性也，感于物而后动……

这是首次完整地阐发"物感"说"物—心—音—乐"的过程，由此可见，"乐"之本源是"物"，"乐"由"音"而生，"音"由"心"而生，"心"由"物"而生。所谓音乐实际上为乐、诗、舞的统一体，它是心的表现，而心则多种多样，所谓"哀心"、"乐心"、"喜心"、"怒心"、"敬心"、"爱心"等，这多种多样之"心"皆"物使之然"，"感于物而动"。这里的"物"非指"天地两仪，草木虫鱼"之自然之物，而是指一种社会存在、客观现实生活。我们可以看出，音乐这一艺术是人之思想感情（即"心"）的表现，而人之思想感情则是客观社会生活（即"物"）的反映，"乐"之产生的根本在于创作主体的心灵之感于物。《乐记》之"物感"说对这一理论的发展有着重要的影响，它以素朴的唯物主义观点揭示了艺术创作的缘起和动因，同时强调了创作主体的"人心之动"，"乐"是"人心之动"的结果，重视创作主体在艺术创作中的主导和能动作用。由此引发了后世对这一创作理论的深入探讨，实际上中国美学以后的发展道路就是沿着这样一条线开拓的。

此后"物感"说得以流行，并随着阐发得到进一步完善。战国末期《吕氏春秋》卷六《音初》说：

> 凡音者，产乎人心者也。感于心则荡乎音，音成于外而化乎内，是故闻其声而知其风，察其风而知其志，观其志而知其德。①

这几乎照搬了《乐记》的内容。自然万物对人之心的触发也对后代文学艺术产生很深的影响，对文论家们的启发作用是非常大的，特别是到魏晋之后的创作产生的影响更加长远。曹植《赠白马王彪》中的"感物伤我怀，抚心长太息"精练地概述了自然现象对诗歌创作的触兴作用，自然物勾起了诗人的诗思并生发出对现实生存状况的感叹。这是魏晋时期感物创作的自觉状态，"物感"说也逐渐作为一种文艺创作的理念被应用到各类文学艺术之中。

----

① 张少康、卢永璘编选：《先秦两汉文论选》，人民文学出版社 1996 年版，第 227 页。

二 作为文艺审美范畴的"物感"理念

从"物感"的发展演变来看，《乐记》中的"物感"可以说是文学艺术发生学的奠基之论，它直接启迪和影响了其后中国的文论和诗论。魏晋南北朝时期，关于古典物感美学基本定型，"物"的概念也具有了独立的审美价值和审美意义，"物"不仅指外在的客观物象，它还可以是内在的想象中的事物的表象。刘勰《文心雕龙》之《神思》篇说：

> 故寂然凝虑，思接千载；悄焉动容，视通万里。吟咏之间，吐纳珠玉之声；眉睫之前，舒卷风云之色。夫神思万运，万途竞萌，规矩虚位，刻镂无形。登山则情满于山，观海则意溢于海……

"物"的观念形态在艺术想象的活动中逐步建立起来，"物感"说也得到了进一步的深化。"物"何以能兴情，当然是由于"物"所具有的表现性。"物"不单纯是客观物象，它作为饱含灵性的一种生命体能够表现出人的情感，能够传达出不同的情绪色彩。人在感于物的过程中生发出不同的情感体验，并发诸吟咏，使物之形与人之情融合起来，达到"登山则情满于山，观海则意溢于海"的情感高度。

《毛诗序》作为我国文学史上第一篇比较系统的诗歌专论，注意到了诗歌创作中最本质的情感因素，论述诗歌产生的动因即为情感，明确地将情与志结合在一起：

> 诗者，志之所之也，在心为志，发言为诗。情动于中而形于言，言之不足故嗟叹之。嗟叹之不足故咏歌之。咏歌之不足，不知手之舞之足之蹈之也。

《毛诗序》认为诗不仅能理性地表达诗人的思想，也能表达诗人的感情，所谓"情动于中"的"情"，虽然没有吸收《乐记》中的"物感"说，但此情定有动因，主要来自现实的政治状况。

西晋陆机的《文赋》是中国文学理论批评史上第一篇全面探讨文学创作过程的理论专著，陆机也是首次将"物感"说应用到文学理论上，他在说明文学的创作发生起源时说：

> 伫中区以玄览，颐情志于典坟。遵四时以叹逝，瞻万物而思纷；悲落叶于劲秋，喜柔条于芳春。心懔懔以怀霜，志眇眇而临云。[①]

这是谈作者在四季的变迁中引发纷繁的思绪，在"玄览"中"叹逝"使得客观世界万物成为触发艺术动机的因素，自然景物的变化与人的思想感情有着内在联系，万物也不局限于自然景物，还包含了先人功德、文辞典籍在内的"典坟"，这清晰地表明了"物"在艺术创作中的作用，也是对外物作用较为清晰的理论表述。陆机并没有把"物"看做静态不动的，他充分注意到"物"的动态变化性，正是基于这种认识，他"恒患意不称物，文不逮意"，探索创作者之"意"如何能更好地把握住"物"在创作中的变化，认为"其为物也多姿，其为体也屡迁"，要随"物"之变化而变化。

刘勰《文心雕龙》之《明诗》篇云：

> 人禀七情，应物斯感，感物吟志，莫非自然。[②]

《物色》篇云：

> 春秋代序，阴阳惨舒，物色之动，心亦摇焉。盖阳气萌而玄驹步，阴律凝而丹鸟羞，微虫犹或入感，四时之动物深矣。若夫珪璋挺其惠心，英华秀其清气，物色相召，人谁获安？是以献岁发春，悦豫之情畅；滔滔孟夏，郁陶之心凝；天高气清，阴沉之志远；霰雪无垠，矜肃之虑深。岁有其物，物有其容；情以物迁，辞以情发。一叶且或迎意，虫声有足引心。况清风与明月同夜，白日与春林共朝哉！
>
> 是以诗人感物，联类不穷。流连万象之际，沉吟视听之区；写气图貌，既随物以宛转；属采附声，亦与心而徘徊……

---

① 周伟民、萧华荣：《〈文赋〉〈诗品〉注释》，中州古籍出版社1985年版，第27页。
② （梁）刘勰：《文心雕龙注》，范文澜注，人民文学出版社1958年版，第65页。

山沓水匝，树杂云合。目既往还，心亦吐纳。春日迟迟，秋风飒飒；情往似赠，兴来如答。[1]

这里都强调了物对心的感发作用，自然景物的变化使得人内心的情感勃发，于是"辞以情发"，强调了自然景物对创作主体思想感情的触发作用。刘勰的独特之处在于注意到"物"的外在形态，即"物色"，它不仅指事物的自然形态，而且呈现出带有审美价值的形式之美，"岁有其物，物有其容"中的"容"即表示事物外在的形式样态之美。这些"物感"说均受到《乐记》的启发和影响，特别是到了南北朝时代，"物感"说从理论上已臻于完美，刘勰的"山沓水匝，树杂云合。目既往还，心亦吐纳。春日迟迟，秋风飒飒。情往似赠，兴来如答"形象地表达出了这一观念的内涵，这里不仅有外物对情感的激发，而且还有情注于物的移情活动。个人与自然之间因"情"而"兴来如答"，形成了一种对话关系，强调了心对物的联想移情等能动作用。刘勰的"物感"说注重创作主体的情感层面，强调物与心的双向互动过程。

钟嵘的《诗品序》首句即提到艺术的发生是源于自然的：

气之动物，物之感人，故摇荡性情，形诸舞咏……若乃春风春鸟，秋月秋蝉，夏云暑雨，冬月祁寒，斯四候之感诸诗者也。[2]

这里的"物"非无生命的东西，它是在"气"的生化之中不断变化的，以"气"来说明"物"之动的本因，使"物"充满了生命感，"气"说应该是"物感"的哲学基础。然后钟嵘将"物"之内容扩充到更大范围，将社会事物等引入"物"的内涵，不仅着眼于社会政治现实和自然风物，而且还联系到个人生活际遇等都能触发人之性情，并最终激发出诗情，强调了个人抒情的重要性。"物感"在魏晋南北朝的各种文论、诗论中得到充分发展，并形成了美学思想史上的一个高潮。

唐代白居易依据自己的创作体会提出了"物感"说：

① （梁）刘勰：《文心雕龙注》，范文澜注，人民文学出版社1958年版，第693—695页。
② 周伟民、萧华荣：《〈文赋〉〈诗品〉注释》，中州古籍出版社1985年版，第35页。

> 大凡人之感于事，则必动于情，然后兴于嗟叹，发于吟咏，而形
> 于歌诗矣。

虽然基本精神与前人大体一致，但他关于"物"有了进一步发挥，社会生活中发生的"事"也在"物"的界定之中，这种"事"虽然包含现实社会和自然界中各种事物，但大多是关系国计民生的大事，由"事"而生发出来的"情"也不是一己之情，而是大众之情，情之忧乐是与政之得失联系在一起的，只有"感于事"、"动于情"才能进行"美刺"，发挥"补察时政"之作用。虽然白居易对"物"之内涵进行了进一步的发挥，但对"物感"没有作过多的理论阐释，不过也值得对其"物感"进行重视和研究。

虽然"物感"说在唐宋以后理论上没有太多的建树和突破，但文学实践中的具体运用使得"物感"已显示出了它理论上的成熟。苏轼即以"物感"理论来阐发他"自然为文"的思想，他认为作文是有"物"有感而发，是自然而然之结果，是"不能不为之为工"。朱熹认为："人生而静，天之性也，感于物而动，性之欲也。夫既人欲矣，则不能无思，即有思矣，则不能无言，既有言矣，则言之所不能尽，而发于咨嗟咏叹之余者，必有自然之音响、节奏而不能已焉。此诗之所以作也。"（《诗集传序》）他认为诗是"感于物而动"的产物，诗的创作就是"感物而动"的过程。文论中的"发愤著书"、"不平则鸣"、"穷而后工"等诸说都可纳入"物感"之中，因为它们都是指的某种客观境遇激起的创作欲望。从这些创作实践可以看出，感物而发与文学艺术创作之间的密切关系。

陶渊明的《饮酒》云：

> 结庐在人境，而无车马喧。问君何能尔，心远地自偏。采菊东篱下，悠然见南山。山气日夕佳，飞鸟相与还。此中有真意，欲辨已忘言。

这些充满闲适的物境契合了作者平和淡然之心，生命的真意在"菊"、"鸟"等审美意象上体现出来，客观之物引发出的是主体之情。"物"已不单纯是客观物象，它已附染着主体之精神，成为某种精神品格的象征。

马致远的《天净沙·秋思》云:

> 枯藤老树昏鸦,小桥流水人家,古道西风瘦马。夕阳西下,断肠
> 人在天涯。

充满苍凉之感的"枯藤"、"老树"等自然景物及黄昏中的"古道"、"西风"等所构成的画面更加引发出作者的孤寂之情,外物的外在形态所展现出的是主体内在的生命感,客体之物与主体之情融合在一起,体现出强烈的生命活力。"物"之启发引来"心"之所动,心动而情发,"不吐不快,吐之而后快"的创作激情使得"为情而造文"成为可能,"物"也就成为文艺创作的缘起,感物而发与文艺创作有着密切的关系。

"物感"是研究文学创造和审美体验的发生之学,有着深厚的哲学背景,"道"论和"天人合一"论成为"物感"说的哲学依据。老子说:"道者迈出物之奥。"(《道德经·上篇》)庄子说:"天地与我并生,而万物与我为一。"(《庄子·齐物论》)道家认为"物"的来源就是"道",同样也认为主观世界是对客观世界作出"感应"而开始的。"物感"说建立在一种宇宙生成论的基础上,万物情态得之于"道",而"人禀七情,应物斯感",文学表现亲近于"道"。道—物—情在"物感"活动中融为一体,审美感动在"天人合一"中才达到至高境界。

第二节 "物哀":"无常"之悲美

"物哀"作为日本古典审美意识中的理念,它是一种外物触发的感动,是主体的内在情感与外在物象融合之后所生成的充满情趣的审美世界。它既是感物兴叹,也表现为一种审美的同情。当然它的情感并不是单纯表达悲哀之情,只要是受外物的触动有所感而生发出的多种情感即为"物哀"之表现,不过"嬉然有趣之情,其动人不深,而悲愁、忧郁、恋慕,皆思心绵绵,动人至深"[①]。这说明悲哀忧愁之情更为打动人,它是"物哀"情感表现的主体。"物哀"充满着深重的佛教意味,"无常"观的影响使它背

---

① [日]《日本的名著·本居宣长》,中央公论社1986年版,第407页。

负着深深的宗教色彩。

一　从"哀"到"物哀"的演进

日本地理环境上的特点使得日本人呈现出内面性的文化性格。封闭而又优越的自然条件给人一种相对安全感，人们不需要怀抱经国济世之志、忧国忧民之情，完全可以沉浸在日常生活、个人琐屑之中，通晓世情、领悟人心、敏感于细微之处也成了人们生活中的重要内容，从而也养成了他们精致优雅的生活和审美习惯。他们在性格气质上呈现出这样几个特点：对自然和美的崇尚，情感上细腻且易于伤情，喜好哀婉伤感的审美情调，容易耽于个人情感情趣，淡漠思想。强调人生流转、世事无常的佛禅意识，佛教禅宗的悲观宿命与虚无色彩给予其深刻影响。四季无常感的审美心理使得其追求伤感、缠绵、深沉、纤细的格调，并最终形成阴柔美的民族美学传统特质。因此他们喜缺憾不追求圆满，喜纤小不追求宏大，欣赏素雅而不追求华丽。

日本审美是淡化社会功利的。唯美、感伤的审美传统，使得其以"悲哀美"为核心，将自然美、人心之美、虚幻美等融合在一个统一的世界中，表现出委婉而含蓄、素朴而真实的风格，情感表达深沉而细腻、朦胧而感伤，色彩美推崇淡雅、素朴之自然色。因此追求古朴美、自然美、哀伤美是日本审美意识的重要内容，至美、至哀的永恒境界成为他们的向往和憧憬。在永恒面前，再绚丽的美都是虚妄的幻象，都是一种短暂的存在，如同樱花之绚烂稍纵即逝，这种美丽充满哀婉和虚幻。

日本在中国文化传入之前有自己固有的文学精神，就是"真"，所谓真就是真实、真诚之意。"日本古代文学意识从萌芽到发生的全过程，都是以真实为基底的。"[①]"物哀"就是在真实基础上产生的日本古代文学思想。它作为审美理念经历一个很长的历史演进过程。"哀"在从远古到奈良时代其主要内涵表现为可怜、有趣等情感，"哀"作为审美理念，其雏形是自然美观念中的生命感和季节感。日本传统审美意识中执著于对大自然的深刻的生命体验，在真心感动于草木日月美丽的同时，人的内心也会随着四季推移、时令变迁而生发出虚幻般的无常之感。世间事物作为一种

---

①　叶渭渠：《日本古代文学思潮史》，中国社会科学出版社 1996 年版，第 98 页。

美好的存在，也存在着无常的可能，事物一切都在变，人在事物的倏忽飘渺之中有着强烈的生命体验和感悟，在喟叹之中隐透着强烈的哀伤情绪。它不单单以感伤情绪作为基调，它还包含着更为复杂的情感价值判断，这些情感是以真实作为基础的。将自然界和现实社会中最让人动心和最感动的东西记录下来，然后抒发其感动之情。日本古人在表达感动之情感包括"喜悦"、"悲伤"等时，会发出"啊哇来"之感叹，用汉字的"哀"来表记，这种情感包含哀伤、怜悯、同情等，在强化和升华了"哀"之本来情感的同时，使之提升到更高阶段。后来将对自然生命的感伤逐渐抽象为一种"物哀"美，人触发于外在自然环境而产生的缠绵、凄楚等情怀与自然风物的表象感应交融为一体，人的悲情愁绪与自然外物的结合逐渐衍生出"物哀"之审美范畴。《源氏物语》的作者紫式部在该部作品中深化了此范畴的情感范围和力度，作者是把"物哀"作为其文学创作的主体思想，并完成了文学思潮中从"哀"到"物哀"的演进。

从"物哀"美学思想形成的文化背景上来看，从公元 8 世纪开始的"汉风运动"即中国儒道佛思想的影响到平安中期前出现的"和风运动"，日本文学艺术表现出了它对自身古典文化的回归。至 11 世纪初平安时代中期的《源氏物语》奠定了一种纯粹的日本民族文化模式，"物哀"不仅成为民族审美意识的主体，也作为一种审美价值取向被传承，它的余脉清香至今在日本文艺创作中被进一步的呈现和发展。"物哀"作为日本民族传统的审美追求，作为一个生活和艺术活动中外物动情的审美表现活动，作为一个美的范畴，是其民族审美文化的象征，在日本文化历史上有着久远的历史。

从古代起，相当于感叹、感动的"哀"就是日本人表达爱怜、哀伤、悲悯、赞颂等情感的重要方式，并且深深地渗透到并参与了日本文学的形成中。其内容也随着历史的推移而不断丰富和发展，最终形成了"物哀"这样一种特殊的日本艺术美的形态。可以说"哀"是"物哀"的最初形态。最早出现"哀"的文献是《古事记》（712 年）、《日本书纪》（720 年），它们是日本最古老的史学著作，"哀"出现在其记录的歌谣中，包含有悲哀、嘲讽、赞赏、怜爱等多种复杂的感情。随着中国诗文影响的深入，日本出现了第一部和歌总集《万叶集》（764—769 年），这时和歌的表达已不像歌谣那样过于直白，逐渐转向含蓄、抒情，表达出强烈的个人感情和生命意识，用含蓄的语言给予日常生活之事以无限的意义。这时的情感已是悲哀心理的微妙传达，并且"写悲哀的感情与风物相照应。标志着日本古代文学意识从'真实'位移到'哀'"①。伤感的情绪弥漫于和歌之中，这种伤感呈现出淡淡的哀愁，纤细中包含着某种程度的隐忍，似乎还有欲说还休的意味，即使在"春日艳阳丽"中也"不觉内心悲"，以作歌来排遣忧愁，舒展心绪。日本文艺的自觉完全被表现出来，它已不完全照搬中国文学价值观中的文章经世纬国之功效，而是注重表达内心真实的感情，是完全"心"的文化。《万叶集》"以个人现实生活中的哀感作为主情，始终贯彻着真实性和感伤性，从而展现人性真实的一面。可以说，《万叶集》的抒情歌的成立，正是以歌人个人的感动所表现出来的真实性作为基础的。'哀'的文学意识就从这里萌生"②。"哀"的情感也逐渐有了特定的悲哀、可怜、同情的感情内容和感伤性的情绪倾向，从最初的感叹声逐渐形成为由对自然风物的领悟而产生的纤细情调。平安中期《古今和歌集》（905 年）的出现，使得"哀"不仅作为人生喜怒哀乐诸相的表现形式，同时还作为一种日本特有的审美情趣和审美标准应用在文学批评之中。

紫式部在《源氏物语》中完成了从"哀"到"物哀"的概念演进，形成了弥漫在整个《源氏物语》中的审美情调，同时也使得"物哀"成为整个平安时代（782—1197 年）的主流审美理念和审美理想，并成为后来"和风文化"的主要基调。"她通过创作《源氏物语》，对'物哀'作了丰富、深刻而出色的阐发，赋予其情趣、感动、悲伤、关怀、哀怜、同情、共鸣、爱慕等多种感情意义，其中更偏重多愁善感、缠绵悱恻的情调。紫式部让笔下诸多男女主人公上演了一场又一场或风花雪月或世事沧桑的人生悲欢剧，凄迷哀婉又优雅无比。可以说，'物哀'一语是由贯穿于书中的浓浓的幽怨情愫浸泡熬制而来的。其纤细而深邃、艳丽而脱俗、凝重而简淡、伤感而典雅的风格、内涵，获得一种象征意义，代表日本美、日本精神。"③ 能够前所未有地挖掘人性深层的真情，是紫式部精湛的艺术表现力之所在。《源氏物语》中所表现出的"物哀"从美学思想结构上可以分

① 叶渭渠：《日本古代文学思潮史》，中国社会科学出版社 1996 年版，第 72 页。
② 同上书，第 79 页。
③ 吴晓玲：《"诗可以怨"与"物哀"》，《经济与社会发展》2004 年第 9 期。

为三个层次：一是突出恋情的哀感，表现人的感伤；二是对人情世态等社会世相的咏叹；三是由于季节变迁所带来的无常感，产生出对自然美的热爱和动情。

久松潜一总结了从"哀"到"物哀"的发展过程，他认为"在上代的'哀'是广义的感动，有的场合是强烈的感动，这是自不待言的。至中古，特别是至《源氏物语》，比起强烈的感动来，更多的是调和化的感动；比起情绪来，更多的是具有情趣的性质。它作为美，成为调和美，不调和是不美的，通过调和来感受美"；"'哀'的美的性质，就成为'物哀'的性质。'物哀'表现了'哀'的形成过程和形象化。因此可以说，一旦形成'物哀'，就作为美固定下来了"。在久松潜一看来，作为美，"物哀"可分成五类，"感动美、调和美、优美、情趣美、哀感美"，其中最突出的应该是"哀感美"。①

二　"物哀"作为审美理念

"物哀"作为审美理念最早则是由日本江户时代国学家本居宣长（1720—1801）在评论日本古典名著《源氏物语》时提出的，他是对"物哀"集中释义和从理论上进行总结和阐述的第一人，《紫文要领》是其研究《源氏物语》的专著，在该书中他以"物哀"概念对《源氏物语》作了全新解释。他在《〈源氏物语〉玉小栉》一文中明确地提出并总结了这一美的理念：

> 观古歌、物语、爱花赏月之心深笃，且触景生情，知物感怀，与今日有天壤之别。今人虽观花识趣，见月伤情，然再无那般刻骨铭心，销魂惊魂。此可谓古今相异欤？盖夫此物语，汇集触物感怀，除令读之者触物感怀外当无别义，此歌道之本意也。
>
> 《〈源氏物语〉玉小栉》

本居宣长认为，《源氏物语》突出的特点就在于它非常真实地描写出了人生诸相及真实深切的情感体验，其中关于人的情感他认为"只有苦

---

① ［日］久松潜一：『日本文学评论史』，至文堂1969年版，第87页。

闷、忧愁、悲哀——也就是一切不如意的事才使人感动最深"，而"悲哀只是'哀'中的一种情绪，它不仅限于悲哀的精神"，凡是高兴、有趣等一切都可以称为"哀"。在本居宣长的思想观念中，他特别强调要排除"汉意"，也就是儒家思想。他认为影响日本的儒家思想中的义理、道德学说等一直是蒙蔽人心的，应该回归到人的本心，所以在他的著作中，他强调要流露出人的真心，只有真心流露才能感受到物之哀。真心作为"物哀"的内在条件，它们是一脉相承的，用雅致之语言吟咏出内心之情感，与道德、义理无关。他追求自然、返璞归真的生命活力和清新的审美意境，认为人的理性不足以主宰世界，重于真情流露，不虚饰、不伪善。

本居宣长认为《源氏物语》既不是大多数人所认为的好色的书，也不是教诫书，而是写"哀"的文艺书。它以光源氏与各色女子之间的恋情作为主线，写出女子们在恋爱中或怨或悲或苦或甜等种种微妙复杂之心绪，写出爱情中充满虚幻的快乐及呈现出的深沉的哀愁。本居宣长继承了紫式部关于"写物语是为让人了解世相"的文学观点，把"物哀"看做文学的本质，并强调"一切和歌都出自知物哀"、"一切歌道都是以风雅为种，以知物哀为第一"。他肯定了《源氏物语》的成就，认为其尤显"物哀"的本色，并且强调物语不仅表现一般日常生活，也让人通晓世相人情，因为"物语将世间的美好、丑恶、新异、动人、有趣、令人叹赏的种种事件、情态写了出来，又配以插图。不仅使读者排遣寂寥，又宽释其忧郁、愁思、令人通晓世态人情，懂得感物兴叹（物哀）"①。正如紫式部在《源氏物语》中所言的那样，一切物语都是写人情世态和种种心理，读物语也是为了了解世相和人的心理，这才是物语首先应该考虑的。作品中有"物哀"，还需有人"知物哀"。所谓"知物哀"借用本居宣长的话来讲，即为有悟性之人在值有所感时有所感，当感动之时自感动之，那些无所感、无所悟者即为无心人、不知"物哀"者，只有"知物哀"者才能顺乎人情也。以此可以看出本居宣长特别强调读者领悟"物哀"的重要性，要"以知物哀为第一"。

他在评论《源氏物语》时，把日本平安时代的美学理论概括为"物哀"，认为："在人的种种感情中，只有苦闷、忧愁、悲哀——也就是一切

---

① ［日］《日本的名著·本居宣长》，中央公论社 1986 年版，第 373—374 页。

不能如意的事才是使人感动最深的，而《源氏物语》对这一美学精神表现得最为完美。"①　不过，本居宣长同时又认为："悲哀只是'哀'中的一种情绪，它不仅限于悲哀的精神"，"凡高兴、有趣、愉快、可笑等这一切都可以称为'哀'"。②　看来，"物哀"的"哀"并非单纯的悲哀含义，在文学潮流的发展轨迹中，"哀"逐步从简单的感叹发展为复杂的感动，从而深化了主体感情，达到"物心合一"。这里的"物"是指现实中最受感动的、最让人动心的东西，可以是人、自然物，也包括社会世相和人情世故等，是"泛指事物"，可分为两类：一是客观存在的种种事物、事件，二是人心受到感动时的种种情态。"物"只是作为一个中介，最终是为了表达被"物"触动而感动的心及生发出的各种情感，这种情感是充满"哀"的感情世界，在"哀"中感受世相人生。

　　本居宣长在对"物哀"一词进行论述和说明时最主要的观点：一是物语写出种种世态，使人排遣无聊之感、忧思之闷、相思之苦，并且让人通晓世情，领会"物哀"之情即感物兴叹的情致。二是读物语，应该置身于物语所写的往事之中，应该设身处地地去思量、去感受往昔之人的物哀之情，从而让自己也能够得以慰解郁闷。三是"物哀"之情具有多样性，"哀"也不限于悲哀之情，高兴、欢畅、振奋和感到有趣的时候，都会发出"哀"之感叹，但是高兴、有趣之情往往不容易打动人，悲愁、忧郁、恋慕等情使人心动。另外还有一点就是"物哀"多体现于恋情中，若舍却恋情，那么人情之深处、物哀之真髓，都是难以显现的，"人情感发，恋乃第一"，思心绵绵的恋情最能表现"物哀"精神。本居宣长结合《源氏物语》的内容，认为"物哀"的表现，多是与恋情相关，说明"物哀"的核心的情感表现内容就是恋情。可以说，"物哀"是多情善感之人在恋情活动中触物（人或事）有感而表现出悲哀、忧愁之情，发而为咏叹（常常是咏歌）这样一种审美艺术活动。从《源氏物语》中也可以看到，这种物哀之悲，总是寻求在佛事活动和佛教来世观念中得到解脱。

　　在对《源氏物语》作进一步解释时，本居宣长认为：所谓物哀精神，即在人的种种情感中，只有苦闷、忧愁、悲哀——一切不如意的事，才是

---

①　叶渭渠：《川端康成评传》，中国社会科学出版社 1989 年版，第 213 页。

②　同上。

人感受最深刻的。从本居宣长的论述中可以看出，他所理解的"物哀"这一范畴更主要是指"真情"，即对自然及人生世相的深切的情感体验。这种体验是以对生命、生活的变化无常和对人生的短暂易逝的悲哀情绪为基调、为核心的，悲哀是人生种种情感中原初的最真切的情感之一。因此，与其说日本人以自然物来象征或比喻人情，不如说是以人心的真情来体验、揭示出花之心、树之心，而且特别以落花、枯枝来表达对生命不可避免地将要消逝的感伤情怀。所以，如以真情为基点，那么，在悲哀之外的其他真情实感也就可以称为"哀"。这里的"哀"，也就是指种种人生真情，例如喜怒哀乐愁苦种种真切的情感体验，这说明，"物哀"这一范畴的内涵不止于悲哀，而是人生中多种的普遍的情感体验，即"真情"或"同情"。

"物哀"多体现在男女交往及恋情中，侧重于自然人性和情感修养。本居宣长在《紫文要领》中认为，在所有的人情中，最令人刻骨铭心的就是男女恋情，在恋情中最能使人产生"物哀"情绪的莫过于"好色"，即背德的非正常恋爱。这种情感引起期盼、兴奋、思念、悲伤等都是可贵的人情，只要出于真情的心绪都属于"物哀"。当然本居宣长对《源氏物语》所作的这种分析并不是对背德之恋情的欣赏或推崇，而只是为了表现"物哀"。源氏一生离经叛道、风流成性，但却不妨碍他是个"知物哀"者。"物哀"是从自然的人性和人情出发，它是感物而哀，不受任何的伦理道德观念的束缚，所以它侧重于自然人性和情感修养，既要有刻骨铭心的心理情绪，也要有贵族般的超然与优雅，要懂人性、知人情，有柔软、细腻之心，还要能够解风雅之趣，不解情趣者，不懂人情也。

我国著名日本文学研究家叶渭渠先生在其撰著的《日本文学思潮史》中对于"物哀"这一范畴作了如下的阐述："'物哀'是将现实中最受感动、最让人动心的东西（物）记录下来，写触'物'的感动之心、感动之情，写感情世界。而且其感动的形态，有悲哀的、感伤的、可怜的，也有怜悯的、同情的、壮美的。也就是说，对'物'引起感动而产生的喜怒哀乐诸相。也可以说，'物'是客观的存在，'哀'是主观的感情，两者调和为一，达到物心合一，'哀'就得到进一步升华，从而进入更高的阶段。"[1]

---

① 叶渭渠：《日本文学思潮史》，经济日报出版社 1997 年版，第 136 页。

从"哀"到"物哀"在审美思想上是一个较大的发展。"哀"是一种较单纯的、仅仅针对主体的情感描述,而"物哀"则是把情感与外部世界密切联系在一起,心与物互相交织和渗透,从而更丰富和深化了"哀"原有的情感内涵,"物哀"这一范畴是对日本审美思想中一种特殊的审美情态的概括和总结。

"日本学者久松潜一将'物哀'的性质分为感动、调和、优美、情趣和哀愁等五大类,他认为其中最突出的是哀愁。"① 叶渭渠认为从"《源氏物语》整个题旨联系来看,'物哀'的思想结构是重层的,可以分为三个层次。第一个层次是对人的感动,以男女恋情的哀感最为突出。第二个层次是对世相的感动,贯穿在对人情世态,包括'天下大事'的咏叹上。第三个层次是对自然物的感动,尤其是季节带来的无常感,即对自然美的动心"② 。概言之,"物哀"除了作为悲哀、悲伤、悲惨的解释外,还包括哀怜、同情、感动、壮美的意思。"物哀"所含有的悲哀感情,已经过艺术的锤炼,升华为一种独特的美感,已经不是"那种对外界的自然压抑毫无抵抗力所表现出来的哀感,已成为一种纯粹的美意识,一种规定日本艺术的主体性和自律性的美形态"③ 。这种美的形态是令人感到渗入心灵的事,是使人能够善于体味事物的一种美的情趣。人的情感中有多种表现形态,"物哀"作为对日本审美意识中一种特殊的审美情态的总结或概括,它最突出的就是哀感,这种哀感是人情中最深切的部分。

本居宣长提出的"物哀"审美观念,是构成日本平安时代文学以及贵族生活的中心理念,也是他对日本文论最大的贡献。本居宣长在其研究和歌的论著《石上私淑言》中认为,和歌的宗旨是表现"物哀",并对其作了追根溯源的探索研究。本居宣长通过对"物哀"的辞源学、语义学等的研究与阐释,以及对和歌作品中相关列举的分析,把"物哀"的形成、演变轨迹呈现出来,使"物哀"从最初的感叹词转换为具有日本民族特质的重要概念,并最终使其范畴化。他认为《源氏物语》从创作者的角度来看是表现"物哀",从鉴赏者的角度来看就是要"知物哀",所谓"知物哀"

---

① 叶渭渠:《日本古代思想史》,中国社会科学出版社 1996 年版,第 137 页。

② 同上书,第 143 页。

③ 叶渭渠、唐月梅:《物哀与幽玄——日本人的美意识》,广西师范大学出版社 2002 年版,第 86 页。

就是对所见所闻心有所动，感慨之、悲叹之，呈现出的是从"哀"到"物哀"到"知物哀"的发展过程。"知物哀"是对由"物哀"而引发的美的情感的审美鉴赏，这个概念是平安时代纪贯之在《土佐日记》中从审美鉴赏的角度提出的，本居宣长作了比较系统的论述。他在《排芦小船》中认为："一切歌道都是以风雅为种，以知物哀为第一。"在《安波礼辩·紫文译解》中认为一切和歌都是出自知物哀。在对所见所闻有所感、有所悟，并在深刻地体味这些事物的过程中，就能知物之心，就能知善之为善、恶之为恶。

而且他将"物哀"及"知物哀"分为两个层面，一个是要感知"物之心"，另外一个是要感知"事之心"。"物哀"就是感物生情，真情流露，心为景物、世相所动所滋生出的悲伤、喜悦、憧憬等情感，相当于中国的真性情表达，有些类似于"童心说"。"童心说"与"物哀"都反对儒学及朱子学，都是表达"真心"，所谓"诚之心"，一种发自内心深处的本色的人之情。"知物哀"就是懂得这种情感的人，只有性情中人方能感知。本居宣长认为"物哀"和"知物哀"都是从自然人性出发的、不受道德观念束缚的一种刻骨铭心的心情意趣，它重人情、解人意，尤为表现出感动、哀怨、忧愁、悲伤之感，充满女性般的细腻和温柔，有着贵族般的超然与优雅。可以说"物哀"作为一个审美范畴，它主要体现为一种真情，这种真情以悲哀情绪作为基调或核心，它产生于人对生活和生命的真实体验。

"物哀"作为一种外物触发的感动，我们可以作一个归纳性思考："物哀"表达悲哀之情；是一种油然而兴的感动；它标志着一个人的情感修养。如果简单地来理解"物哀"的内涵，那就是一种"真情流露"。审美主体与客观对象接触时的心之动是一种情不自禁产生的自然之情，在不同的具体语境之中，"物哀"会表现为同情、悲叹、哀伤、爱怜、赞赏等诸多因素，这些情感大多呈现为和谐沉静之美感，一般不会表达过于激烈的情感。

"物哀"之"哀"不是悲哀，悲哀只是其中的一种情绪而已。"哀"以静观的态度所表现出的感情意味既体现为一般的心理意味，又呈现出特殊的美的意味，"哀感"是"快感"与"美感"的融合，或者说是一种"美的快感"、"悲哀的快感"，作为具有特殊感情的"哀"呈现出的是唯美主义的倾向。大西克礼认为，"哀"不仅是日本美学中一个特别的美学范畴，它还是日本国民的审美意识的主要内容或集中表现。在文学潮流的发展轨迹中，"哀"与"物"的融合表达出的是被"物"触动而感动的心及生发出的各种情感，在"哀"中感受世相人生，这种"物哀"追求的是深沉的内省。这样"物哀"由日常生活的一种情绪性逐渐上升到文艺审美上的情趣性，是从一种感性的情绪抒发到带有理性反思和理性自觉的文艺审美理念。

"物哀"作为日本美学的一个基本范畴，已成为日本人普遍追求的艺术趣味和日本民族共同的美意识。这一日本美的传统，影响乃至支配其后几百年间的日本文学艺术，成为构成它们的艺术生命和美学思想的重要因素。日本文学的本质是追求"以心为本"，主张歌的根本是主观抒情，"诗的艺术的根本是心情的吐露，即在于表现"①。《古今和歌集》之假名序说："和歌者，以人心为种籽，发而为各种言语。"今道友信认为"和歌是纯一的心情的开花"。因此日本文学表现的是一种内心深处的细微情感，情感表达较敛抑。在用词上比较平实，少夸张和渲染，很少有荡气回肠、淋漓尽致之作品。善从小处着手、微处着墨。"物哀"强调微观，追求真实之感触。"物"追求真实之人、事、自然风物，"情"要求深化、细化、隐化。日本文学主调是物哀，在狭小空间之中表现隐藏于内心深处的情感涟漪。作品没有政治深度，也缺乏广泛的社会意义，只感悟自己内心深处的东西，充满柔情、婉约之感。日本所呈现出的独特的自然主义审美观，使得他们以"物"的象征化和"哀"的情感化的审美方式来掌握世界。并且这种物哀精神要求人类能更严肃地思考生存，更深刻地理解世界，使自身走向更自由、更崇高的生活理想和境界。

第三节 "物感"对"物哀"之影响

一 哲学根源："天人合一"与"无常"悲美

"物感"是以中国传统思维中固有的"天人合一"理念为支撑的，可

---

① ［日］今道友信：《东方的美学》，蒋寅等译，生活·读书·新知三联书店1991年版，第366页。

以说"物感"的哲学基础是"天人合一"观。古代中国人在农业文明下很早就对天地时序给予了关注，因为四季更替、斗转星移、风云变幻等对自身生存有很大的影响，由此形成了与宇宙自然生命相依相存的文化心态，并引起天人共感，在这种观念熏陶下的"物感"说，其心与物互渗融合最终达到身与物化的审美境界。

"物感"说形成于魏晋南北朝时期，并成为一种文艺美学理念。儒家的经世致用、道家的逍遥旷达、禅宗中的大彻大悟等都给予其一定的影响，特别是道家自然观思想给予其影响极深。"缘情而绮靡"的诗文观念为它提供了文学基础，它是在情感勃发、不能自已的过程中产生的一种创作冲动，从整体来讲其情感的把握比较理性、客观，追求情景融合、神与物游的审美境界。"物感"之情是一种具有社会政治伦理意义的情感，既要"美"也要"善"，同时还要"真"，追求真善美的统一。因为它的群体性情感色彩，它会令人产生一种一心向善的情感冲动，情感之中所包含的意念、理想等观念性的内容能够发挥感化作用。这种感化实际上是"物感"外向性情感透射的主要表现，同时也在为探索感情的缘起、文学的发生等寻找原因。

从"物感"的发展演变来看，未见任何明显的佛教教义，无论是陆机的《文赋》、刘勰的《文心雕龙》，还是钟嵘的《诗品》等文艺美学著作中都未见到佛教思想的影响，即使与佛教禅学有密切关系的刘勰也承认《文心雕龙》是"标举儒学"。这是因为佛教思想作为外来文化在以儒道思想作为大背景的中国社会中只能被兼容，而不像日本那样很快让佛教思想渗透进来，并结合日本原始宗教思想取得了很大的控制权，催生了具有日本民族特质"物哀"审美理念。

从"物哀"论提出的历史文化背景来看，它是日本摆脱依赖性，寻求独立性的集中体现，是对日本民族文学特色的概括与总结。"物哀"的形成既体现为中国传统文化的影响，也因平安时代女性文学的流行及佛教思想的影响。"成为日本文化最深根源的，无疑是7—8世纪从中国大陆传来的学问、艺术、文化。虽然是广义上的文化，但它成了日本文化的基础。"①"物哀"中所表现出的生命意识和现世精神应该说有中国儒家思想

---

① ［日］井上靖：《心的文化》，《日本人与日本文化》，中国社会科学出版社1991年版，第25页。

的影响，之所以"哀"，正是出于对现世短暂、生命无常、美的事物难以永驻等的感伤。道家思想的影响应该也是有的，"物哀"所凸显的对人的自然情欲的尊重有着道家主张的自然之道的影子，求其真，尽其兴，这是人的自然生命精神的体现。但从《源氏物语》全书所贯穿的浓厚的无常感和虚无思想及从它所流现出的那种悲哀、空寂的情调，可以看出佛教无常观和厌世观的影响。虽然作者的出发点并不是为了宣扬佛教教义，而是借助这些思想来挖掘人物内潜的"哀"的本质，但这种"哀"美以佛教的无常感为中心，同时这种悲哀感也是"物哀"所追求的审美情趣。这种无常观一直影响到现在的日本，日本人之所以至今没有停止对樱花的热爱，就是因为可以从中感受到无常，那种对易逝变幻之美的喜爱是根深蒂固的。樱花达到了"哀"与"美"的绝妙统一，是无常之美，樱花"与其因为飘落而称无常，不如说突然盛开是无常，因无常而称作美，故而美的确是永远的"[1]。

从"物哀"的情感表现气质上来看，它优美、哀婉、静寂，"物哀作为日本美的先驱，在其发展过程中，自然地形成'哀'中所蕴含的静寂美的特殊性格，成为'空寂'的美的底流"[2]。这种优雅气质的形成与平安时代贵族的文化气息、佛教的无常虚无观及女性作者的细腻柔情等是有联系的。平安时代盛行以宫廷贵族为主的贵族文化，这个时期特别崇尚唐文化，提倡风雅、华贵，这种气息直接导致了"物哀"审美意识产生的文化基础。佛教的影响并不是表现在对佛经教义的宣传上，而是借助佛教挖掘人生中内潜的"哀"的本质，向佛教寻求一种苦痛的解脱。另外平安时代流行女性文学，在"女子侈谈国家大事"的传统下，受压抑而又具有良好文学素养的贵族仕女们只能把这种忧伤的情愫通过细腻的笔触委婉地抒发出来，而且大多以男女之悲恋作为主要描写对象，流露出空寂、悲凉的情调意趣。

"物哀"论的提出主要是基于原始神道的"真"的思想。日本自古以来就有着对"真"的精神的追求，从早期表现来看，这种精神主要表现为

---

① ［日］柳田圣山：《禅与日本文化》，译林出版社1991年版，第51页。

② 叶渭渠、唐月梅：《物哀与幽玄——日本人的美意识》，广西师范大学出版社2002年版，第87页。

民族共同体意识和君臣情义，个人哀伤意味不浓。但随着外来文化特别是儒佛思想的传播和影响，人们开始关注自己的情感世界，文学表现也从集团情感演化为关注生命个体的情感。虽然人的情感是复杂的，但哀的情感很快凸显出来，这在《万叶集》、《源氏物语》等作品中都有体现，"《万叶集》主要是建立在从'真实'到'哀'的文学意识演化之上的"①。这些作品体现了重在表现内心之"真"的倾向，他们以"真"的描绘来求得内心的解脱，并沉浸和满足于哀怨幽情之中。在追求事物引起的内心真实感动的过程中，挖掘和揭示人性的真实，描写真心真情，多是由事物、季节所引发的情感，特别表现恋情活动中的悲哀、忧愁之情，淡淡的悲与真实的情交融在一起，创造出的是充满哀美的抒情世界。

　　基于原始神道精神的"真"、"诚"作为日本审美理念的底流，呈现出的是"真实"之客体给予审美主体的"明净直诚而无虚妄"之心的一种真实的感动，蕴含着朴素的积极向上之精神，追求的是淳朴的自然美。随着儒家入世思想和佛教出世思想的影响，特别是佛教无常观思想的浸透，传统审美理念逐渐衍化并表现出不同时代之不同审美特征，最明显体现在"物哀"审美理念的出现。本居宣长提出这一理念是结合对平安时期作品《源氏物语》的艺术思想赏析，并从文学的艺术表现和读者的审美接受层面进行展开的。"物哀"之"物"是真实之物，包括客观自然万物的真实，人物行为和心理的真实等。"哀"是就客观之"物"的感动，它本身就是人在感叹之时所发出的声音，它的情感不仅仅是中国语义层面的悲哀之义，其包含高兴、喜爱、感动、怜悯等复杂的情感，当然不论是何种感动，都要基于客观之"物"的真实，当然因为这种"真实"蕴含着佛教思想的影响而被赋予了"无常性"，它更多地体现出无奈的悲观性格，流露出悲哀、空寂之情绪。这也使得日本的审美意识由单纯的感叹发展并升华为心物的合一，当然无论是何种情绪流露都建立在真实之基础上。

　　佛教在6世纪初从中国经朝鲜半岛传入日本。佛教中的"悲观遁世，向往极乐净土"的人生观逐渐改变了日本人的审美意识，其厌世和悲观的人生观很快渗入日本的审美意识中去，并在其中发掘出佛教潜在的深沉的哀。佛教思想的影响使得他们能更深刻地体会到理想与现实的矛

---

① 叶渭渠：《日本古代文学思潮史》，中国社会科学出版社1996年版，第79页。

盾，与生俱来的悲情思绪和敏锐的季节感，使得他们对"哀"的体验更为强烈。他们享受于老庄的现世逍遥游，追求佛教的来世解脱观，并在内心深处引起共鸣。

无常观作为佛教思想的重要内容，体现在日本的方方面面。如四季风云的变换，无论是春花秋月还是萧瑟秋冬，季节风物的变化无常让纤细敏感的他们有着莫名的深深感动，也有着绵绵的愁情思绪。这种无常虚幻感给予"物哀"影响极深，在藤原俊成及其子藤原定家编撰的《新古今和歌集》、鸭长明的《方丈记》、吉田兼好的《徒然草》等作品中都有着佛教无常观的影响。《源氏物语》中字里行间流露出的哀愁情绪和那种缠绵中的忧伤，正是"无常观"的一种觉悟。包括源氏的"好色"，实际上是一种无常观的表象显现，是一种深刻中的虚无，其奢华背后隐藏的是无可奈何、无以言说的悲苦和孤独，它所显现的是最深刻的生命本质。

中国也有无常观，但铃木修次说道："中国的'无常'实际上在与佛教无关的领域就已经孕育出来了。中国文学的'无常'的开端可以说是《楚辞》，战国时代的诗歌《楚辞》中已经出现哀叹时间的推移的词汇，但没有佛教思想的无常色彩。"[①] 佛教重内在修行，认为外界一切都是虚幻的、无常的，只有内心之宁静与宇宙的相融才是人生之永恒。人只有在精神上超越自然和自我才能达到这种永恒，从根本意义上来讲它体现为一种终极关怀。而在日本，佛教无常观的影响使得"以《源氏物语》为代表的物语文学建立了写实的'真实'和浪漫的'物哀'的审美价值取向，宣告日本古代文学摆脱汉文学模式，建立起一种纯粹日本民族的新文学模式。这种独立的小说模式，不仅拥有自己的规模，而且发展了自己的民族审美主体。日本逐渐消化汉文化，形成具有日本特色的平安文化，完成了汉风文化向国风文化的过渡，日本文化走向成熟。在日本文化史上，这是具有重大意义的"[②]。

二 两个审美范畴形成的理论背景

中国古代诗学有"诗缘情"和"诗言志"两大并行的文学观念，其中

---

① ［日］铃木修次：《中国文学与日本文学》，赵乐甡译，海峡文艺出版社1989年版，第205页。

② 叶渭渠、唐月梅：《日本文学简史》，上海外语教育出版社2006年版，第156页。

"诗言志"在中国主流文学中占有主要地位。当然一般来讲，创作者们试图将"志"与"情"统一起来，在言志的同时也强调情的存在。"诗言志"作为儒家经典诗论并没有否定"情"的因素，汉儒《毛诗序》中有"诗者，志之所之也，在心为志，发言为诗，情动于中而形于言"。但这种"情"不是个体之情，而是群体之情、社会世情等，并没有注重对一己之情的抒发。到了魏晋时期，文艺思想得到解放，创作开始注重个体的主观感受，纵情任性成为魏晋士人的思想特点。对个人感情的肯定乃至思考文学与"情"的关系启迪了士大夫们反思以"言志"为正统的文学传统，"缘情说"的兴起也为"物感"提供了一个重要的理论言说空间和思想基础。因此魏晋南北朝时期开始了创作上的思想大解放、情感上的大释放，产生了大量"缘情而绮靡"的文章。无论是"悲凉之雾，遍布华林"之感，还是"人生几何"、"时哉不我与"之慨，各种人间怨情充满于诗文章篇之中。这是人的主体意识的觉醒，是对个性自由、情感自由的渴望和追求，但在各种现实限制下理想的实现是接近于无望的，人只能在深沉的悲哀中发出各种"怨"声，抒发"怨"情。虽然这种创作已冲破儒家"文以载道"功利思想的束缚，似乎走上了一条"缘情而绮靡"的"唯美"之路，但中国儒家文化思想的社会大背景，使得文艺创作只能在"志""情"合一的发展道路上获得恒久的生命力。在抒发个人之情时要能够结合"志"，言"志"时也要包含个人真实的感情才能使其感化人，真正达到情志合一也是中国古典文艺创作所表现出的根本特点，这也为促使"物感"走向成熟创造了条件。

"物感"是在"言志"的大背景下成长的。受中国传统文化的浸润，中国文人素有强烈的社会责任感和历史使命感，在著文中也容易抒发自己的悲天悯人之心、忧国忧民之情，所以在中国的文艺作品中表现出一种非常浓厚的社会政治意识，甚至连"山水、花鸟和草木"都被"寄托深刻的政治意识"①。鲜明、强烈的忧患情结让人敬畏又感动，同时也成为中国传统文学的重要标志。

"物感"试图在"缘情"与"言志"之间寻找一条中庸之道，个人情感抒发的同时不忘"言志"、"感化"的目的。如刘勰的《文心雕龙》注意

---

① 宗白华：《美学与意境》，人民出版社 1987 年版，第 321 页。

到了个人情感的主动性及心灵表达的能动性,强调了自然景物与个体情感的双向互动过程,认为由物及情进而为文是很自然的事情,如《原道》篇说"心生而言立,言立而文明,自然之道也"。但"情动而言形,理发而文见","为情造文"者要能够做到"志思蓄愤,而吟咏情性,以讽其上"①。"物感"与"言志"融合统一之后,逐渐达到了情志统一、心物融合,并最终成为中国古典文艺美学的根本特点。但中国民族的惯性思维是对现实的一种特别关注,即使是具有超越性的精神追求也往往难以脱离现实人生,最多能够力求做到以出世的精神做入世的事业,很难做到真正审美上的超越。"物感"表明中国的审美观念是与哲理思考、理性认识相关联的,注重情志合一和情理统一。

而日本的"物哀"是一种油然而生的感动,它标志着一个人的情感修养。从"物哀"可以看出日本审美观念与感性认识、直观感受相关联,只是重视感情态度,特别突出其中的哀情幽怨,因此"物哀"重视"缘情"。从"物哀"内涵的演变和解释来看,能够明显看出中国文艺美学对其的影响,特别表现在对"哀"的解释上。可以这样讲,"物哀"是接受了中国文学的刺激和影响而形成的,但它只是有选择地接受了适合它发展的某些因素并加以扩展,它在立足于日本民族自身审美意识的根基的前提下作了独特的延伸。也可以这样理解,虽然日本受到中国传统文化的影响,并对自身文学有一定的启发作用,但日本民族的原始宗教情绪和过于直露的情欲表达使得他们不屑于儒家思想的说教,对儒家"讽喻教化"的文道一直保持着冷淡的态度,他们乐于和享受于"感物兴叹"之中。

斋藤清卫在《日本文艺思潮全史》中揭示了中日文学联系的契合点:"如果要指出日本文学从各哲学观中接受的影响最多的话,除归之于道家,岂有他哉。假如说日本文学难以反映出这一意味的话,那他就是暗暗地与道家思想共感共鸣。"② 他把道家思想与日本文艺联系起来了。道家思想在汉晋之后逐渐演变成了玄学思潮,并作为道家思想的发展随着东传文化而传到日本,因此魏晋玄学自然会对日本人的价值观形成发挥作用。玄学的

① (梁)刘勰:《文心雕龙注》,范文澜注,人民文学出版社1958年版,第538页。
② [日]斋藤清卫:『日本文艺思潮全史』,南雲堂桜枫社1963年版,第88页。

鼻祖道家以顺应自然、逍遥游的生活态度来表达对自我人格的追求，它对文学意识的影响是显著的，其神仙境界往往为文人墨客所欣赏，增加了作品中的浪漫色彩和超凡脱俗的审美情趣；其讲心斋、坐忘，讲天然朴素之美也是文学作品中追求的审美特质。强调精神至上的道家思想迎合了日本人的口味，玄学作为道家思想的延伸自然对日本产生了影响。玄学讲究随心所欲的自然，一切求其真、任其性、适其情、尽其兴，这种对自然人格的弘扬，迎合了日本人对精神世界的追求，并对日本文学产生了影响。"物哀"作为日本重要的文学思潮也与魏晋玄学息息相关，玄学所推崇的任性自然正是"物哀"的审美追求，都是强调客观如实地刻画人之内心世界，这种对精神世界的追求独立于道德之外，是一种感性的、靠心性直接产生的非理性化的感情，是纯精神性的美，把人的精神当作自然，当作主宰。"人对世外的艺术掌握，不只是从物质上去对客体作审美掌握；主要是从精神上对世界的审美掌握，人对世界的艺术掌握是两种审美掌握的统一，在统一中，矛盾的主要方面是从精神上对世界的审美掌握，它构成艺术活动的本质。"① 艺术的方式就是重视人的精神的方式，不同于科学认知，魏晋玄学对"物哀"的影响就表现在其缺乏社会理性、重感性自然情感的抒发等审美特质上。

　　日本民族本来就是一个善于摄取的民族，它能在基于自身纯粹性审美特质的基础上，摄取到对自身发展有用的养分，并转化为自身民族的东西，按照太田青丘的理解就是"以我的实质，得彼之名目与组织"②。这种倾向也贯穿在"物哀"的整个形成阶段，从上古歌谣中作为情绪性感叹的"哀"到紫式部在《源氏物语》中的"物哀"，再到本居宣长所提出的"知物哀"，最后上升到作为一种文艺理念和文艺思潮，都能看出它对中国传统文化的借鉴和吸收，虽然本居宣长站在民族主义立场不愿直面承认这种影响，但事实是存在的。日本和歌本身长于抒情，很少言志，在理论上是以"人心为种"的心性文学，它在对中国诗学的吸收上舍弃了"志"而选择了主情的道路。和歌是"有感而歌"，它在上古歌谣中本身就是从随兴的、单纯的咏叹开始的，"随见而兴即作"、"有感情而歌之"等

---

① 胡经之：《文艺美学论》，华中师范大学出版社 2000 年版，第 27 页。
② ［日］太田青丘：『日本歌学と中国詩学』，弘文堂昭和 33 年版，第 7 頁。

都说明了"事物感动催生感情而产生歌。也就是说，已经触及歌的感兴和言语表现"[①]。

魏晋南北朝时期个人主体意识的觉醒，对个体之情的重视促使"物感"成为有独立审美价值的文艺观念，这种主情唯美的时代精神影响了日本并被继承发扬。但中国儒教思想的大背景使得"物感"观念在"缘情"与"言志"之间寻找平衡点，并最终达到情志合一，但这种情志合一观念没有影响到日本，他们只是吸收和消化了适合于其民族文化土壤的因素，逐渐形成了具有一定体系的文艺美学意识。这种吸收还表现在对白居易诗文的模仿和借鉴上，"平安时代，对日本汉文学乃至日本古代文学影响最大的中国文学，莫过于《白氏文集》"[②]。"雪月花时最怀友"就是对白居易诗句"雪月花时最忆君"的化用，千古绝唱《长恨歌》的故事在日本也是几乎家喻户晓，对紫式部写出充满"物哀"的《源氏物语》也有很大的借鉴意义。白居易在创作中不仅注重对审美主体情感的把握，而且还强调文学发生的核心是"感于事，动于情"，人须有情才能对外物发生感应，因为"春花与秋气，不感无情人"（《题赠定光上人》）。"大凡人之感于事，则必动于情；然后兴于嗟叹，发于吟咏，而形于歌诗矣。"[③] 主体之"情"因"物"的触发催化作用而得以迸发出来，当然白居易的"物感"之"物"被其界定为"事"，也包括个人不如意之境遇。他以雪月花鸟、歌诗琴酒为题材的闲适诗在寄情山水风月中充满着风雅之思想和情调；以季节推移、怀乡、谪居、隐遁等为题材的感伤诗则充满了沉郁伤感和悲愁的意味，这些感物伤怀的诗歌被日本人欣赏和仿效，也直接促成了"物哀"审美情趣的形成。《源氏物语与白氏文集》的作者丸山清子认为，紫式部在文学思想、小说的结构布局、人物形象的刻画等方面受到了《白氏文集》的影响。那种恋爱的惆怅、羁旅的愁苦，那种感伤、孤寂、失意等微妙而复杂的心理描写不能不说是受到了白居易"物感"诗的影响，其中透射出的是内心深处的叹惋哀伤，流露出悲凉空寂的情调。而且他们会反复吟唱、咏叹、玩味凄婉哀艳之美，不去埋怨命运的不公，而是能够坦然接受

①　叶渭渠：《日本古代文学思潮史》，中国社会科学出版社 1996 年版，第 68 页。
②　叶渭渠、唐月梅：《日本文学史·古代卷》下册，昆仑出版社 2004 年版，第 301—303 页。
③　周祖撰编选：《隋唐五代文论选》，人民文学出版社 1990 年版，第 242 页。

一切。"物哀"的审美情趣得以充分展现，因为在他们的心目中，"物哀"只是万物的一种常态，是事物的真相，也是美的极致，佛教无常观的影响使得他们相信瞬间即是永恒，无常即为常，易逝的东西才是最美的东西。

三　"物感"对"物哀"之影响

中国"物感"对日本"物哀"的深刻影响是显而易见的。"物感"中所强调的"情"与"文"的关系，中国诗学中的"诗缘情"、"情景交融"等观念直接影响了"物哀"的发展演变和形成。《古今和歌集》之假名序可以说是"物感"说的日本翻版，它强调了外物对人心的触动，这种触动又转化为和歌，是以"人心为种"，以"千万词为表现"的过程。

"不应过高估计日本文学的独立性和独特性。可以认为，日本'物哀'文学思潮是直接受到中国古代诗学中的'物感说'的深刻影响而出现的。"① "'物感说'对日本的'物哀'思潮有着直接的影响，其内在的联系也是不可否定的。"② 但也有人认为，"中国文化、文学对《源氏物语》的影响是相对的，并不起决定性的作用"③。因为日本文学所呈现出的审美意识中总是给人一种感物伤情的哀愁之感，它缺少那种彻底放松的快乐，总是弥漫着淡淡的哀愁，所以用"物哀"来概括这种感受是较为恰当的。"物哀"之情在日本是情感的基调，不同于中国传统美学，"感物而哀"只是"人禀七情，应物斯感"中的一种情调而已。白居易诗歌中那些带有哀怨的感伤诗之所以在平安时代被推崇，就是因为它迎合了这种"物哀"意识。而在中国这种感伤之美并不被认为是最高层次的审美境界，因为中国文人强烈的忧国忧民的政治意识使他们忘不了"文以载道"的古训，即使对于白居易来讲感伤诗也只是他诗歌体系中的一部分而已，他比较重视的还是讽喻诗，称它为"正声"。

从"物哀"的形成脉络中，其实我们可以看出其与中国传统诗学观中的"诗可以怨"有着紧密的内在联系，它们都注重抒发怨情，而且对幽怨

① 邱紫华:《东方美学史》(下卷)，商务印书馆2003年版，第1139页。
② 同上书，第1140页。
③ 叶渭渠:《日本文化史》，广西师范大学出版社2003年版，第127页。

情感审美价值的确认是非常相近的。儒家提出的"诗可以怨"的主张偏重于教化作用的"怨",后来被司马迁发展为"怨"与"愤"的结合,他认为古来一切不朽之作都是"意有所郁积,不得通其道"而著文抒愤的。司马迁的观点直接影响了六朝时期的刘勰、钟嵘,特别是钟嵘,他在《诗品》中提出"托诗以怨"的主张,强调抒发个人感情,提升了诗歌的抒情品质,也将"怨"的艺术美感发挥到了极致。他以深重的悲悯情怀表达自己的诗"怨"观,或感时伤乱,或叹颠沛流离,种种怨情都与社会现实、时代政治关联。日本传统文艺中重视主观感情至上的主情唯美倾向使得他们在接受中国文化影响时能够保持自己的选择标准和审美尺度,钟嵘的诗"怨"中抒写个人幽怨伤情的见解为他们崇尚哀婉伤感的审美爱好寻找到理论上的依托,他们自觉地剔除了钟嵘"以怨论诗"的社会政治因素,而寻找其中令其感物兴叹的各种"怨"情,或观春晨花散、闻秋夕叶落,或感今日落魄、叹昔日荣华等,在低回缠绵、伤感落寞中体现出鲜明的日本民族性格。

被川端康成称作"日本美的源流"的"物哀"理念呈现出的更多的是多愁善感、缠绵悱恻的情调,"'物哀'从本质上看,其作为概叹……无常性和失落感的'愁怨'美学,开始显出了其悲哀美的特色"①。其中的"哀"包含的是更多的幽怨情愫,这种幽怨与钟嵘的"怨"情在情感的表达上存在着相通性。值得指出的是,由于日本民族性格使然,他们在表达怨情时能够做到"怨而不怒",在表达哀感时能够做到"哀而不怨",哀怨中弥漫的是含蓄蕴藉、典雅婉约的民族特质,这种民族性格极具中和之美。梅原猛认为,这是当可能性难以变成现实性的时候,不从自身或外部寻找原因,不怒也不怨,而认为这是一种无常感的表现。"物哀"本身就是要求对客体抱有一种朴素而深厚感情的态度作为基础,客体与主体能够达到调和为一、物心合一。无论是叹惋于贵族社会的没落,还是对世事无常的哀叹,乃至感伤于人世沧桑,都能感受到其中所传达出的深沉蕴藉的情愫之美,使得"物哀"美学思想得以发展和完善。

它作为一种审美活动在创作中比较感性和主观,以真"情"的感动作为主线,"主情"是它的主要表现内容。"'物哀美'是一种感觉式的美,

①　[日]西田正好:《日本の美——その本質と展开》,创元社 1970 年版,第 271—272 页。

它不是凭理智、理性来判断，而是靠直觉、靠心来感受，即只有用心才能感受到的美。"① 这种美是一种超越理性的纯粹精神性的感情，是优雅、纤细、哀愁的情感表现，偏重于"哀"美，但"哀而不伤"，强调情感上的节制、隐忍，但这种隐忍不同于理性上的情感克制，而是儒家中和美的一种表现标准，是带有调和性的审美表现。这种感觉式的美还表现在它专事个人的情感抒发，特别表现在恋情上，"人情感发，恋乃第一……若舍却恋情，则人情之诸多深细处，及物哀之真髓俱难显"②。关注人的内心体验，描写因爱恋而被感动的心和被触发出来的情，揭示真实的人性，展现出哀婉凄清的美感世界，是一种完全自我的审美感受，具有内面性。

因呈现为"物哀"审美意识的作品大多来自作者对生活的真实感悟和内在心灵的体验，从日常接触的真实的人、物、事出发并获取灵感，所以使得"物哀"表现出浓厚的感性气氛，在感伤和幽怨中产生出蓬勃之生气。有感而发或触景生情的作品读起来之所以情真意切，是因为其情感的真实和自然，是一种真实的生活感受与心灵体验的显现，它既是寻常生活之氛围，也是美之最高情韵。

日本民族性格中本来就有情绪性、感伤性的特点，这种感伤悲美的独特性体现在各种文学作品中。日本文艺作品尽管各个时期因创作者的个性和创作风格不同而表现出不同特点，但"悲"、"哀"之类的字却常常能够出现。从最早的《古事记》起就带有悲哀的情调，《万叶集》中描写自然景物的歌中也出现感伤倾向，随着主观抒情的加强，感伤风格越发明显，其咏叹的大多是恋爱的苦恼和人生的悲哀，发自个人主观世界。以表现内心世界为主的日记文学中更是经常能看到关于哀感的抒发，这种悲哀的审美情趣已逐渐形成了相当的气候。紫式部的《源氏物语》其笔调是凄婉哀伤的，在《新古今和歌集》、吉田兼好的《徒然草》等作品中流露着没落贵族的感伤情绪，就连松尾芭蕉的俳句以及他著名的《奥州小道》也是弥漫着浓浓的悲凄情调。这种充满悲伤的情调、追求哀的审美情趣一直存在于日本漫长的历史过程当中，并体现在创作实践里。当然值得注意的是，

---

① 叶渭渠、唐月梅：《物哀与幽闲——日本人的美意识》，广西师范大学出版社2002年版，第83页。

② ［日］《日本的名著·本居宣长》，中央公论社1986年版，第406页。

悲哀只是哀之情绪之一，它不限于悲哀的精神，也包含愉快、可笑、有趣等，实质上它主要指主观情感。

第四节　审美内涵之比较

一　"心物交感"与"同情同构"

"物感"与"物哀"有很多相通之处，它们都是源于创作者对外物的感受与感动。中国的"物感"说贯穿于中国古代整个文论史，无论在创作实践还是在理论总结上都相当系统和成熟，且影响深远。"物哀"则在18世纪作为一种理论范畴被提出。二者在含义和表述上都非常接近，如刘勰《文心雕龙》中的"人禀七情，应物斯感，感物吟志，莫非自然"，钟嵘承接了前人的"感物"理论，在《诗品序》中提出"气之动物，物之感人，故摇荡性情，形诸舞咏"，陆机在《赠弟士龙诗序》中提出"感物兴哀"，与日本"物哀"非常接近。"物感"与"物哀"都表现为事物外在形象与人之内在感情的交融，物象触发情感，情感倾注于客观物象，达致情景交融之审美境界。

"艺术创造主体与客体的相互交流运动与相互作用是艺术活动的核心……在主体客体的互化关系中，客体是基础，主体是主导。在主体与客体的互化关系中，双向性是又一个突出特点。客体的作用不能排斥主体的作用，主体的作用也不能代替客体的作用。这是一个双向的动态流程，主体向客体转化，客体向主体转化，客体的主体化和主体的客体化在连续的运动中朝着既定方向演进。"[①] "物感"与"物哀"都是因物动情，为物所感，追求人与物的"同情同构"及审美主体与外在客观世界的"心物同一"。

"物感"与"物哀"都是一种审美活动，是审美主体与外在客观自然世界发生情感互渗时所产生的情感表现，客观物象触发情感，主观情感移注于物象，最终达到客观物象与内在情感的交融，实现情景融会的审美体验。所谓"情以物兴"，"物"是情感发生的物质基础，其包罗万象、范围非常宽泛。"感"或"哀"是由"物"引发的油然而兴的包括喜怒哀乐诸

① 郭青春：《艺术概论》，高等教育出版社2005年版，第87—88页。

相的感动，主体之心与客体之物是一种相互激荡的对应关系，借用黑格尔的话来讲就是："在艺术里，感性的东西是经过心灵化了的，心灵的东西也借感性化而显现出来。"① 在这种对应关系中，物起着主导作用，物在先，感在后，感要受物之制约，当然因为两者是一种双向建构活动，情具有一定的能动作用，物也要受到情的制约，情有时也能发挥主导作用，人之情会随物的改变而改变。《文心雕龙》之《物色》篇中有"然物有恒姿，而思无定检"之说，这也是情的能动作用和主导作用的具体印证。无论是物之"感"还是物之"哀"，作为"情"的一种存在，它与物相互对应和激荡，在相互制约中进行着"情以物迁"、"物以情迁"的双向建构活动。

"物感"重视审美主体与审美客体的交融，主体内心情感与外在客观物象之间存在着紧密的联系，主体的创作冲动、情感生成等在很大程度上来源于外物的刺激与感发，"感外物以动欲"是自然之道也。这也正是刘勰在《文心雕龙》之《物色》篇中所描写的情境：

> 岁有其物，物有其容；情以物迁，辞以情发。一叶且或迎意，虫声有足引心。况清风与明月同夜，白日与春林共朝哉。

审美主客体之间交感互渗，主体之"心"受外物之感染而引起情感上之波动，随之产生创作冲动，进而形诸"言"。其中主体之"心"的能动作用是相当明显的，心灵因外物之感发形成强烈的意向性，这种意向使得"心"对客观外物并非简单地模写，而是主体与客体进入交融感通之状态。关注审美主体与审美客体之间的互动作用是文学观念逐渐自觉性的表征之一，强调审美客体对主体的情感感召作用是文人创作中一个普遍的现象，这也进一步挖掘了客观事物表象，特别是自然景物的审美价值。

"物哀"表现了人的真实感动，这种感动来自"物"的触发。"物"指客观存在的现实，包含外在的自然界与现实社会，"哀"指人的情感表现，包含喜怒哀乐等诸种情感，客观之存在与主观之情感调和为一表达出的是人在触物中的感伤之情。以现代理论知识来看，"物"是认识感知的对象，"哀"是感知主体，"物哀"是心物合一时所产生的和谐的

---

① ［德］黑格尔：《美学》第一卷，商务印书馆1979年版，第46—47页。

美感，是主体与客体的共振，内在与外在的同情。将万事万物置于心中来品味，并身体力行来体验，既能懂得事物之情致，也就"知物哀"，知为何而感动并实有所感，有情趣之人、领悟力强之人会在触物时情动于中而不得不发。

当然从"物感"与"物哀"的发展演变历史上来看，它们关于审美主体与审美客体的关系还是存在着差异的。"物感"并不限于物对人的单向作用，而是心物的双向交流和沟通，也就是"心物交感"，"感于物而动"是人之"性之欲也"，这里的"性"就是人心内在的本性，它本身是处在虚静空明之状态，只有外物刺激才使之产生各种情绪反应和感受，心物交流产生了"感"，"感"既是物对心的一种叩击，也是心对物的应答，这是一种审美感兴活动的过程。这时的"物"是被体验的对象，它也需要被"物化"的过程，这种物化实际上是把现实客观存在的物象幻化为具体的心象。"物感"说建立起了人之情感与宇宙万物、自然世界的联系，正所谓"心感于物而后动"。这里的"心"是指人受外在客观物象影响后所引起的喜怒哀乐之情感，这种情感不具有主动的内省意识，而是受到外物刺激后有感而发的情感反应。

"物感"从开始时对审美客体"物"的关注，逐渐发展到文学自觉时代对"感"的重视，对审美主体的强调已经越来越普遍和突出，虽然也倾向主客体之间的审美共鸣，但"中国传统诗学的'物感'说则更具有'感兴'的意味。虽然它也由主客二分的基点出发，也讲主体对客体的形象认识，但'物感'说更多地强调在主客体的结合同化中主体作为客体的'代言人'所进行的情绪和情感体验"①。

"物哀"是从"哀"发展演变而来，其主客体关系从一开始就呈现出一种交融状态，"哀"就是主体同客体情感互渗而达到的同情同构的情感表现，"哀"之本身就内含着"物"的存在。"物哀"作为一种审美意识是到平安中后期由紫式部以创作的形式完成的，并确认了"物哀"与"哀"的一脉相承的关系，"物"在这时已被宽泛化，但无论是社会世相之"物"，还是自然界之"物"都处于出发点的位置，"物"被放到重要的位置，当然其旨归还是抒发主体的"哀"。"物感"从强调审美客体到强调审

---

① 张渭涛：《镜与灯的对话——反映论与物感说的比较》，《理论导刊》2002 年第 4 期。

美主体，"物哀"由强调审美主体到强调客体再复归到审美主体，二者的主客体关系存在不同，这当然与它们在本国文艺理论的发展过程中自身发生演变是有关的。

"物感"与"物哀"都强调情与景的交融，这也是它们的相通之处，但"物感"强调审美主体与审美客体之间的关系，审美客体是从客观物象逐渐幻化为审美意象而成为审美对象的，最终实现主客体的浑然交融，达到"意境"之美。"物哀"的"情景交融"不同于"物感"，它不侧重于审美主体或审美客体，而是关注创作者在作品中对人性的自然表达、对人情的深度理解，是否能将人情如实地描写出来，作者不仅要在作品中表现出"物哀"之情，也要使读者在接受中品味出这种自然之情，理解出人情也就是"善"，只有读者通人情、"知物哀"，才能使得作者作品与读者之间实现心灵上的共感，加深对本色人性、人情的深度理解。

二　"感于物"与"哀于物"

"物感"与"物哀"无论从内容层面还是形式方面都有很多相似之处。"物哀"之"哀"本身就是一种"感"，在含义上二者是有相通性的，感为感慨也，触事而心动也，"心有所感而叹"即为"哀"，从本居宣长对"物哀"的诠释可以看出这种相通。他在《石上私淑言》中说"有感于物即是知物哀也"，在《〈源氏物语〉玉小栉》中说"'哀'感，就是应知晓有感于物之事"等，"感物兴叹"、"感于物而后动"的影子在这种对"物哀"的解释中常见。按照吉川幸次郎的理解，"这很明显是从汉籍的'感于物'的意识想开去的"[①]。"哀"与"感"具有同样的意义。"哀"之精神在抒情歌集《万叶集》中得到广泛体现，在《源氏物语》中得到发扬光大，只是"哀"已发展为以"物"为出发点的"物哀"。

"感"与"哀"都涉及喜怒哀乐等各种类型色彩的感情，均是强调因外物引发的内心感动及表现出的感情内容。无论是"感"的情感表现还是"哀"的内在流露，"物"是它们的缘起，是属于第一性的东西。

无论"物感"还是"物哀"，它们内涵的本质关系就是外物与心绪之

---

① ［日］吉川幸次郎：《文弱的价值——"知物哀"补考》，《日本思想大系·本居宣长》，岩波书店1978年版，第88页。

间的关系，以对外在自然景物的描写来抒发内在人的感情，在物中有
"感"、在物中发现"哀"，这都是接触事象而引起的感受和感动。宗白华
在《中西戏剧比较及其他》一文中指出："萧伯纳的剧本，序文都很长，
为了说明戏文。问题戏，着重思想。中国戏曲，着重感动人，动作强烈，
能使人哭，亦能使人笑的东西。"[1] 情感的外化与物色的内化，这也是一种
移情活动，杜甫诗句"感时花溅泪，恨别鸟惊心"即能表达出情感向外物
的移植活动。只是"物哀"在情感上的感动和感伤更为强烈，是人生所感
受的"哀"，是在现实的人生世界里，从物中寻觅出的哀，这种"物"已
是处于自然物之上的生活事物，寻觅出"哀"的生活事物也是在现实社会
中特别令人感动的东西，它充满着对世事不定与人世无常所表现出的无
奈、悲凄、寂寞的情怀。

　　"物哀"之"哀"虽与"物感"之"感"有一定的相通性，但不能否
认两个审美范畴所存在的差异。按照叶渭渠的理解，"《万叶集》的歌虽然
没有直接出现'感动'这个词，但屡次出现'感受'、'感悦'、'感伤'、
'感情'、'感绪'，乃至'感恸'等词。作为最早具有歌论性质和文学意识
的《古今和歌集》真名序，直接用了'动天地，感鬼神'。假名序则用了
'动天地，哀鬼神'，在这里汉文用了'感'，和文用了'哀'，都是动人心
之意，'感'含有喜怒哀乐，而'哀'之感动重心放在'哀'上"[2]。从这
里可以看出，"感"之内涵更为宽泛一些，"哀"虽然也表达多种情感，包
括对人生深深的感动、怜爱、同情等，但总体来讲它是一种充满哀感的悲
伤情绪，它的感动重心是放在"哀感美"上，这是"物哀"作为一种审美
理念的美的精髓，它更为纤细、感伤、忧郁、朦胧而又深沉。当然"物
哀"情感的倾向性更为单一，不同于"物感"在情感的把握上没有明显倾
向，喜怒哀乐等各种色彩比较均衡。当然因为"物哀"情感表现的相对单
一，它更追求情感中最感动人的东西，人之心、人之情中更高层面的感动
之心、感动之情是"物哀"所追求的境界。而且这种对人生的深深的感
动，从最初来讲应当属于那些在平安时代深深地扎根于"物哀"情趣世界
里的贵族阶层的女性们。在这些女性所处的生活环境和不安稳的生活状态

---

① 宗白华：《艺境》，北京大学出版社 1987 年版，第 366 页。
② 叶渭渠：《日本古代文学思潮史》，中国社会科学出版社 1996 年版，第 170—171 页。

中，真正存在着"物哀"精神的源流，这种精神充满着女性化的纤细情感成分，在某些程度上也决定了"物哀"精神的审美情趣与表现样式，这是日本民族较为独特的审美感觉。

"物哀"从审美倾向上是主情，但从它的情感倾向上来看主要是"偏哀"。这当然源于日本民族的深层文化心理和对大自然的独特审美感悟，今道友信称之为"基于植物的世界观的美学观"。自然风物的随季荣枯造就了他们的悲悯情怀，在感时伤逝中感受到生命的珍贵和所带来的喜悦的同时，也无法抹去对生命无常的感念。这种源生于自然感悟的对生命的浓重伤叹就是日本民族对"哀"之美的追求，充满着淡淡哀愁的情感之"哀"逐渐上升到艺术上的美，哀与美达到融合，艺术与审美就达到了统一。

日本的哀于物不同于中国的感于物。如果仔细体味中国的"感物伤情"，会感到"物"只是作为表达情感的手段，"情"才是表现的主体，不同的物对应不同的情，"君子可以寓意于物，而不可以留意于物"（《宝绘堂记》），这是苏轼所提出来的人对待外物的两种不同方式。"寓意于物"指以旷然放达之态度将情感寄寓于外物中，但无须执著于外物，以开放之视野保持住人与物之间的诗意存在，为个体留存诗意地栖息空间。物是寓意的对象，是人对外物的一种态度，是寻求人生美好况味的方式，是自然适意中的一种洒脱，这是对宇宙人生的深刻体悟。人生就是寄寓在天地万物中的诗意栖息，是个体之审美情趣向客观对象物的投射，也是个体之意向与外物所达到的一种契合。物是生发人真实情感、引发人诗意想象的鲜活世界，是充满和谐安适的外部环境。"留意于物"就是因自身私欲奔忙于对外物的所求而迷失自我，而人与物之间存在着间性关系，人与物应该保持住相依相生和谐共处的生态平衡。从美学角度来看，"寓意于物"是一种审美态度，是苏轼借对书画艺术的审美态度来论人生的态度，它是不累物役的积极态度，在逍遥寓情于园林美景中抒发广阔的审美胸怀，在随缘自适中获得精神上的解脱和慰藉。

"物哀"之"哀"非仅在"感于物"，而且也包含物本身的哀，这种哀带着无奈和无望，甚至无法解脱，只能在绝望中玩味着哀伤情怀。但它又不同于中国六朝时期的"以悲为美"的审美倾向，它是很自然的真情流露，很率真的实感表现，表现出以悲为美的阴柔色调，是"感物而哀"，诗歌只要表现出真挚之情感即为美。而且它充满着优雅和高洁的精神意味，超越于一般世俗情感，在一定程度上是对人精神层面的提升。

"物感"之"物"与"物哀"之"物"都是除自然景物之外，也包含着"事"，所谓"缘事而发"（《汉书·艺文志》），不同的是"物感"之"物"或"事"是基于社会理性化的带有政治色彩的伦理教化内容，在"缘事而发"时要能够使"感"与社会伦理等达到合一，做到"发乎情，止乎礼"，情志合一。而"物哀"之"物"或"事"关注的是完全与个人情感有关的事物，与社会伦理没有任何关系，是纯粹发自内心私欲的自然情感。

"物"是一个高度抽象的、具有普遍性的范畴，既是作为一个静态的客观存在，指外在于审美主体并作为对象的客观事物，同时还有着很强的动态性。它处于不断变化中，这种变化也是造物所赋予的一种生命律动，充满了生机勃勃的生命感。"物"指一切能感发心灵的客体，不仅指自然景物，也包括客观社会生活以及众生世相。"物"感发主体的心灵，主体得以动心动情。"物"既是感物起情的诱因，也是主体观照的对象和情感寄托的所在。日本哲学家和辻哲郎认为："物就是含有的意义和物本身的、普遍而不受限制的物。它既是不受限定的，又是被限定了的物的全部。"①"物感"之"物"与"物哀"之"物"在内涵与外延上都有不同。

"物感"中的"物"，并非纯然指自然景物或外在的客观物象，它是一个泛指，包括一切社会民俗风情，尤为侧重道德层面的政治与教化状况，因中国人的生命感受及艺术生命体验的缘起受社会政治教化等客观影响较大。"物"在中国古代哲学思想中被指称为外部世界，文艺创作中的"不以物喜，不以己悲"、"气之动物，物之感人"，庄子主张的"外物"、禅宗认为的"本来无一物"等，都是从人的视角把"物"看做外部世界。庄子的"外物"体现为对外在现实世界的拒绝、逃脱，倡导心斋、坐忘并投身于诗意的想象之中。禅宗倡导"本来无一物"是主张以空寂之心灵消解杂乱的万物及纷扰的世界，从而使人心灵宁静。"本来无一物"是禅宗的智慧，是一种超越具体时空的"有"而达到"无"的境界，也是最本真的世界。

---

① ［日］和辻哲郎：『和辻哲郎全集』（4），岩波书店1977年版，第149页。

它可以是外在的客观事物，也可以是内在的主观意识即想象中的事物的表象。刘勰在《文心雕龙·神思》篇所说的"故寂然凝虑，思接千载；悄焉动容，视通万里。吟咏之间，吐纳珠玉之声……登山则情满于山，观海则意溢于海"深刻地把这种观念形态表现出来。内在的"意象"可以在艺术创作中促使创作主体内心情感和想象活动的深化，所以"物"也不仅仅是外在的景物，还包含内在的心象内镜。心与物相互激荡，方能物来情往，情往物合，形成如黑格尔所说的："在艺术里，感性的东西是经过心灵化了的，心灵的东西也借感性化而显现出来。"① 从而创作出物我无间、情景交融的艺术精品。

"物感"中作为客体的"物"和作为主体的"心"是相互激荡的对应关系，物在先，感在后，先"感于事"而后才"动于情"，而且情必然要受物的制约，物起着主导作用。但是，情也并非只是处于一种消极被动的状态，有时物也要受到情的制约，情也有能动作用。白居易的"《题赠定光上人》一诗中有这样两句：'春花与秋气，不感无情人。'说明人的主体必须有情，对于外物（'春光'、'秋气'）才能发生感应。如果主体'无情'，则外物对他也就不起作用"②。这说明情也是"物感"产生的条件，是具有能动作用的。就是说，在"物感"的活动过程中，情与物是相互激荡和对应，不仅"情以物迁"，同时还"物以情迁"。也可以这样理解，在"心物"这一对美学范畴中，心与物完全是一种相互激荡、相互制约、相互主导的辩证关系。

"物感"中的"情"的成分多是表达主体的情，这种情不只是被外在物象激发起来的情，而往往是出于主体的道德、学问、礼义修养的志意、情志。《毛诗序》："诗者，志之所之也。在心为志，发言为诗。情动于中而形于言……"由内在的志意表现为外在的情感，其中间的环节就是受外物的感发，亦即感物触情。另外，"情"的表现内容是多样和适度的，没有给某种情感以特殊的重视。不同的感情出现于文艺作品中，就会有不同的表现特色；不同的季节、景色，会触发出多种的情思；不同的社会境遇和历史景况，更会产生不同的心态。这反映了"物感"中的感情内容

---

① ［德］黑格尔：《美学》第一卷，商务印书馆 1981 年版，第 46 页。
② 贾文昭：《白居易的"物感"说》，《江淮论坛》1997 年第 6 期。

多样、色调丰富，这也是由于中国深厚的历史积淀，特别是思想意识深处的积淀，深化了审美主体的理性的对外物的感悟度，扩张了其感情的想象空间，同时也必然产生了多样性的感情触发。另外在儒家"中和"美的理论传统引导下，也使得"物感"的感情趋于中和性，以中正平和的适度表现为理想。因此"物感"之"情"是基于主体的带有社会理性化的"志"的基础上的情感，它形成的是情志合一的感情机制，审美主体的理性感悟使得其感情内容多样而丰富，同时感情表现相对来说也比较中正平和。

日本"物哀"之"物"与"情"一样都是作为一种主体的存在，"情"与"物"只有融为一体才能形成这种审美意识，也就是说"情"与"物"都是主体，而且对"物"的选择非常讲究，不能随意，它必须能够使感动的对象更为明确，无论是人、物，还是社会世相、人情世故等，要能够将现实中最受感动的、最让人动情的东西记载下来，无论是悲哀的、感伤的，还是怜悯的、同情的。"物"作为客观存在，要能够与"哀"的主观之"情"调和为一，使哀"情"得到进一步升华。日本民族天生就偏爱素雅幽静、短暂易逝之物事，无论是高大之植物还是小巧精致之事物，对于他们来讲，先天地就蕴含着一种"哀"的思绪，这种思绪不仅是人的真实感受，它更是这些事物本身就有的哀感，也是事物的根本存在状态，这样生命之情与自然物之感达到相通相感，在极其偶然的触发中即达到身与物化的哀寂。因此花开花落、草木荣枯等自然界的物象就成为日本古典美的情趣所在，山川草木、风花雪月的自然美同人的哀伤联系起来，就构成了日本古典文学的纤细的悲哀美，这种四季更迭的美展现了一种朦胧的、内在的、感觉的美的风格。敏锐的季节的感受性使得日本民族对"物"的选择更为宽广，但看似宽广中却隐藏着细腻的讲究和对平淡自然的追求。这些"物"中蕴藏着更多的人生悲伤哀叹，带着深沉而幽怨、纤细的悲哀性格，从这些"物"中能更深地体会到"心"的深邃，"情"的真挚。

"物哀"中所追求的"情"之心要与支配这种情的精神之心区别开来。"物"是认识感知的对象，"哀"是认识感知的主体，也就是感情的主体，"物哀"就是在特定的客体对象与情感主体达到和谐一致时所产生的一种美感，它体现为主体与客体共通的审美价值关系。主体在一种沉静状态中对客体对象的审美观照，蕴含着多样情感，是"爱"，是"感动"，也是一种叹息，一种咏叹，一种无奈，不是狭隘意义上的悲哀怜悯，它呈现出的是直观与感动融合后所达到的一种极致静观的审美意识。因此"物哀"在日本审美意识中，虽然有哀怜之意，但绝不是一种人为的哀伤，它是万物的自然常态，反映了事情的真相，是一种真实，是美中的极致，以和辻哲郎的理解"悲哀就是思慕永恒的表现"①。它更符合日本民族的审美情趣。从"哀"到"物哀"的历史演进过程也是日本审美思想上取得较大发展的过程，"物哀"不仅着重于主体的审美情感，更注重内在情感与外在世界的联系，心与物之间的互渗交融，使得比较单纯的情感内涵得到了深化，丰富了"物哀"美的情感表现。

"物感"是指"触物兴感"，"物哀"是一种"感物兴叹"，从这个层面上来看它们在情感上的表达是非常相通的。但"物哀"的情感表现得比较节制，是一种相对隐忍的感情，委婉纤细而又醇味久远。它是对自然景物的欣赏和对人情世态的领悟，是带有情趣性的一种感动，只有知"物哀"者方能具备对人性、人情的鉴赏能力，才可善解人意，抱有同情之心，不知"物哀"者为冷酷无情之人。它不是一种强烈的感受，更多的是调和化的感动，是一种调和美。经过调和的感情世界是优美而又高雅的，只有具备一定情感素养之人才能感受到这种美。"物哀"的情感还表现在伤感中的典雅之气，它并非只是纯粹耽于精神上的自我陶醉。其纤细风格中又隐藏着深邃的内涵，在艳丽而脱俗、凝重而简淡中象征着日本美的精神。

"物感"的情感表达相对来说强烈而又直白一些，表现方式比较朴素。这种"感"有时候表达的是本能的、一般的自然感情，是一种"感应"或是"感通"，有一定的情绪性。"感"是一种感应，是瞬间的直觉体验，它的感发是自然和自由的。"感"的古体是"咸"，最早出自《周易·咸·彖辞》："咸，感也……二气感应以相与。"二气感应，化生万物，以所感而观万物之情。"物感"根源于外物对人的一种无意识的生命感应，当然这种"感"中也包含"哀"的因素，但它只是作为某种具体情感的附庸而出现的，其归结点还是要表达主体因事物触发充满主观性的审美感受。

"物哀"是由日常生活的情绪性逐渐上升到文艺审美上的情趣性，从

---

① ［日］和辻哲郎：『和辻哲郎全集』（4），岩波書店 1977 年版，第 411 頁。

一种感性的情绪抒发到带有理性反思和理性自觉的文艺审美理念。它作为日本较早出现的一个文艺美学观念，又回归和扩展到了生活的各个层面，所以它不仅表现在文艺审美领域，更是影响了日本人的人生观、价值观，并作为日本民族审美文化的象征，因此它不仅体现出恋情之哀感，还包含着人世之咏叹以及自然美之感悟。受文学之影响，日本人的日常生活中也充满着"物哀"的情感成分，弥漫着神秘、静谧的情愫意绪，其自然感伤审美意识体现着人们对自然和人生的深深眷恋。春之樱花，秋之残月、冬之薄雪等作为短暂存在的自然现象，在它们的素白淡雅、稍纵即逝之中散发出凄婉优柔之美，让人久久沉浸于其中，日本人乐于在日常生活中感受这份独特的感伤情绪，也契合了他们纤细而哀愁的精神气质及唯美与感伤相融合的审美风格。因此，"物哀"的精神不仅反映在审美观上，还渗透于日常生活的各个层面，并深深植根于日本民族传统审美意识之中，对日本人的审美心理、精神性格等都影响深远。

而"物感"仅仅表现在文学领域，是关于文学艺术发生论的学说，它从一开始就是与艺术创作紧密相连，所谓"音之起"缘于"感于物"，"物"是作为第一性的东西。"物感"有着典型的中国民族特色，对后世文论产生一定的影响。随着魏晋南北朝时期文学自觉时代的到来，"物感"在文学创作中的地位得到进一步提高，它作为一个文艺美学范畴日趋成熟和完善。这时它已不仅是艺术创作的缘起，而且贯穿在整个艺术创作的过程，"感"也超越"物"成为创作的关注点。

从表现论的角度来看，"物感"是比较客观地描述创作的缘起和过程，物触人心生文是创作中自然的规律，情感上的把握没有过于细化。"物感"突出一个"情"字，"情"是作为主体，"物"只是表意达情的一个手段而已，以"情"来择"物"，按照苏轼的理解，"君子可以寓意于物，而不可以留意于物"[①]。中国文人在表达情感时，往往预先有一种内在的心志和情感倾向，然后去寻找自然界的某种事物来表达这种情志。

"物哀"说不注重自然外物的感发和影响，它更多地表现为一种内省，强调主体心灵上的感通，对世间之理的认识必须通过心性的修养才可以达到。"物哀"的情感表现具有一种朦胧、模糊的虚化特征，好像可意会又

---

① 北京大学哲学系美学教研室编：《中国美学史资料选编》，中华书局1981年版，第33页。

难以言传，让人有些捉摸不透。只有涵泳其间，方可领悟其真谛。这种朦胧模糊美，既是日本特殊自然环境的客观再现，也是艺术的审美创造，是"物哀"美所呈现出来的真情意趣。

在日本传统文化中，"物哀"是一种极其伤感和深沉的感情，从描写对象上看主要是个人恋情，内容比较单一，感受比较单纯。是否懂得"物哀"即"知物哀"是评价个体审美素养高低的标准，要能够对悲哀之情产生怜爱、哀伤等同情，并能进一步领悟。能够让人读懂世情是"物哀"的主要目的，而不同于"物感"的感化作用，因"物感"的描写对象更偏向于自然万物，"物"的范围更为宽泛，包括社会事件、个人际遇等，它对人的感化性表现得比较强烈。

"物哀"的审美价值还体现在它是浪漫与写实的结合。它既是一种写实性的"真实"，同时又充满着浪漫的情愫。日本传统文化及审美意识的基石就是"真"，指文艺要真实地反映人情世相，要以"诚"挖掘现实生活中的美，抒情必有感而发，反对浮丽虚妄之风，在艺术风格上追求一种写实主义。《万叶集》中所追求的纯朴的自然美、哀婉纯美的唯美色彩就是基于这种审美意识。"物哀"是对这种审美意识的升华，它既是一种真实的感动情绪，也是充满感伤性的审美情趣，还带有一种深沉的哲理般的感触。"物哀"注重一种瞬间性的感受，是人们在接触事物时不由自主的、纯感性的、至性至情的感动，它对大自然的体悟是细微、纤细、敏锐的。这种瞬间性的心灵颤动是生命个体对大自然和世态人事的独到体察。它既能撩拨情怀给人以感动，也能直问人心见其真实。

"真心"概念的提出，使得日本真实的文学思想形成，这是一种人的自觉，也是文学的自觉，这也促使在情感表现中从以关注民族共同体还原到追求个人自身情感的真实感动，原始的情绪性的感动也逐渐上升为充满理性的情趣化的追求。贯穿于日本和歌中的就是"真心"。和歌起源于朴素的男女恋歌，是人对恋情的真实感动，所谓"恋心"，强调了歌的本质在于"心"。这种对真实情感的直接抒发，孕育并形成了和歌的"真实"思想，构成这种思想形成的背景是日本本土的神道教。日本神道一个显著的特点是它的"现世性"，即强调神就存在于日常生活中，自然界的山和草木等都是神，人们可以用心灵去体会和感悟神思。神道是以"诚"为本，"诚之心"即"真心"，"以心为本"成为和歌的本质。"心"的内涵从一种原始的感性的情绪化逐渐演变为具有理性观照的情趣化的感动，并附着于客观对象物形成了"物哀"审美范畴。"物哀"具有深刻的精神性，"哀"作为内心真实的感动是以对客观对象怀有朴素而深厚的情感作为基础的，当"哀"的主观情感投入客观物象之中，它就从一种主观上的情绪性推移到对对象物的情趣性的感动上。当然"物"的概念是宽泛的，它是自然之物，也是人，同时也包括社会世相和人情世故。这种理性上的审美观照是主观和客观调和的产物，是一种真实情感，是充满理性的审美情趣。这种"物哀之心"更为广泛，它的精神性也更为深刻。

在幽玄正式成为审美意识的一种范式之前，"真实"（诚）与"物哀"作为日本古典美学的典范被文人武士所崇尚。"真实"指融合世间一切美好真实的事物，包括真心、真言和真事等，也就是说世间的万事万物都有着真实的感性美，只有以真情实意去感知方能体悟其中之美，要能够"求真不移"。歌集《万叶集》就是以"真实"为基础的；公元905年纪贯之编撰的《古今和歌集》以及后来的《新撰和歌集》从审美角度阐明了"真实"的内在性，指出比起"华丽的辞藻"，内容的真切和实在是最重要的，这为日本民族的审美传统打下了思想基础，并影响和促进了日本民族审美意识的追求。长篇小说《源氏物语》不仅肯定了这种真实性，而且还将其提升到人性角度，强调了人性和文性的一致性，这对日本民族的审美追求产生了影响。在这篇小说中提出"哀"这样的一个观念，继而发展为"物哀"审美意识。"哀"最初是与"真实"共生的，随着发展它所表现出来的审美意识似乎比"真实"更加原始，更加率真，同时也从过去集体咏叹的追求逐渐过渡为个人情感的单纯感动和怨叹。"物哀就是善于体味事物的情趣，并感到渗入心灵的事，这是一种调和了的感情之美，也是平安时代的人生和文学的理想。"①

"物哀"经过紫式部的文学表现和本居宣长的理论归纳，使得浪漫与自然本位融合起来。"物哀"的写实是基于道家自然本位说的，这个自然既是自然界中的自然，也是指发自内心的自然之物，"物哀"之美即是内心真实情感的自然流露。"物哀"的浪漫是基于佛教心性说创作而成的。原始神道教中生长出的"真"、"诚"审美观受佛教无常观的影响被衍化为

---

① 叶渭渠：《樱花之国》，上海文艺出版社2002年版，第136页。

一种"物哀"精神，他们因人生的无常而感到悲哀，并因沉浸于悲哀中而感到安慰，无常让他们感受到的是一种情趣、一种美的极致。他们不试图超脱这种无常，在因无常而伤感的同时，也乐于沉浸在这种悲哀之中。"物哀"是自然的感情，也是真实的感情，它是佛教之无常观和神道之自然本性融合的产物，是超越是非善恶的唯美感受。

三　自然审美之情趣

东方民族主张人与自然的融合，强调和谐，提倡随顺。在东方民族的艺术和审美文化中，对自然生命的赞美和讴歌成了一个重要的话题，这尤以中国与日本为代表，特别表现在美学思想上，更是体现在"物感"与"物哀"两个审美理念之中。

中国人在亲和自然中其自然品性总是与"素"、"朴"相连，体现出自然天性与人的纯真品性相融合的美，这种美"要求自身与自然合为一体，希望从自然中吮吸灵感或了悟，来摆脱人事的羁縻，获取心灵的解放。千秋永在的自然山水高于转瞬即逝的人世豪华，顺应自然胜过人工造作，丘园泉石长久于院落笙歌"。① 它追求和实现的是一种"神与物游"、"物我两忘"的审美理想。所谓"物"有所"感"，体现在人们追求一种主客观的平衡和人与自然的和睦相处，追求一种天人感应的效果。在这样的过程中，人们常常以感情悟物，进而使自然万物人格化，以达到"天人合一"的境界。进入"天人合一"之境界需要人不断提高自我之修养，将自然融入自我感悟之中，以审美的方式欣赏自然，这种方式既不是主体照搬客体，也不是对客体的强加，而是自我融入大自然的一种自觉，是"内情"与"外物"的协调统一，人与自然永远是相依相伴的。同时自然物被赋予了一定的人格之美，它所体现出的人格精神，使得人自身的品格与自然客观物的属性统一起来，自然物中蕴含着审美主体的情感。

中国文人充满着对自然的抚爱关切，但又体现出抽象的、形而上学层面的精神思索，与天地相通，超脱又洒落。它往往是通过具体的物象，但又不拘泥于具体的物象细节上，而是通过具有象征意味的事物，将心底深处的愁绪弥漫于主体与天地物象之间，以言有尽而意无穷的意境之美给予

---

① 李泽厚：《美的历程》，文物出版社1981年版，第169页。

人游目骋怀的遐想空间。"自然造化的微妙的机趣流荡的生机与人内在生命勃勃不息的流转是相通的，生命—艺术（审美体验）—自然在本质上是一种异质同构的关系。"[①] 文人在感悟于山川草木、世态物象等自然之基础上所生发出的是一种"心物感应"的自然观。

日本民族的审美是主情的，东方的虚无色彩和淡淡的哀愁及感伤体现在其传统美的表达之中，表现出清新、自然、质朴之品味独特的美感。对情感的尽力捕捉是日本文学源远流长的一大传统，制"景"是为了渲"情"，丰富多彩、瞬息万变的大自然就成为他们情感的寄托，人类复杂的情感借自然风物而尽情展现其纤细和余情。在这种情景交融的状态中，又能达到对物、情自身存在的超越，最终成为象外之象、情外之韵，是充满更高层次的余情幽玄之美。可以说大自然是日本美，尤其是"物哀"理念的缘起之物。

我们从日本古典文学作品中可以发现，无论是汉诗、和歌还是俳句，大多都倾情于对大自然的绘景状物，这或许是大自然的灵韵契合于和歌等文学艺术的风神美质。花开花落、四季分明的岛国自然风景使得日本人对山川风物怀有特殊而又敏感的情感，与大自然的长期亲和相处又形成了他们敬爱自然的深层文化民族心理，极强的自然感悟不仅成为他们进行精神内省的重要方式，也是其审美活动和日常文化活动的重要内容。他们把自己的主观情绪融入大自然之造化中，使得大自然焕发出勃勃之生机和灵气。在四季景物的变化中感受着情感的纤细和灵动，"春花秋月夏杜鹃，冬雪寂寂溢清寒"是日本古典审美意识钟情于大自然的主要表现特征。在投入和沉醉于大自然中能够保持着深切的感悟，并给予自然景境以深切的体味，使得大自然尽管因情感的投注而呈现出生命律动和气韵，但它又没有消解自身固有的自然性特质，自然既是人的感性认知对象，又成为人们寻求人生之趣和感悟生活的审美对象。在那些对大自然描写的和歌等作品中，已经从形而下的客观描摹提升到形而上的、带有主观心绪的审美空间。

日本民族对大自然的体验素来就比较敏感、细腻，他们以自然物来象征人心之真情，一花一草都能拨动他们敏感的心弦。也可以说是以真情来

---

① 胡立新、黄念然：《中国古代文艺思想的现代阐释》，中国社会出版社 2004 年版，第 74 页。

揭示花草树木之心，体验残月、薄雪、枯枝、红叶之美，在这种过程之中传达出淡淡的感伤情绪。东山魁夷认为日本人一直在把握大自然的生命，通过这种把握来直感地捕捉人的内心深层的东西。川端康成认为："广袤的大自然是神圣的领域……凡是高岳、深山、瀑布、泉水、岩石，连老树都是神灵的化身。""在这种风土，这种大自然中，也孕育着日本人的精神和生活、艺术和宗教。"① 也许对于日本人来说，自然就是神，人是自然的一部分，人要与自然共生。对自然特有的亲和情感让他们感受到人与自然和谐相处的重要性，他们与中国人一样倡导天人合一，追求着"天人感应"境界。

在日本人的心目中，自然界的"物"与主观之"心"之间存在着一种同形感应关系，自然风物与人都是作为有生命的感性物体，有着情感活动上的相通和互渗，在进行着有生命意识的交流和互渗。人们把人之生命与自然风物的随季荣枯联系在一起，以季节流变来表达人生无常的喟叹。在自然风物进入人的审美观照中时，它作为一种情感形式自身就具有着情感律动，"物"出发"心"，"心"投射于"物"，这样对日本人来说，风花雪月就是人情感的表达，"梅引起人们的优美感，雨表达沉静，秋月引起感伤，大和魂使人想起野梅花，小鸟叫使人想念父母，等等"②。这种同形感应关系形成并积淀为日本民族的深层审美心理，并表现出它的独特性。"物哀"就是日本民族对自然景物与人的情感之间的同形感应关系的一种审美理解，它作为一种审美意识"起源于对自然美的感悟，具体地说就是对森林植物的生命姿态和日月星辰风花雪雾等自然物的同情和欣赏。这些自然物生命形态、色彩的变化导致了人们对季节变化的深切感受和生命本质的理解"③。它包含着对大自然的接触，有着对自然美的感伤，但它这种感伤非一般纯感伤性的感情，是多种情感交织后的一种真实的感情，是对自然景物的细致感受。实际上自然景物本只是一种客观存在，无所谓乐还是哀，"本无成见"，只是观者心境不同，才会有人觉得"优艳"，有人觉得"凄凉"。

① ［日］川端康成：《川端康成散文选》，叶渭渠译，百花文艺出版社1988年版，第273页。
② 吕元明：《日本文学史》，吉林人民出版社1987年版，第399页。
③ 邱紫华、王文戈：《日本美学范畴的文化阐释》，《华中师范大学学报》（人文社会科学版）2001年第1期。

"物哀"中所体现出的自然美是在人与自然的审美关系中发生的，这种观点与黑格尔认为自然美是人的心灵或人的理念的反映强加于自然物的观点相通，它是一种受主观情绪影响的美感，这也构成了"物哀"审美理念的重要基础。自然景物的荣枯变化实际上映衬着社会的兴衰变迁，从刘勰《文心雕龙》之《物色》篇中的"岁有其物，物有其容，情以物迁，辞以情发"能够看出自然景物的艺术表现力。无论春光、繁花，还是秋雨、落叶都象征着社会盛衰荣辱的变迁，不同景物的不同美感象征着不同人物的性格与命运。当然只有具有一定文化素养的人才能引起对自然风物、人生世相的感悟，并产生出一种纤细、优雅、哀婉、凄清的审美情趣，情感倾向上追求悲哀、忧愁之情。

综上，"物感"作为一种建立在哲理观念上的美学理论，它立足于"天人合一"的哲理观，着眼于天地万物与人的审美感情的关系，展开在观照外物基础上的想象——意象活动，本着"言志"的情理合一的原则，表现多样性的感情。"物哀"是一种建立在直观感受上的美学理论，流连于身边眼前的景物事象，多是多情善感的人在恋情活动中触物有感，产生悲忧愁怨的心情，发而为咏叹。

从艺术创作论方面来思考，"物感"在艺术创作中与构思想象联系密切，除了外在的物象，它更侧重于意象——物象与心志感情化合了的"意象"，来促发审美情感与想象的展开，从而能够"立象以尽意"。"物哀"亲近于外在的物象，由亲见之景、亲历之事而萌动出对具体生活情景中的情趣，从而感物触情，它更贴近于现实生活。

在情感的表达上，"物感"中的情感具有更为广阔多样的内容和色调，因为它有更深厚的历史和意识积淀为背景，有更为多样的社会生活为舞台，所以它的感情表达与哲理思考、理性意识相关联，注重情理统一，并体现为一种宽泛的对多样性和丰富性的包容。而"物哀"在表现多样性和丰富性的同时，突出悲哀之情，其中更以恋情、哀思见长，感情的表达上也更为单纯、细腻、委婉。特别是在表现女性的柔和、柔弱等特质时更为突出，正所谓文柔之心、柔弱之情，才是人的真心真情。

"物感"中的"调和"性也使其在感情表现上比较适度，正如本居宣长所解释的那样，是一种感性的美，是一种依赖人的直觉、靠心来感受的美，是一种调和了的感性的美。虽然儒家"和"的思想很早就给了日本文化以影响，"'和'是日本人所追求的一种精神境界，同时也是日本文化中的一个极为重要的内容"①。"'物哀'与'和'的精神是十分相通的。"②但后来日本渐渐受佛教文化的影响，使得"物哀"之情表现出深重的佛教意味，这种意味成了日本文学的一种特征，一种区别于中国古代文学的特质。这种物哀精神让人既在内省中痛苦，又在虚幻中欢乐，这也使它更显哀怨。而"物感"受儒家中庸思想的影响，表现出"中和"美的意识，相比较在感情表现上更为平和，也更具理性色彩。反映在文学上更注重道德劝诫、伦理说教，对一切事物追求道德主义和合理主义。"物哀"是一种高于仁义道德的人格修养，特别表现在情感修养上，这是它的独特价值所在，所以"物哀"理念既是文学审美论，也是一种人生修养论。

"物哀"作为平安王朝时代以宫廷贵族的审美趣味为主导的审美思潮，它是立足于自身文化系统下所形成的审美范畴，可以说是日本古典审美意识的精髓表现，不把握"物哀"说就难以理解和认识日本审美的民族特色。"物哀"不仅是对日本民族特色审美观念的概括与总结，也是其民族文学独立性的标志。它完全颠覆了建立在中国传统儒家道德学说基础上的"劝善扬恶"论，也摆脱了长期以来对中国文学的依附，有很高的理论价值。

日本文论本身就有着悠久的传统和厚重的积淀，它在本民族文学创作实践的基础上，形成了一系列独特的文论概念和审美范畴。当然由于他们大量援引中国文学创作和审美实践中的概念，或多或少地受到了中国传统文化的影响，但是由于日本民族本身所具有的纯粹与摄取的意识，经过日本人的改造，使得他们确立了自身的理论体系，产生了本土审美范畴，其中就包括"物哀"理念。"物哀"按照中国的理解就是"感物兴叹"，当然它的微妙蕴含需要在真正接触日本文艺作品时才能深刻地体悟到。"物哀"所承载的民族文学和审美意识的重要性，远高于"物感"在中国传统文化和审美意识中的价值。

"物感"与"物哀"与西方表达感情状态的审美范畴是不同的，如柏拉图的"灵感说"与"迷狂说"，虽然它们都与创作者的情感状态有关，

---

① 北京大学日本文化研究所：《日本语言文化论集》，北京大学出版社1998年版，第125页。
② 同上书，第127页。

或者说是与创作者的驱动力和创作缘起有关，但西方的"灵感说"与"迷狂说"解释的是诗人创作的奥秘，而且充满着神秘主义色彩。而东方的"物感"与"物哀"两个概念则来自对现实世界的真实感受，强调的是对自然万物的感情与感受，在感悟兴叹、触物生情中获得一种美感，它们不是宗教性的、充满神秘色彩的、带有普遍性的感情，而是非常个人化、真实化的感受。

"物感"与"物哀"也不同于西方的"移情论"。移情论是西方近代一种美学思想，它主张人作为主体在观照世界万物时，将情感移入到客观对象中去，使对象获得主体的感情投射，从而产生审美影响。"移情论"虽然也认为是人对物的情感的投射，但它的逻辑前提是物本无情，也无所谓审美价值，它的美是通过人的移情而被赋予的，心与物之间不是一种平等对话关系，而是物被人征服之后的同一，人作为主体起着绝对的支配作用，由人及物，高扬自我。它的理论基础是西方的主客对立的二元立场，心与物处于一种二元对立的状态。"物感"与"物哀"的逻辑前提是物作为一个独立体，它本身就是有情感的，在由物及人的过程中，强调主体的自我消解并主动融入自然事物之中，而一旦心物互渗，就处于交感互构的双向运动中，主体就会因触物有感而欣然动情，因此"物感"与"物哀"强调的是融心于物。这是由于东西方民族文化的差异而带来的主客关系的不同，当然从精神活动上来看，它们也是有着相通性的。

从"物哀"和"物感"两个不同国度的审美范畴的比较中，我们注意到，"物哀"是受到中国"物感"说的深刻影响而出现的。因为"物感"说出现较早，而且关于"物感"说的一些论述都是把自然万物与人的各种复杂情绪联系起来，所谓感物而动，人情与万物互渗，人的真情是自然万物催发而生，自然之道借人之情绪得以表现。可以说，中国的"物感"说对日本的"物哀"观念有着直接影响，从此也可以认为日本的文学创作始终没有脱离过中国文学的引导和影响，在很大程度上是如影随形的关系。以白居易的《长恨歌》对《源氏物语》的影响为例，白居易在描写唐玄宗与杨玉环的悲欢离合时，突出他们的相思之苦，发出悲叹。而《源氏物语》在描写主人公的恋情经历时，与《长恨歌》的情调是一致的，是神形相通的，也是重在突出他们的感伤之情。只不过《长恨歌》比《源氏物语》多了"讽喻"意味，而《源氏物语》中的"物哀"表现让人充满了同情。

　　"物哀"与"物感"两个美学范畴虽有各自不同的内涵，但二者的共同点是都把事物形象与内在感情进行交融，物象触发情感，情感移注于物象，达到情景融会的审美体验，这也说明东方美学与西方美学的不同。西方美学更多地关注客观的"物"，而东方美学不仅关注"物"，更侧重于主观的"情"，并使情物交融，达到更深境界的审美体验。

第　四　章

"神韵"与"幽玄"

印度现代学者尼尔默拉说："西方艺术思想的中心范畴是'美'，遥远的日本艺术思想集中体现在'幽玄'上，中国艺术思想的一个重要概念是'神韵'，而印度艺术思想的独特探索是'味'。"[①] 日本学者谷山茂也认为"幽玄"与中国的"神韵"说相似。"神韵"和"幽玄"不仅能够代表各自民族的审美特色，而且同时也符合比较诗学研究中的可比性原则。它们在各自民族的审美意识中不仅占有比较重要的地位，而且有共同的理论渊源和精神源头——禅宗，并都爱选取和描绘朦胧、幽静的景色，借景抒情，注重"韵味"、"余情"，追求意在言外的含蓄之美。但是它们在审美趣味上又是有差异的，"神韵"偏重于平淡清远，"幽玄"倾向于幽深闲寂，追求一种神秘之美。并且由于"幽玄"没有先行理论作为基础，发展历程比较长，因而理论的内涵和外延都出现一些波动。

第一节　"神韵"的历史流变和审美指向

"神韵"在中国古典美学史上，无疑是一个异常重要的审美范畴。它最先出现在魏晋南北朝的人物品评之中，作为当时士人群体性的审美心理和审美感受，是一种标识人的精神面貌和社会文化性质的审美时尚。后来，"神韵"由人物品评移用于画论，才正式成为艺术范畴和艺术美追求的理想目标。在"神韵"由画论逐渐扩及于诗文评时，从唐末司空图的

---

① 转引自倪培耕《印度味论诗学》，漓江出版社1997年版，第2页。

《诗品》，到宋代严羽的《沧浪诗话》、范温的《潜溪诗眼》，直到王士禛把"神韵"作为一种富有民族特色的诗歌艺术境界加以提倡，"神韵"形成了自己的诗歌美学体系，体现了中国艺术审美具有民族特色的美学风貌。"神韵"所表现出的"不著一字，尽得风流"的诗境，"意在言外"的"韵味"之美，"韵外之致"或"味外之旨"的审美内涵，清远淡雅的风格，传达给读者以含蓄蕴藉、寻绎不尽的美感。

　　"神韵"的滥觞可一直追溯到"比兴"。"比兴"是古人对《诗经》创作经验的总结，也是古人最早意识到人与自然之间所存在的审美关系，比的本质是"因物喻志"，借某物以暗喻作者情志；兴的本质是触物起兴，刘勰的《文心雕龙》中之《神思》篇有"思理为妙，神与物游"、"登山则情满于山，观海则意溢于海，我才之多少，将与风云而并驱矣"。这些都注重了人与自然客观物象的交流，之后钟嵘又有"文已尽而意有余，兴也"（《诗品·总论》）。这就将兴与滋味说连接起来，同时也构成了"神韵"的起端。唐代殷璠在《河岳英灵集》中提出"兴象"概念，将兴与意象联系起来，使物我二者关系再次融合。唐末司空图发展出"韵味"说，成长为"神韵"的核心。严羽将"兴"论推向高峰，提出"兴趣"说，只不过侧重点偏向于创作主体方面，而有别于偏向鉴赏层面的"韵味"说。但严羽的"兴趣"说与司空图的"韵味"说其实一脉相承，都是强调诗歌的情感表达要有韵味。继司空图、严羽之后，清初诗人王士禛是倡导"神韵"理论的又一位大家，但他虽标举"神韵"，却并未作系统阐述，平生只"拈出'神韵'"二字，并提出"兴会神到"一说。

　　司空图、严羽和王士禛作为生活于不同时代但又都倾心于神韵的审美者通过自己的心灵远游，从理论层面总结了其心灵上的体验。司空图是"把神韵的极致凝聚在'意境'范畴中，从而使人们认识到审美主客体关系从不和谐归于和谐的演变，特别是使人们认识到作为中国民族性格的历代高蹈文人的自我外化和人格化的精神构制的形成和实质"[①]。他的"味外之味"主要是指意境的含蓄，是以境为基础的，其美学观点与来自道家的"得意忘言"的哲学观点是密切联系的。同时，禅宗的"不立文字"也玄化了"味外之味"的本质。发展了司空图神韵理论的严羽，虽不像司空图

那样倾心于审美主客体的和谐、统一，但他突出了作为创作主体的诗人的"兴趣"，把审美情趣看成诗歌神韵的主要渊源。他的特点是在审美探求中有所发现，惯于强调诗歌创作要"伫兴而就"，用佛家的"寂照"去观察和体验一刹那间的深微现象。严羽神韵理论的哲学基础并非单一的禅宗，在《沧浪诗话》中不仅发现了禅宗，也发现了道家。严羽不仅仅是"以禅喻诗"，同时也是以老、庄喻诗。王士祯更是在极大程度上受了老、庄思想的影响，他要用以老、庄为主要渊源的"玄趣"去游山玩水，作画题诗，从山水中找寻逍遥的自我。加之严羽"以禅喻诗"的影响，使得他的神韵理论混合着禅趣和玄趣。因此"神韵"范畴的形成不仅包括儒家思想所起的潜在作用，更能从老庄思想和佛学中找到其基础和关键性的引发因素。"在中国古代文艺思想和文学理论发展史上，佛老合流之最典型的表现，大约就是司空图、严羽、王士祯一派的诗歌理论。"[①] 他们把道家的冲淡恬静精神与佛家提倡的空寂心境融而为一。

　　道家思想的影响其实体现在对魏晋玄学精神的吸收上，魏晋玄学重意略形，这种精神对"神韵"产生了影响。魏晋时期有关于形神、言意、象意等问题的探讨，王弼关于言、象、意的关系讲得非常精辟：

　　　　夫象者，出意者也，言者，明象者也。尽意莫若象，尽象莫若言。言生于象，故可寻言以观象，象生于意，故可寻象以观意。意以象尽，象以言著，故言者所以明象，得象而忘言，象者所以存意，得意而忘象。犹蹄者所以在兔，得兔而忘蹄，荃者所以在鱼，得鱼而忘荃也。然则言者，象之蹄也，象者，意之荃也；是故存言者非得象者也，存象者非得意者也。象生于意，而存象焉，则所存者乃非其象也；言生于象，而存言焉，则所存者乃非其言也。然则忘象者乃得意者也，忘言者乃得象者也。得意在忘象，得象在忘言。故立象以尽意，而象可忘也；重画以尽情，而画可忘也。

　　　　　　　　　　　　　　　　　　　　　　　　《周易略例·明象》

　　先秦《庄子·外物篇》中有"言者所以在意，得意而忘言"，提到了

──────────

　　① 张少康：《古典文艺美学论稿》，中国社会科学出版社 1988 年版，第 2 页。

言与意的关系，表达了意在言外的意思，而这段话将其扩展，论述了言、象、意的关系。象是指事物的外形，意义在于表达某种精神内涵，言是作为工具，意是重心，强调了意的重要，进而开始对形神关系的探讨。"神韵"虽然是通过意象的世界表达出来，但它所传达出来的美感却在意象世界之外。意象的世界作为一种形是相对固定的，但"神"是活的，"韵"是品的，"神韵"所显现出的意蕴是流动变化的，这是"神韵"的魅力所在，也可以说是中国古典美学思想所追求的精髓所在。

魏晋玄学对"神韵"产生了直接影响，也使得"神韵"刻上了魏晋精神深深的烙印。玄学即新的历史条件下的道家哲学，随着魏晋精神的深入，人们从抽象的玄学思想逐渐转向对自然山水的关注。在魏晋士人看来，自然山水已不是简单的物质性的客观存在，也不仅是风流文人的闲情逸致、风花雪月，而是一个充满意蕴的精神依托，对自然山水的审美观照实际上是对自我本性的体认。这种自然观源头上要追溯到老庄思想，道家所追求的审美超越及人生态度正是与"神韵"的美学追求相一致的。这种超越有别于儒家关注现实、执着现实的文艺观，它能让审美主体从狭隘的现实感受中超脱出来，在一种更高的境界中获得审美感受。这种追求超越的精神也成为中国文化精神不可或缺的一个要素，当然佛学中的禅宗对"神韵"的影响最大。

禅宗在唐代以后对中国文化的影响是广泛而深刻的，对诗学的影响同样如此，特别是在诗歌创作领域。金代元好问曾说："诗为禅家添花锦，禅是诗家切玉刀。"（《赠嵩山侍者学诗》）禅宗重在旨意的领悟。禅宗强调顿悟，也就是瞬间的领悟，重在一个"顿"字，这类似于"神韵"所追求的"兴会神到"。严羽曾讲过"禅道惟在妙悟，诗道亦在妙悟"，王士祯认可这种观点，但他同时认为诗禅相似之处不仅仅在悟，而且还在顿。严羽在《沧浪诗话》中标明以禅喻诗，王士祯提出诗禅一致："舍筏登岸，禅家以为悟境，诗家以为化境。诗禅一致，等无差别。"（《香祖笔记》卷八）"舍筏登岸"就是得意忘言的意思，即比喻不著一字，不露痕迹。诗禅一致等于把严羽的以禅喻诗推到极致，其实是表达一种超越的情感，这种超越不仅是对现实自然世界的超越，也是对内在自我的超越。等同于禅宗在顿悟、禅定之后所获得的身心上的解脱，看来在超越这一点上诗禅是一致的。人只有超越现实世俗，方能追求宁静致远、闲适淡泊之情怀，体悟禅悦山水之趣味。

总之，道家思想和佛学思想赋予了"神韵"范畴更多的哲学和美学上的深度，成为"神韵"的精神源头，王士禛也认为庄学与禅宗有许多比较接近甚至不谋而合的观点，他说过"庄子与释氏不甚相远"（《香祖笔记》卷十）。庄、禅都反对遵循人为的法规而强调直觉的重要性，这一点对"神韵"诗学创作有启发作用，同时也更鲜明地体现出本民族所拥有的独特和鲜明的民族特色和审美特质。

一 "神韵"的历史流程

对于"神韵"的研究和诠释，真是言人人殊。研究者或以"神韵"为韵外之致、味外之味；或认为"神韵"即传神；有的以作者个性的表现为"神韵"；有的则把"神韵"归之为境界高远，语言含蓄，等等。诠释中有翁方纲的"泛神韵论"，认为"神韵"是彻上彻下无所不在的；郭绍虞认为"神韵"即"韵"："实则渔洋所谓神韵，单言之也只一'韵'字而已。"；敏泽在《中国文学理论批评史》（下册）中关于"神韵"认为"有时是指创作上和形似、形式等相对应的内在的神似、气韵、风神等一类的东西"，"有时它又是指创作中那种在内容上以写景为特点，在风格上比较清新，富有诗情画意的气氛和境界"。蔡钟翔在《中国文学理论史》中则认为"神韵"是一种"古淡清远的意境"；吴调公在其《神韵论》总论中强调"神韵的主要内涵是指诗味的清逸淡远"，而"神韵说的理论构成，在于综合诗画两种艺术规律而为一体"[1]。钱钟书更是将"神韵"视为"诗中最高境界"，"优游痛快，各有神韵"[2]。这些解释各有其妙，均触及了"神韵"某一方面的特点。事实上，连力主"神韵"说的代表性人物王士禛，也没有对"神韵"这一范畴作过直接、明晰、全面的阐述。为辨明"神韵"范畴的实质，需从历史上对这一范畴作一梳理。

"神韵"作为一个审美范畴，其内涵相当丰富和复杂。而作为一个术语，一种审美标准，它又最先出现在魏晋南北朝的人物品评之中，用以品评人的风度、气韵。如《宋书·王敬弘传》云"敬弘神韵冲简，识宇标

---

① 吴调公：《神韵论》，人民文学出版社1991年版，第229页。
② 周振甫、冀勤：《钱钟书〈谈艺录〉读本》，上海教育出版社1992年版。

峻"(《宋书》卷六十六)形容王敬弘，梁武帝《赠萧子显诏》谓萧子显"神韵峻举"(《全梁文》卷四)，此时的"神韵"指的是人物的神采风度。后来，"神韵"由人物品评移用于画论，东晋顾恺之在人物画论中提出"以形写神"、"传神写照"，首次确立了"传神"之观念。南齐谢赫在《古画品录》中提出"气韵生动"作为绘画"六法"中最为关键之一法，其中"气"略同于"气力"、"神气"，"韵"则略同于"神韵"、"情韵"。① 他将"神韵"引入艺术品评之中，不乏深度地体现了它的实质性内涵。

谢赫在《古画品录》中对"第二品"中第一人顾骏之这样评价："神韵气力，不逮前贤，精微谨细，有过往哲。"② 这里的"神韵气力"是指绘画中由线条勾勒所显示出来的一种灵动飞扬，一种内在的活力、力量感和飘逸感。他认为顾骏之画中所描绘的对象缺少内在的生命活力和灵性，不能给人以栩栩如生、跃然纸上的感觉。谢赫的这种品评是将作品的艺术质量和艺术家本身结合在一起，将艺术创造的成熟技巧与内在的生命感结合在一起，实质上在这里已将"神韵"视为人的生命意识与艺术创造的一种内在融合。这也是"神韵"作为审美范畴的本质所在。

后来"神韵"由画论逐渐扩及于诗文评。诗文评之最初接触到"神韵"要求的，是唐末司空图的《诗品》，到宋代严羽的《沧浪诗话》，特别是到范温的《潜溪诗眼》，这个转折才算完成。《潜溪诗眼》对"神韵"的内涵曾作过详尽而周到的论述，明代胡应麟也在《诗薮》中说："矜持于句格，则面目可憎；架叠于篇章，则神韵都绝。"从以上诸例可知，"神韵"用于品画，指形外之神；用于评诗，指言外之意。故杨慎曾说："东坡先生诗曰：'论画以形似，见以儿童邻；赋诗必此诗，定非知诗人。'此言画贵神，诗贵韵也。"③ 总之，诗论中的"神韵"二字，就是指物象之上、言词之外的意味，当然这还只是"神韵"这一概念的最基本含义。

"神韵"作为一种审美范畴，在审美文化的三个主要部类——书法、绘画和诗赋文章已相当成熟的魏晋南北朝时期，在当时的艺术创造上得到了有意识的追求和运用。它所表征出来的生命意识、这种生命意识本身的

---

① 成复旺：《中国古代的人气与美学》，中国人民大学出版社 1992 年版，第 245 页。
② 俞剑华：《中国画论类编》，人民美术出版社 1986 年版，第 357 页。
③ (明)杨慎：《论诗画》，《升庵诗话》(卷十三)。

美和它创造美、点化美的内在能力,不仅得到了艺术家的理解、领悟,还被他们在艺术创造中加以自觉运用。所谓"晋书神韵潇洒",实质上就是一种生命意识在书法领域中表现出的风神韵致之美。它以一种纯粹的审美态度、以对美的超越性的追求,尽情地表现一种线条运动的动态美和线条构织的静态美,这种动静之美的完美融合实质上正是书家之气质、心态、灵性等生命状态的呈现,是他们的生命意识、生命韵致的贯通注入。人们在这种审美活动中,体味、追求着生命情调的那种"潇洒蕴藉","神韵"也就很自然地成为在书法艺术上得到强调的基本审美特征。

在绘画领域中,谢赫的《古画品录》中提出的"气韵生动"实质上已经揭示了绘画由实用性的"传神"向人生意绪的"神韵"的过渡,它在根本上转变为一种画家主体精神气质的呈现和运用。特别是山水画,它最能体现中国绘画自身的特质——表现"神韵"的基本审美心理和美的标准。谢赫开创了用"神韵气力"品画的先河,此时的"神韵"与"气韵"是通用的。宋代郭熙、郭思父子撰写的《林泉高致》中提出:"山水有可行者,有可望者,有可游者,有可居者,画凡至此,皆入妙品;但可行可望不如可居可游之为得。"这"山水四可"艺术化地体现了生命意识和精神自由的要求。明代薛冈所说的"画中惟山水义理深远,而意趣无穷"(《天爵堂笔记》)更突出山水画能充分地、淋漓尽致地表现"高人逸士"的深远义理、无穷意趣。这种绘画审美,无论人物山水,所重者都是个中的情调个性和清远、通达、放旷之美,所以它能"神形相融",在"绘画里表现出来,这即是气韵的韵"①。所以,局限于人物画创作中的"传神"势必就向山水画中的"神韵"转移了,这种观念的嬗递,向我们勾画了中国绘画艺术由重"形"到重"神",重主体生命意识的注入和散发,再发展到"韵"的转化过程。这种过程使得中国绘画艺术凭借着"神韵"区别于西方写实性绘画,并得以富有个性地发展,同时也促进了"神韵"作为一个审美范畴的出现和成熟。

从以上所述可以看出书法和绘画对于"神韵"审美范畴形成所产生的影响,而"神韵"作为一种审美意识和美的标准,则更多地体现于诗歌的创作和发展中。它的源头可以追溯到南朝。南朝时期比较突出的是诗歌理

---

① 徐复观:《中国艺术精神》,春风文艺出版社1987年版,第152页。

论，中国第一部诗学专著《诗品》即出现在这个时期。王士祯曾说过："余于古人论诗，最喜钟嵘《诗品》、严羽《诗话》、徐祯卿《谈艺录》。""钟嵘《诗品》，余少时深喜之。"（《渔洋诗话》）钟嵘的《诗品》在神韵的发展体系中占有不同寻常的地位，其中的"滋味说"是它的重要贡献。《诗品》的总论中有：

> 五言居文词之要，是众作之有滋味者也，故云会于流俗。岂不以指事造形，穷情写物，最为详切者耶！故诗有三义焉，一曰兴、二曰比，三曰赋。文已尽而意有余，兴也；因物喻志，比也；直书其事，寓言写物，赋也。宏斯三义，酌而用之，干之以风力，润之以丹采，使味之者无极，闻之者动心，是诗之至也。

这里的"滋味"是钟嵘提出的一个重要诗学理念，"以味言诗"也成了其诗学的一大特色。主要表现为：一强调抒情，以味言诗妙在"穷情写物"而直达心怀。二是以"兴"来释"意在言外"之味，这样就能"使味之者无极，闻之者动心"，强化余味之美。钟嵘所提出的"是众作之有滋味者也"，弥补了谢赫的不足，强调了诗歌除了生动传神还要有韵味。

自唐代开始，"神韵"的审美内涵在诗论领域内得到极大的发展。中唐时期，诗僧皎然关于诗歌批评的专著《诗式》有关于"文外重旨"的论述：

> 两重意已上，皆文外之旨，若遇高手如康乐公，览而察之，但见性情，不睹文字，盖诣道之极也。

《诗式》卷一

这里的"两重意已上"是指意在言外、情在景中、超乎语言之外的意思，可以说就是唐末司空图所讲的"味外之味"，"但见性情，不睹文字"又有些接近于"不著一字，尽得风流"了。皎然的"文外重旨"实际上在钟嵘和司空图之间起到了承上启下的作用。

唐末司空图的"韵味"说就是在对唐代及其以前的山水诗创作实践进行总结的基础上提出的。司空图是诗歌理论史上对清代王士祯影响比较大的一个人物，他认为诗歌要达到艺术极致，必须具有"韵外之致"或"味外之旨"，传达给读者含蓄蕴藉、寻绎不尽的美感。也就是说他的诗论核心是"味外味"说。在《与李生论诗书》中，他有一段著名的论述：

> 文之难，而诗尤难。古今之喻多矣，愚以为辨于味而后可以言诗也。江岭之南，凡是资于适口者，若醋，非不酸也，止于酸而已；若盐，非不咸也，止于咸而已。中华之人所以充饥而遽辍者，知其咸酸之外，醇美者有所乏耳。彼江岭之人，习之而不辨也，宜哉……噫！近而不浮，远而不尽，然后可以言韵外之致耳……足下之诗，时辈固有难色，倘复以全美为上，即知味外之旨矣。

司空图提出"辨于味而后可以言诗"，以味言诗，实际上本之于南朝的钟嵘，但司空图强调"味外味"。所谓"味外味"，就是味外之旨，也就是诗歌有表面上文字意义上的和隐含的文字意义之外的两重意义，即酸、咸之味与醇美之味，这契合于中国古典诗歌借他物以喻所言之事、追求委婉、含蓄的特点。

司空图在《二十四诗品》中，以诗的境界论诗，并与理论结合在一起，使理论蕴藏在境界之中，是一部充满诗化色彩的理论著作。在这部著作中，他从艺术鉴赏的角度具体印证了味外之旨，充分显现味外之旨的内涵。司空图在《诗品》中将诗的风格划分为二十四种类型，也称二十四品，当代吴调公在《神韵论》中将其划分为三个层次，第一个层次是美学范畴，包括雄浑、冲淡、高古、典雅、自然、豪放等，这是指作品的审美境界；第二个层次是艺术素养和写作技巧，主要指创作方法，如精神、实境、形容等；第三个层次是指语言风格，比如洗练。司空图是在继承前人对诗歌风格划分的基础上，提出了自己的美学理想，就是如何来构建味外之旨的艺术境界。他关于"含蓄"一品有言："不著一字，尽得风流。语不涉己，苦不堪忧。是有真宰，与之沉浮。"此品要求诗人将主观情感完全纳入景物描写之中，做到一个字的正面表达都没有，而读者观之，却已尽得风流，这是非常高的艺术境界，等于把味外之旨推到了极端。"不著一字"也成为"神韵"所追求的境界，王士禛曾说过："表圣论诗，有二十四品，予最喜'不著一字，尽得风流'八字。"（《香祖笔记》卷八）司空图的"韵外之致"或"味外之旨",是和诗歌的特征相联系的,因为诗歌是一种篇幅短小而情感饱满的文体,特别需要强调含蓄、精练和意短言长,表达出它的"味外味"。

到了宋代,"神韵"的美学价值更得到普遍推重,其言韵重韵蔚成风气,胜过魏晋,不仅遍及艺术各个领域,而且明确把"韵"置于各种艺术境界表现之首,此中当以苏轼最为典型。苏轼非常重视诗歌的艺术意境,懂得意境必须在具体描写之外,给人以无穷的联想,所以他竭力推崇司空图的"味外之旨"说和艺术意境的"象外之景"、"言外之意"。他认为司空图要求诗歌在咸酸之外有"醇美"之味,正是指诗歌意境的"象外之象,景外之景"特征所产生的美学效果。他不仅认为王维的诗画富有象外之趣,而且特别欣赏陶渊明的无弦琴之妙用,能借它寄托难以言喻的无限情意。其《破琴诗》云:"破琴虽未修,中有情意足",虽无琴声而音乐的含蓄深远、余味无穷的艺术意境宛然在耳。

北宋的范温是钱钟书所言的"首拈'韵'以通论书画诗文者",并以"书画之'韵'推及诗文之'韵'"。南宋的严羽在司空图"韵味"说的基础上提出了"兴趣"说,理论上前后相承,都侧重"神韵"的表达。严羽的《沧浪诗话》有五部分,包括《诗辨》、《诗体》、《诗法》、《诗评》和《考证》,其中《诗辨》是核心,专谈理论,另外四个部分是对第一部分进行补充和说明,《沧浪诗话》在形式上体现出一个特点就是以禅喻诗。在当时,严羽的诗论与宋代诗坛的主流派是背道而驰的,因为尚议论、尚学问、尚思辨和讲理趣是宋诗的主导倾向,严羽著《沧浪诗话》的目的就是为了批评主流派,并企图扭转诗坛的风气。他认为:

> 大抵禅道惟在妙悟,诗道亦在妙悟。且孟襄阳学力下韩退之远甚,而其诗独出退之上者,一味妙悟而已。惟悟乃为当行,乃为本色。夫诗有别材,非关书也;诗有别趣,非关理也。然非多读书,多穷理,则不能极其至。所谓不涉理路,不落言筌者,上也。[①]

这里的"妙悟"包含着一种要靠直觉去把握本质和根源的创作心态,

---

① （宋）严羽:《沧浪诗话校释·诗辨》,人民文学出版社1961年版,第26页。

诗歌的本色即在于悟，诗中之妙悟即为瞬间领会的审美心态。"妙悟"本为佛家用语，其意在于对佛理的认识要靠自我领会，要靠直觉去把握事物的本质和根源。禅悟需要"顿"，即强调瞬间的突然领会，茅塞顿开，在一瞬间就能抓住本质。这就是严羽所强调的本色。他认为孟浩然写诗能够注重"一味妙悟"，所以在韩愈之上也。接着严羽为进一步诠释妙悟，提出"别材"、"别趣"二说，并且"妙悟对严羽来说，就是所谓不涉理路，不落言筌"①。

既然"不涉理路，不落言筌"，那么诗人怎样才能获得妙悟呢？严羽在研究唐诗的过程中找到了进入妙悟的途径，那就是"兴趣"：

> 盛唐诗人惟在兴趣，羚羊挂角，无迹可求。故其妙处，透彻玲珑，不可凑泊，如空中之音，相中之色，水中之月，镜中之象，言有尽而意无穷。②

从这段话看出，兴趣是指诗人受到自然景物触动而获得的诗兴，它重在作家灵感的触发，实际上它相当于妙悟的入门，由兴趣而导入妙悟，兴趣即为"别材"、"别趣"。"兴趣"作为对"妙悟"的进一步阐释，一定程度上已接触到了诗歌创作的内在规律，也在某种程度上涉及了关于"神韵"的研究，"神韵"的内涵本来就包含对人生的超越领悟，这种领悟通过对自然山水的审美观照而获得。严羽认为"诗中有神韵者"，应该"如水中之月，空中之音，相中之色，镜中之象，言有尽而意无穷"，而这正是王士祯对其理论的吸收。

严羽以禅论诗，提倡"妙悟"，其深层背景是"与中国传统那种重生命体验、物我双会的思维方式密切相关，实际上也是先秦道家至禅宗那种重体悟轻名理的哲学美倾向合乎逻辑的发展"③。"妙悟"体现了审美主体追求心意自由、崇尚生命体验的艺术思维本性，"兴趣"说也典型地表现了中国艺术家一种非常独特的艺术审美趣味和心理感受状态，它突出的正

---

① 王小舒：《神韵诗学论稿》，广西师范大学出版社 2001 年版，第 98 页。
② （宋）严羽：《沧浪诗话校释·诗辨》，人民文学出版社 1961 年版，第 26 页。
③ 毛宣国：《中国美学诗学研究》，湖南师范大学出版社 2003 年版，第 224 页。

是中国古代审美那种情与景会、心感于物的思维特色。"兴趣"说与司空图的"味外之味"及其后王士祯的"神韵"等范畴一起，强化了中国古代抒情诗学的生命韵味和审美内涵。

王士祯提倡"神韵"，除了是为适应清代思想文化政策的需要，更为重要的方面，是总结中国古代文学创作的丰富艺术经验，研究民族审美传统的特点。"神韵"，作为一种富有民族特色的诗歌艺术境界，就是他对这种特点所作出的理论概括。虽然在他之前各家论神韵的含义不尽相同，但神韵的基本美学特征是一致的，是有历史继承关系的，所以他以神韵为核心形成的诗歌美学体系，也体现了中国艺术审美具有民族特色的特定创作原则和美学风貌。

王士祯（1634—1711），字贻上，号阮亭，别号渔洋山人，山东新城人。有《带经堂集》，论诗之语辑为《带经堂诗话》。"神韵"说虽然在清代诗学史上声闻昭著，但它天然地具有不可条分缕析地论说的特点，这促使王士祯用大量的言说和诗例来证实和欣赏"神韵"的超越之审美境界。"神韵"与诗歌（尤其是七绝）这种言短意长的文字体裁始终有着密切的因缘，翁方纲曾经在《坳堂诗集序》（《复初斋文集》卷三）中谈到"神韵"时这样说："神韵乃诗中自具之本然，自古作家皆有之。"在当时一个诗论家有意无意地流露出对于有"神韵"意味的作品的推崇，那是很正常的。王夫之就对"妙合无垠"的诗赞赏不已，说"以神理相取，在远近之间"，意犹未尽，复说"神理凑合时，自然拾得"，写诗要能把意与象、情与景之间的不黏不脱、若即若离的诗境表现出来。叶燮也以"幽渺以为理、想象以为事、惝恍以为情"作为至高的境界，同样意识到诗歌固有的超越常人可言之理、可述之事的艺术特性，他所谓"言语道断，思维路绝"，正与司空图、严羽等人的论调不谋而合，当然只有王士祯才真正奉"神韵"为立论的基本取向。虽说王士祯诗作不能全以"神韵"衡量之，但"神韵"作为王士祯诗学观念的归宿和枢要是无可置疑的，《池北偶谈》云："'神韵'二字，予向论诗，首为学人拈出。"当然，对"神韵"之意的扬阐，可以追溯到更早的司空图、严羽等人的话语中。

王士祯在初学诗时便显露出"神韵"说的端倪。在《带经堂诗话》卷七《自述类》中说：

予初入家塾，肄业之暇，即私取《文选》、唐诗洛诵之，久之学为五七言韵语。先祖方伯府君、先严祭酒府君知之弗禁也。时先长兄考功始为诸生，嗜为诗，见予诗甚喜，取刘颀阳（一相，明相国鸿训之父）先生所编《唐诗宿》中王、孟、常建、王昌龄、刘　虚、韦应物、柳宗元数家诗，使手钞之。十五岁有诗一卷，曰《落笺堂初稿》，兄序而刻之。

从这段可见父兄的教诲和引导对诗人的一生所产生的影响。诗歌中的"神韵"是山光水色唤起的情感体验，真正信从向慕"神韵"的诗人与自然山水必有亲近之情，由此可见，"神韵"诗中是有性情的。王士禛曾把张九征为其《过江集》作序云："笔墨之外，自具性情；登览之余，别深怀抱"视为"知己之言"。

王士禛为了以示"神韵"说的源流，引前人之语若干则：

戴叔伦论诗云："蓝田日暖，良玉生烟。"司空表圣云："不着一字，尽得风流。""神出古异，淡不可收。""采采流水，逢逢远春。""明漪见底，奇花初胎。""晴雪满林，隔溪渔舟。"刘蜕《文冢铭》云："气如蛟宫之水。"严羽云："如镜中之花，水中之月。""如羚羊挂角，无迹可求。"姚宽《西溪丛语》在《古琴铭》云："山高溪深，万籁萧萧。古无人踪，惟石嶕峣。"东坡《罗汉赞》云："空山无人，水流花开。"王少伯诗云："空山多雨雪，独立君始悟。"

《渔洋诗话》卷下

在此，他将一连串的写景句与严羽等论诗语相提并论，是为人展现"神韵"的具体境界，虽然诸语大相径庭，而王士禛一一前后排列，异中见同。这些前人之语大致都用比喻的修辞方法，写景之语是王士禛"最喜之"的"寂寥风味"。

由于"神韵"的特殊"味道"，对"神韵"的解析和论证只能用大量的比喻，让欣赏者借助于想象而直观地领会。严羽在《沧浪诗话》中是以禅喻诗，"归于妙悟"。王士禛不仅肯定了其是"发前人未发之秘"，而且认为"妙悟"沟通了"三昧"和"神韵"，只有通过"妙悟"才能进入

"神韵"的境界，而作诗"三昧"最重要的内蕴即是"妙悟"。王士祯在论诗中，"三昧"这个词的出现频率比"神韵"更高，两者共生而互相映照。"神韵"体现和蕴蓄于诗人描绘和展示的艺术世界中，是诗歌意象的一种审美特性；而作诗"三昧"则偏重于主体知几之微的灵感及创造。究其极，是以"神韵"限制"三昧"，而"三昧"得之与否是以"神韵"为转移的，这就是王士祯审美的价值中心。很明显，他强调了诗歌创作中的实际问题在主观方面，只有用心于主观上才能创作出有"神韵"的诗歌。《唐贤三昧集》是王士祯在晚年为本人诗学总结而专门精心编纂的一部唐诗总集，旨在追求"诗禅相通"之趣，是颇具禅味的唐诗总集。"妙悟"本来是禅道用语，移来论诗，是指作诗者空澄而灵动的心理状态，只可意会，不能以理解之。"妙悟"得之于偶然，来去无踪："须其自来，不以力构。"（《渔洋诗话》卷上引萧子显语）"偶然"是随兴之所至的意思，所发为"一时随兴之语"，诗人的精神状态和性情即于"偶然"时透现。王士祯曾把"作意"与"偶然"相比较，认为"作意"所具有的自我强制性将诗人的意念推入处心积虑设置的思路中，丧失了"妙悟"的本真和即兴性，所以只要"句句作意"，就"不及前人也"，唯有"妙悟"才能感受到"兴会超妙"的境界。"妙悟"的结果必是超越，即通过审美的直觉方式来摆脱和超越现实，获得"镜中花"、"水中月"、"言有尽而意无穷"的最高审美境界。通过有限的情与景的结合，传达出意境深处无限悠远的"道"。"道"是"万物之本"，也是美的本原，"天地有大美而不言"，这种美只有通过体道的感知方式才能达到，因此体道的过程也是感知美的过程。这个过程与庄禅的"心斋"、"坐忘"、"虚静"的审美方式是一致的，由"心斋"、"坐忘"进入物我两忘，物我合一，而达到完全"齐物"境界。

王士祯喜爱欣赏画中逸品，画中"笔墨之外"的空间对他思考诗学问题极富启发："郭忠恕画天外数峰，略有笔墨，然而使人见而心服者，在笔墨之外也。"（《带经堂诗话》卷三《微喻类》）所谓"笔墨之外"的空间即可以任意驰想，回味无穷，这给诗文的创作提供了有益的参照，而且，语言比绘画更能扩展"笔墨之外"的天地。对于绘画来讲，"笔墨之外"是笔墨之内的自然延宕；对于诗文来说，也就指"味外之味"，"韵外之旨"。诗歌的艺术效应是由主观与客观的一种结合，也就是我们常说的审美主体与审美客体情感的融合。这种内外的虚实相间使审美意象处于完整和不完整性以及确定与不确定性之间，完整和确定性可以从字里行间获得，而不完整和不确定性则依赖于前面所谈到的"妙悟"，"兴会"才能"神到"。所谓"言有尽而意无穷"，是一种可以激起探幽入微和神思遐想的审美情感，但"神到不可凑泊"。虽然"妙悟"是通向"神韵"的一条路径，但"妙悟"这种瞬息之间的心理状态不可能——明晰道来。王士祯注意到，在诗歌的意境中融入禅家的义理，是作者"妙悟"最适当的体现。他说：

> 王、裴辋川绝句，字字入禅。他如"雨中山泉落，灯下草虫鸣"；"明月松间照，清泉石上流"；以及太白"却下水精帘，玲珑望秋月"；常建"松际微露月，清光犹为君"；浩然"樵子暗相失，草虫寒不闻"，刘眘虚"时有落花至，远随流水香"；妙谛微言，与世尊拈花，迦叶微笑，等无差别，通其解者，可语上乘。
>
> （《带经堂诗话》卷三《微喻类》）

从此可以看出诗家和禅家的联系，虽然将诗中的审美意象与"世尊拈花、迦叶微笑"等同似乎在故弄玄虚，但只要是"偶然欲书"，"兴象超妙"，隽永超逸，表现出"言外之意"或"味外之味"，就大体与"神韵"之旨相合。

二 "意在言外"的"韵味"之美

从"神韵"范畴的历史演变中可见，"神韵"作为一个重要的审美范畴，经历了从人物品鉴过渡到书画诗文的过程，它最基本的含义应为"有余意"。钱钟书先生在《管锥编》中以"远出"、"有余意"释"韵"，把握了"韵"的最基本层次的含义[1]。季羡林先生也在其文中从"有余意"的意义上来把握"神韵"[2]。如果我们把"神韵"范畴放在一个更为广阔的文化背景和审美意识进程中来进一步把握它，会发现它不仅有着更为明确的哲学美学基础和文化内涵，还能挖掘它更深层次的丰富审美意蕴。

---

① 钱钟书：《管锥编》第4册，中华书局1979年版，第1365页。

② 季羡林：《关于神韵》，《文艺研究》1989年第1期。

　　"神韵"最受推崇是在魏晋和宋代。这两个时代是中国古代艺术审美高度自觉和转折的关键时期，"神韵"范畴的提出，使得以壮美和优美为最高审美理想的古代艺术审美转向了注重审美主体的心境和意绪方面，形成了中国古代中后期又一种审美理想。它更注重人的直观体验和细腻的艺术感受，这也是中国古代审美意识发展的必然。魏晋以"神韵"来品评人物，是以庄学、玄学为本，庄学清虚玄远、超迈不俗的人生态度和个性表现，深刻地影响了"神韵"的审美意识和理想的形成。宋代以禅喻诗和禅宗思维方式的流行，更使庄、禅相融，甚至合二为一，表现出一种淡泊自然、超脱空灵的人生哲学。所以道家庄学和佛家禅宗成为"神韵"的思想渊源和哲学美学基础。

　　道家思想作为"神韵"的精神源头，老庄哲学中崇尚自然的观念对"神韵"有潜在而深刻的影响。它的美学追求与道家的人生观及审美观有着不可分割的内在关系。"神"的观念出于庄子，庄子《逍遥游》中讲"神人无功"，是指存在于生命深处的本体；而魏晋时的所谓神，是由形相而见，故称"神姿"，亦称"神貌"。但是神虽然由形而见，神形之间，毕竟尚有一种距离，这种距离需要有艺术性的发现的能力。而这种发现的能力，也正是来自庄学的修养，因为庄子由超越而虚、静、明之心，正是艺术发现能力的主体。魏晋人的清、虚、简、远，虽只是生活情调上的，但这也是庄学在情调上的超越。只有这种超越，才可以从形中发现神，乃至忘形以发现神。

　　"神"的全称可称为"神情"，这种神，实际是生活情调上的，并且加上了感情的意味，这也是在艺术活动中必然会具备的。而且这种"神"，只可感受到，却看不见、摸不着，所以中国人便常将这一类的事物、情景，拟之为"风"，所谓"风神"、"风味"、"风韵"等，其实都是"神"字的意味。举凡当时由人伦鉴识所下的"清"、"虚"、"简"、"远"之类，尽管没有指明是"神"，其实都是对于神的描述。也就是在玄学、庄学精神启发之下，要由一个人的形以把握到人的神，即由人的第一自然的形相，来发现出人的第二自然的形相，以达到对人自身的形相之美的趣味欣赏。

　　"韵"作为一个美学术语，在魏晋时期始被凸显出来。魏晋言"韵"，最先限于声韵、音乐之美，嵇康《琴赋》言"改韵易调，奇弄乃发"，就是从声音和谐和音乐美感意义上谈"韵",后来这种看法也影响到文学创作。刘勰在《文心雕龙·声律》说:"异音相从谓之和,同声相应谓之韵",就是把声音和谐与自然声韵的美作为文学创作的一个基本要求,这就把音乐上的节奏韵律之美运用到文学创作上来。

古典诗学中虽言"神"言"韵",都包含着对审美意象创造本质的规定,但"神韵"范畴更偏重于"韵"。虽然凡写诗,贵在"入神",达到"神似",是一种理想的创作境界,如严羽所言"诗之极致有一,曰入神"[①],但"神"只是诗的审美意象创造的最一般规定,并非一定指向某种独特的审美意趣和个性创造。而"韵"能够突出指向诗的不可言喻的意趣和情味,不仅"有余意",更包含了强烈的精神个性追求。徐复观先生说:"所谓韵,则实指的是表现在作品中的阴柔之美。但特须注重的是,韵的阴柔之美,必以超俗的纯洁性为基柢,所以是以'清'、'远'等观念为其内容。"[②] 宋代苏轼等人在评韦应物、柳宗元等人的诗时,也以"远韵"、"韵高而气清"来作为最上品。

从中国古典美学中对"神韵"的理解,可以看出两个明显的特征:其一,在"神韵"的传达和表现上,强调了作者超迈不俗的内在精神个性和独特的审美意趣之美。其二, "神韵"的审美指向"虚"而非"实",它追求的是一种淡泊自然、含蓄空灵、意在言外的意境美。这种意境,是一种特殊的意境。所谓特殊,就是"清远",也就是清幽淡远的意境,这种意境包含物境的清幽和心境的淡远,是这两方面的浑融无迹的统一。可以说"神韵"的核心就是一种意境美。这种意境之美表现为"不黏不脱"、"不著判断"、"不著一字,尽得风流"。咏物须"不黏不脱",述事须"不著判断",合而言之,就是要"不著一字,尽得风流"。"不著一字,尽得风流"出自司空图《二十四诗品·含蓄》一条,言无一字直接表白自己的情思,而自己的情思却得到了最完美动人的表现。这种境界,恰如"采采流水,蓬蓬远春",美妙非常而无所不至;亦如"蓝田日暖,良玉生烟",昭昭可感却似有若无,这是一种以意象传情的超逻辑、超语言的纯粹的审美境界。

---

① (宋)严羽:《沧浪诗话校释·诗辨》,人民文学出版社1961年版,第8页。
② 徐复观:《中国艺术精神》,春风文艺出版社1987年版,第154页。

禅宗对"神韵"有不可忽视的影响，这种影响最突出的便是在悟性思维方面，禅宗的"顿悟"、神韵的"妙悟"，所谓"诗禅一致，等无差别"。王士禛说过："庄子与释氏不甚相远。"（《香祖笔记》卷十）"不著一字，尽得风流"的诗境，可以说是拈花微笑的禅境。佛教禅宗认为，任何语言文字、分析思辨都会导致对认识对象的人为的抽象与割裂，只有不立文字、不著判断，以具体事物启发人们的超语言、超逻辑的直觉，才能使人们感受到那妙不可言的宇宙真谛。世尊拈花示众，即含无限深意；迦叶破颜微笑，便已心领神解。真可谓"不著一字，尽得风流"。

王士禛的《蚕尾续诗集》的序中说："酸咸之外者何？味外味也。味外味者何？神韵也。"① 指明"神韵"的表现形态是"味外味"，这种有"味外味"的意境就是"不黏不脱"、"不著判断"、"不著一字，尽得风流"，就是追求言外之意、味外之味，也就是追求诗的意境美。他强调为诗"必求于诗外之诗、味外之味"，这里所谓"诗外之诗"、"味外之味"，皆本之于司空图的"象外之象"、"景外之景"、"味外之味"之说。细而论之，"诗外之诗"，可以简单理解为"言外之意"；"象外之象"、"景外之景"，指依附于诗中形象之上的虚化景象，如果用司空图称戴叔伦的话来说，就是"如蓝田日暖，良玉生烟，可望而不可置于眉睫之前"的"诗家之景"②，只可意会而不易言传。所谓"味外之味"，是指领略品赏诗中形象美而获得的意境美。

"神韵"所表现出的意境美当然是与提倡清远密切相连的，强调意境同时也可说是提倡清远的意境。所谓清远，即冲和淡远，或称之为古淡闲远，王士禛在《池北偶谈》中提出"诗以达性，然须清远为尚"，他所强调的"清"与"远"，实际上指的是一种意境，清幽淡雅，超凡脱俗，继而由意境引发出诗人心境的清寂恬淡，即能从无限的空间来打造心灵上的旷远。王士禛特别推崇"清远"概念，他主张用简淡的笔调表现出自然世界清新淡雅的景致，这种清淡之自然实际上表现出诗人高远超然的情怀，对"清远"的崇尚表现出王士禛对"神韵"的追求。"清"排斥浓墨重彩，

---

① 蒋凡、郁源主编：《中国古代文论教程》，中国书籍出版社1994年版，第325页。

② （唐）司空图：《与极浦谈诗书》，王济亨集注：《司空图选集注》，山西人民出版社1989年版，第108页。

远离雄奇壮丽，人与自然的审美关系，就是要强调一个"清"字，排斥壮丽雄奇之美，追寻清简淡雅之山水自然。"远"强调超悟情怀，崇尚高远志向，主张与所表现的生活保持一定距离，追求平和淡远、超然自得的审美情趣。"远"在审美方式上还表明与审美对象保持距离，以达到反观、自省的目的，寻找与自然更深的精神契合，体悟自我与自然之间的深远意蕴，并在对自然的审美观照中来审视人生，"远"可称得上是带有距离的对自然、自我的一种审美。"清远"既是诗歌表现出来的一种风格，也是人对自然的审美态度，这种审美趋向契合于"神韵"的审美境界。当然这种境界的获得需要审美主体须有大彻大悟之境界。

"清远"所体现出的神韵之美其实就是以清写远，由神传韵。当然提出清远淡雅一说并非自王士祯始。司空图在《诗品》中提出"落花无言，人淡如菊"，"浓尽必枯，淡者屡深"，就是极力提倡诗歌清远淡雅的风格。"清远为尚"实际上是强调诗歌在创作上应该力求以空间的延伸来拓展人的思绪与情感，同时要求诗人要有一种远离尘嚣、淡忘世情的悠然心态，才能创作出"妙在神韵"的作品。"清远"一词出现于魏晋时期，超越现实是魏晋精神的突出特点。超越世间名利，超越人世俗情，进入与天地自然合一的精神境界，这种通过审美活动而达到的神形超越能给人带来恬静、悠然、高远的审美愉悦。这种超越有别于儒家对现实的关注和执著，它从世俗情感中摆脱出来，从功利得失中摆脱出来，进入一个更高的境界来达到情感上的审美体验。同时在这种体验中张扬自己的个人性情，标榜个性，在大自然中寻找精神的归宿。历史上属于清远派创作的作家有阮籍、嵇康等人，他们主张创作要"越名教而任自然"（嵇康《释私论》），在审美趣味上趋向于超越和内省，这实际上就是最初的"神韵"内涵的表现。神韵的核心就是人与自然的审美关系，也体现了中华民族对待自然的独特审美态度，人通过与自然的精神交流来领悟人生，关注个体的生命存在。自然既指外在的客观自然，也指主体内在的自然，内在自然包含着主体本性所具有的东西，它是个性化、心灵化的东西，是经过沉淀、过滤之后相对平淡的情感。

"神韵"突出人与自然的审美关系，这是神韵的核心。但对自然的理解不是一种客观地再现，不强调逼真地描写自然景物本身，而侧重于人与自然相遇时的一种审美感受，着意于那一刹那所产生的强烈的情绪波动及所激发的丰富联想和特殊的情感体验，这种感受需要通过对自然景物的描绘来突出自己的意味深长之感，自然景物往往处在一种亦真亦幻、亦实亦虚之状态。这样的审美感受应是神韵所追求的理想状态，这种情感碰撞并非完全偶然，而是审美主体一直处于潜在的情绪积累过程之中，在"仁兴"中得以迸发。

人在与自然的审美过程中，人是主导的因素，不同于日本对自然的敬畏之感。"神韵"注重的是主体内在审美经验的表述，而非客观自然的真实再现，所以它强调主体内心的顿悟。以主观胜于客观，这也是诗禅相通的形式表现，当然"神韵"更追求人与自然相遇一刹那的审美愉悦和超越思绪，不同于禅宗顿悟之后的"万法皆空"，以孟浩然、王维为代表的山水田园派诗歌比较能体现"神韵"所追求的审美理想。不同于儒家所追求的社会功利观，他们更追求人与自然之间的一种超越关系，注重没有任何功利色彩的个性化的情感交流和审美感受，也注重人与自然之间的审美经验，并把这种经验融化于对自然景物的刻画描写之中。以自然景物唤起主体的审美兴趣，通过描写间接、含蓄地表达出主体的情感意趣，这种含蓄的表达需"不著一字，尽得风流"。"神韵"追求的是笔墨之外的东西，只有"意在笔墨之外"方能见神韵，但"神韵"又需通过笔墨来传达。"不著一字"并不是不要一字，是指不要过于直接抒发情感，"尽得风流"指通过已经被意象化的自然唤起人的审美思绪和情感，并让人体味到这种超然的审美情趣。

从谢赫的"神韵气力，不逮前贤"（《画品》），到严羽《沧浪诗话》中的"入神"、钟嵘《诗品》的"离形得似"、司空图的"思与境偕"，及至晚唐"意境"、南宋"妙悟"等学说对"神韵"的形成都产生了一定的影响。"神韵"一词本来是流行于六朝画界的，因它所表现出来的内涵等同于传神，以后逐渐扩及诗文评等其他文艺层面，其源头可以追溯到六朝时期，包括刘勰的"神思"说及钟嵘的"物感"说都对其有一定的影响，同时"神韵"与严羽的"妙悟"说有一脉相承之关系。"神韵"的内涵呈现出多元化色彩，既有渗入风骨雄浑多气的一面，如盛唐风骨类等作品充满着阳刚之气，同时它也具有着由虚入浑的一面，以景写情，凸显味外之旨，呈现出阴柔之感，令人品之无穷，回味不已。"神韵"对后世诗学理论的影响也是显而易见的，王国维的"境界"说就是在吸取王士祯"神韵"说和严羽"兴趣"说的基础上提出来的,"沧浪所谓兴趣,阮亭所谓神韵,犹不过道其面目,不若本人拈出'境界'两字,为探其本也"(《人间词话》),"境界"说将古典诗学理论推进到了一个更高的程度。

第二节 "幽玄"的沿革发展和审美趣味

"幽玄"是日本审美意识中最重要的范畴。它的重要性不仅是由于其本身具有丰富的包容性,而且日本人的全部审美意识、审美情趣都与这一范畴有着明显的联系。从考证中了解到,它最初是个汉语词。在日本,"幽玄"一词最早与佛教用语关系密切,是为了强调佛法的趣旨深奥。到了平安时代,被用在诗歌评论中,这样就把"幽玄"引入了艺术领域。随着日本和歌美学的渐趋成熟,和歌也明显表现出轻言辞而重意境的"幽玄"诗趣,追求一种"幽玄的余味"。它作为日本特有的审美意识所体现出来的直观、感动与歌学、歌道之间存在着密切的关系。

"幽玄"内潜于日本和歌的传统美,产生出"韵味清幽"、"余味绵长"的复合性情调美,它是具有民族特性的审美范畴。以谷山茂的理解,"幽玄"有广狭两义。广义表现为具有统领意义的概念,建构起中世和歌的完整理论体系,它在中世诗学中"幽玄是基本的本质的理念"[①],概念核心体现在"余情幽玄",既含蓄深远又余韵悠长,声律音调所营造出来的美感氛围,传达出哀婉、庄重、雄浑等多重审美风格。狭义上的"幽玄"理念则为一种清寂枯淡之美,它表现在"哀婉清幽"、"闲寂枯淡"等审美风格上。

"幽玄"范畴充分显现了日本民族的审美趣味和欣赏的审美情态。虽然各个艺术门类在运用时又有不同的侧重和阐释,使得它表现出不同的审美趣味,但是"情韵隽永"的"余情"之美和空寂恬淡的审美风格被称为最高品位的、最风雅的美的境界或理想。"幽玄"不仅与日本人的审美情趣有着明显的联系,同时它作为艺术创造中的核心范畴,体现出艺术作品中表象与深层的内在关系,它所表现出的"余情"之美,接近于中国艺术创作中的"言有尽而意无穷"、意在言外等,追求一种"文约而意远"的

---

① [日]谷山茂:『谷山茂著作集·幽玄』,角川书店昭和57年版,第267頁。

"精约"之美。

"幽玄"理念涉及创作思想、艺术技巧、审美风格、批评接受等多方面，表现为"词幽玄"、"姿幽玄"及"心幽玄"[①]。"词幽玄"体现在辞藻的华美上、"心幽玄"是指意蕴的幽深，追求意在言外的意境创造。"姿幽玄"体现在艺术创作的整体美上。幽玄从本质上来讲是来自于"真心"，在此基础上增加了"风雅"的情趣性，幽玄之美与风雅之美是相通的。日本各类艺术都视幽玄之美为最高品位、最风雅之境界。

一　"幽玄"的沿革发展

在代表日本审美意识的主要审美理念中，基本上都是沿用日本特有的假名来记载的，但只有"幽玄"是用汉字来表示的，也只有这个词是从中国直接传入并一直沿用至今的一个概念。日本学者铃木修次曾经对"幽玄"一词进行过考证，结果发现"幽玄"本来是汉语词，最早见于中国《后汉书·何后妃》中汉少帝的《悲歌》中："逝将去汝兮适幽玄。"另一位日本学者能势朝次在其著作集中也提到："'幽玄'是在中国产生的语词，这个熟语的中心是'玄'，'幽'是为了明确地限定它的特性而添加的。"[②] 也就是说"幽"是对"玄"的属性加以限定的。初唐诗人骆宾王的《萤火赋》中"委性命兮幽玄，任物理兮推迁"中也体现出它的深远微妙之意境。《萤火赋》是以萤火虫为题材的赋，"委性命兮幽玄，任物理兮推迁"指的意思是萤火虫的性命完全依赖于自然造化的推移，顺从自然万物的理法，"幽玄"指的是造化玄妙的运动，与老庄之"玄"相通。

"幽玄"从中国传到日本后，最初是使用它的本义即表达深远微妙之哲理，它从原含义消化成日本审美理念经历了一段过程。之所以能消化为日本的"幽玄"，是因为要为日本民族浅显的和歌样式寻求一种具有深度的表达模式，适合于自身发展的需要。可以说"幽玄"这个概念是在日本中世时期的歌学中形成的，"幽玄作为一个美学概念产生是在日本的歌学"[③]。它作为概念是日本民族特有的东西，同时它不仅仅在歌学、在诗学

---

① ［日］能势朝次：『能势朝次著作集』第二卷，思文阁1981年版，第254—255页。
② 同上书，第199页。
③ ［日］大西克礼：『美学』下卷，弘文堂昭和48年版，第187页。

等多领域也被使用,"幽玄不仅在中世的和歌中,在连歌、能乐等其他艺术方面也是作为最高的美学理念被尊重"①。它实际上是表达一种余韵、余情,是对言语表达之外事物的一种暗示。歌学是指日本固有的和歌,从美的意识中的"直观"和"感动"来看,和歌是作为"诗"的一种形式,不仅包括抒情诗和叙事诗,它还与日本民族的审美意识和民族精神有联系,抒情和叙事紧密地联系在一起。万叶以来在众多的歌集分类法中,有关于歌咏"四季"的、"恋爱"的、"哀伤"的,等等,在内容上有的以叙事为主,也有的以抒情为主,但实际上看歌的话,歌咏"自然"的风物和风景,更多的不单纯是叙事,更带有浓厚的抒情色彩。表达恋爱或哀伤,表现主观情感内容的作品在大多数情况下,也经常与自然风物结合在一起来表现,这也是显著的事实。

和歌作为诗歌中最为短小的诗体,注重刹那间的心绪吟咏和情感表达,在形式上表现极为简单。它是与汉诗相对的日本古典诗歌,它是一种代表日本民族审美意识的文学体裁,有广义狭义之分。广义包含"长歌"、"短歌"、"连歌"、"俳句"等多种体裁的诗歌,狭义特指有三十一个音节组成的"短歌",它是相对"长歌"而言。和歌的音调纤美柔婉,语言朴实无华,长于儿女情,只为"嘲风雪,弄花鸟"之自娱之物,而少风云气,不具政教功用。日本歌人在接触汉诗后不仅感受到其意蕴的复杂,而且也认识到和歌的浅显,需要以种种"歌式"即艺术规范来提升其深度,从形式上的规范到内容风格上的强调,体现为"词"与"心"的融合。10世纪的《古今和歌集·真名序》中的"或事关神异,或兴入幽玄"第一次使用"幽玄",这里的"幽玄"表达出一种深度,也暗示了与佛教的关系,佛教的渗透本身就能提升一个事物的深度感和含蓄性,对"幽玄"作出阐释的歌人等大多是僧人或笃信佛教者。10世纪中期壬生忠岑在《和歌体十种》中认为列于首位的"古歌体"其"词质俚以难采,或义幽邃以易迷",其中的"幽邃"与"幽玄"同义,所谓"幽玄"即指内容上的清高及所表现出的淡远的性格,有点类似于中国诗歌中所表现出的清高隐逸之品格,这里就进一步挖掘了和歌的深度模式,并使"幽玄"概念抽象化。这种抽象化的概念对以见长于感受力和情感思维的日本歌人来讲是有难度

---

① [日]安田章生:《日本の芸術論》,創元社昭和54年版,第23—24页。

的，他们已经习惯于具象性的表达，所以他们只能在探索中游移着。在这样的过程中，和歌作为其民族特有的文学样式其独立意识得以凸显出来，并且强调和歌的自足性实质上也是在与汉诗的比较中进行的。这种比较促使和歌的规范化和理论化，以及在和歌基础上发展起来的连歌的神圣化，还有在民间杂艺基础上形成的能乐实现了雅化。

"幽玄"在日本也同样具有哲学或宗教的背景，和歌中的"幽玄"来源于老庄哲学及佛教思想。表现在佛教方面与中国的用法大体上是一样的，但它却广泛突出使用在诗文、和歌等文艺层面，用以表示艺术美，成为艺术美的一个重要理念，同时它还在此基础上超越艺术领域，在含蓄、优雅的意义上使用。而且它呈现为一个有趣的特征，它的目的并不是表示美的性质，在内容上也没有什么特定的色彩，而是用来表现充满余情之美的深度与高度，这种美缥缈、幽深，同时呈现出一种审美上的生命力。日本的"幽玄"已剔除汉语词所具有的思想性、哲理性的成分，而将其转化为一种充满柔性色彩的、带有情趣化的审美用语。

最初把"幽玄"应用在艺术中并以此表达审美意识是在平安时代纪淑望的《古今和歌集·真名序》中，是关于诗歌的评论。"或事关神异，或兴入幽玄"，由此把"幽玄"引入文艺批评，这大概是在日本文艺领域中最早使用"幽玄"一词，虽并未成为一个真正艺术理论的术语，但该词引起后世歌人的注意。"或事关神异，或兴入幽玄"中使用的"幽玄"具有神秘不可测之意，这种充满神秘气氛的"幽玄"有漠然难解之意味，如果严格地说，它还未正式用来形容艺术之美。真正用来形容艺术美的用例应该算是壬生忠岑的《和歌体十种》，其中出现了"余情体"这一名目，在这之后藤原宗忠撰述的《作文大体》举出了"余情幽玄体"作为诗的一种体式的名目，指言辞之外的余情非常深远，具有"幽玄"的性质，这是精神上的一种充盈和深奥。这种清高的情趣洋溢着老庄式的诗情，在"清风何处隐"中感受缥缈、深奥的余情之美。所谓"幽玄"，就是超越形式、深入内部生命的神圣之美①，入"幽玄"之境者必优雅、脱俗。

壬生忠岑的《和歌体十种》是仿照中国诗体的分类方法，将和歌体分

---

① ［日］能势朝次：『幽玄論』，『能势朝次著作集』第二卷，思文閣 1981 年版，第 200—201 頁。

为古歌体、神妙体、直体、余情体、写思体、高情体、器量体、比兴体、华艳体、两方体十种。他对每种体都加以说明并附有例歌，并认为"高情体"处于各体之上位，具有最高价值，因为其"义"已进入"幽玄"，歌心"入幽玄"。"高情"即为高雅之情，以脱俗之高洁之心追求深奥幽远之境界，这是一种至高境界的审美理想。对"高情体"所附的例歌都是描写大自然的，神游于自然山水间，在大自然中陶冶情怀，在这一点上与中国畅游于山水之间的情趣追求是相通的。

后来，藤原基俊提出诗歌要创造"幽玄之境"的主张，并且创立了"幽玄体"。他把"幽玄"用作和歌判词，将和歌与"幽玄"进一步结合起来，这时的"幽玄"已逐渐脱离中国情趣，富有缥缈感的"余情"之美已凸显。藤原基俊（1104—1177）的"判词"中有"左歌言隔凡流入幽玄。诚可为上科。右歌，虽无疑难可言，但未出俗流。仍以左为胜"，只有超凡脱俗者才能入"幽玄"之境，这种境界表现出"幽远的情趣美"①。这里的"幽玄"和歌体现出的是双重性格之美，既浓艳华丽又寂寥枯淡，是两种美的复合形态，但随着时代发展，这种复合型的审美风格被逐渐演变为狭义的"以悲为美"、"清寂枯淡"的"幽玄"性格。

藤原基俊不仅和歌水平高，而且长于汉诗文，他能把汉诗文中的一些词汇运用到和歌批评之中，使歌情入"幽玄"之境。基俊所谓的"幽玄"就是充满余韵、幽远的氛围，能够令人产生无限的遐想，是"幽远的情趣美"。它曾以"我朝之艳词"来评判和歌，词为艳科，"诗庄词媚"不同于汉诗的"言志"传统，和歌"赏心乐事"，一个"艳"字突出其审美特征。

藤原俊成（1114—1204）是个伟大的歌人，被尊为歌坛领袖，他将之前的新风提倡派与保守派的歌风统合起来，既在横向上拓展和歌的世界，又在纵向的世界中谋求深化，加深和歌世界的余情深度，他在植根于传统之中寻求余情之深远。俊成一生著述颇丰，《古来风体抄》（两卷本）、《俊成家集》、《万叶集时代考》、《古今问答》等，另有400余首和歌入选《新古今和歌集》等敕撰集。《古来风体抄》是其一生从事创作以及评歌、论歌的实践总结，因他经常参加歌会，作为"判者"，在其评定作品时留下

---

① 〔日〕能势朝次：『中世文学研究』，『能势朝次著作集』第二卷，思文阁1981年版，第249頁。

许多评语。他提倡歌人应把自己置身于和歌独特美的传统之中，不仅要了解和歌的历史，还要了解和歌在"姿"、"词"的变迁中所保持不变的具有永恒性的美的诸相。俊成在和歌评论中提出"余情幽玄"的命题，他是把"幽玄"作为歌道的最佳风格来使用的，在"余情"中追求无穷的深度感与缥缈性是他努力的方向和目标。

"探讨俊成的歌论意识，幽玄是最重要的问题。幽玄一词本来是中国语……这个词在俊成的美意识中拥有综合的意味。"① 俊成所倡导的"幽玄"进一步深化了和歌的传统美，创造出的是一种静寂、深邃的意境美。他注重从和歌表现中的"心"（创作主体的诗心文思）、"姿"（作品中的风格兴象）、"词情"（和歌的审美情趣）等方面来评价作品。

俊成特别强调和歌的声调，认为声调是和歌的生命。"凡歌者，颂于口咏于言也，故应有艳丽而幽古之声。"（《古来风体抄》）他主张声律音调的美感，这种美感营造出朦胧、哀婉、优艳、华丽等情调氛围，这里的优艳、华丽不是指辞藻的雕琢堆砌，而是指一种充满美幻感受的意境。这种对声律美感的强调，拓宽了和歌的美感属性。

俊成继承了其师藤原基俊的学说，在《古来风体抄》中将"幽玄体"（含蓄）、"妖艳体"（浓丽）、"长高体"（雄浑）三种风格统一在广义的"幽玄"概念之下②。他试图摆脱"艳"之俗美，而将其转化为心的更高审美境界，既保持"艳"之雅美，又提升到具有形而上之审美特性的象征之美。俊成所倡导的"幽玄"理念构成了中世文论发展的主线。

与俊成所说的"幽玄"相比，鸭长明③（1153—1216）的"幽玄体"范围更为宽广，"幽玄体"、"有心体"、"丽体"、"浓体"等都包含在其中了，它是一种广义概念上的"幽玄"。他也将和歌之姿分为十种，其中"以幽玄为姿之歌"是其最核心的东西，它所表现出的无穷的缥缈之感、稍纵即逝之余情是严格意义上的"幽玄"之意，这种充满幽微深奥的意味非达人不能领悟。在鸭长明看来，和歌归根结底是要表现言外的余情，因此对于"以幽玄为姿之歌"的要求是"心词均不确定"，要带有"有中生

---

① ［日］久松潜一：『日本文学史』，至文堂昭和 30 年版，第 18 頁。
② 参见李东军博士论文《日本诗学之"幽玄"理论与中国文论》。
③ 鸭长明：镰仓时期的歌人，著有日本古典文学三大随笔之一《方丈记》，《无名抄》等。

无，无中生有"的缥缈感，要将所思所感特意地表现为含糊不清，努力营造出一种意在言外的余情之美，余情是以文字之有限表现思想之无限，是一种绵长悠远的表述方式。因此鸭长明在和歌上主张"歌姿柔美清纯，长高而远白"，而不必要虚饰之词，只要"内含余情，外透景气"即为好歌，实际上鸭长明的《无名抄》是把"幽玄"等同于"余情"的含蓄之美，将深远的含蓄性深化为余情，"幽玄"即是语言难以表达的余情，这是一种余情的自觉。余情本来也是中国用语，"无论是幽玄还是余情，最初都是中国用语"①。它是在日本歌论中作为歌体的一类被展示，所谓余情不是直接在语言中被表现出来，而是言外所呈现出的一种情调，这种意识在平安时代末期被进一步自觉深化。余情所呈现出的自觉和尊重契合于生活在湿润风土中、具有超强直观特质的日本国民，并且用短小的诗歌表现出来，对日本艺术的影响还是比较大的，如绘画中的"空白"部分、音乐中的"间"的问题，等等。

　　鸭长明的《无名抄》中解释"幽玄体"时认为"不显于文辞之余情，不现于姿之景气"，好的和歌应该"余情笼于内，景气浮于空"，如面对秋季傍晚的天空景色，人会不由自主的潸然泪下，这种面对秋花、红叶等事物不由自主的感伤，实际上是一种自然而然的情感，这种感觉只可意会，不可言传，不懂风情者是难以理解这份情感的，这种"言辞以外的余情"只有"有心之人"才能感知。"景气浮于空"是指景色的若隐若现，如在重重秋雾中眺望满山红叶，感觉那种朦胧美，抒发难以言状之情怀，这种情怀实际上即为"幽玄"的本质，与中国的"意在言外，情溢辞表"、"神会于物"、"境生象外"等类似。寥寥数语难以表达情境之丰富、景物之气象，如同梅尧臣笔下的"状难写之景如在目前，含不尽之意见于言外"。自然景物通过和歌中的视觉意象来传达，带给人的是清新自然、闲适静谧的审美境界，无论是春花、秋雨、红叶、暮霭，等等，虽没有主体参与其中，但歌中所出现的视觉意象给人韵深幽远、回味无穷之感。因此我们不难理解对于日本人来讲，即使秋日黄昏后的天空景色，也会让他们"怆然泪水簌簌而下"而不知"缘于何故"。他们总是沉浸在审美想象的世界里，即使萧瑟苍凉之景物，也会让他们感慨万千，进入"幽玄"之情境，感受

---

① ［日］安田章生：《日本の芸術論》，創元社昭和54年版，第22—23页。

人间之真情，天地之悠悠。这正是"能写真景物、真感情者，谓之有境界"的文辞之韵律美所表现出的"姿"之景气，即气韵生动之审美意境。

鸭长明将藤原俊成提出的关于和歌美感概括为一种意境的"幽玄"之美。他关于"幽玄体"的含义更为广泛，从创作方法、审美风格、接受理论等多角度审视和细化。"余情"的含蓄美学风格实际上是须以无我之境观物，情感表达忌过于强烈和直白，避免直抒胸臆，以含蓄委婉之词表现若有若无之态。在这一点上不同于俊成的"余情幽玄"，俊成主张在和歌中要能够抒发胸襟，营造清幽深远之意境，并能使得读者在接受时产生共鸣。无论是藤原俊成还是鸭长明，他们在关于"幽玄"理念的形成上都发挥了重要的作用，俊成和歌的理想就集中体现在"幽玄"一词中，并将"幽玄"作为和歌的评语多次使用；鸭长明的贡献在于对"幽玄体"作了出色、详尽的内涵解说。

俊成之子藤原定家（1162—1241）在继承其观点的同时，进一步发展和深化了歌学理论，推出了"有心论"。他认为应该用"有心"这个概念来支配幽玄，使之在"余情"之外又增添"妖艳"之韵味。定家是中世歌坛的代表性歌人，现存和歌4000余首，著有歌论《近代秀歌》（书信体歌论）、《每月抄》、《咏歌之大概》等，以及和歌研究《三代集之问事》、《万叶集长歌短歌说》等，有400余首和歌入选《千载集》、《新古今和歌集》等敕撰和歌集。

他主张"词慕古，心求新，姿冀高，仿宽平以往之歌，则佳作自得"（《近代秀歌》），提倡"情以新为先，词以旧可用，风体可效，堪能先达之秀歌"（《咏歌之大概》），强调和歌要以"旧歌为师"。在定家看来，"幽玄"就是"景象迷蒙，萧瑟寂寥"的余情，倾之于心的幽寂之深，词的素朴优雅，追求"素朴而优雅"的境界。以亲切、优雅的情调为基调，咏歌虽以"幽玄"为宗旨，但要避免无"心"之歌过多，无"心"之歌太多，就会导致只爱秀句，缺乏打动人之心的余情与优雅。

在《每月抄》中他将歌体归纳为十种，其中"幽玄体、会心体、丽体、有心体"为基本歌体，并且认为"十体之中，有心体最代表和歌之精神"，"不用此体，绝咏不出佳作。兼之，有心体含摄其余九体。幽玄体必须有心，品高体亦必须有心。其余诸体，概莫能外"。他在这里强调了"心"的重要性，要"以心为体"，只有创作主体"心深"，并能"凝心于一境"才能情溢于外，创造出词巧、"姿高"的和歌。"有心"就是"寄托"，强调主体之"神"，与"神思"、"神会"、刘勰的"为情而造文"有异曲同工之妙。"诗缘情而绮靡"，在"为情而造文"中要能够达到真情流露，直抒胸臆。"心"者，"意"、"情"也，所谓"文以意为主"，以意为主就能创作出意蕴深远之作品，感受到审美的最高境界。

定家在继承其父倡导的"幽玄"体的同时，也在追求着充满神秘象征性和情调性的冶艳之美，将充满意境的"幽玄"发展为"有心论"，主张"妖艳"风格。俊成和定家在各自的和歌判词中大多是将"幽玄"用在关于自然景物描写的和歌评论上，不过定家曾经在《每月抄》中强调"有心体"是最适宜表现香艳缠绵的爱情等内容题材的。定家认为，若使和歌"有心"，主体须"澄心入一境"，以"虚静"之审美状态方能使主客体融合为一，方能"境生象外"。"有心"才能咏出和歌之精神，只有"以心为体"，专注于所咏对象，在凝神内省中产生丰富的审美意象，幻化并创造出超越现实的神秘象征世界，这样一来和歌自会显现出充满情调性的浓丽妖艳美。在俊成那里，优艳作为"幽玄"的一种美学性格，是指带给读者的美幻感受，它是对平安时期贵族文学传统的继承，优指优美典雅之清秀，艳指纤浓绮美之艳丽。到了定家这里，优艳逐渐发展为妖艳之美。这样一来，定家的"有心体"也就呈现为复合型的美学性格，一面是继承其父的充满意境的"幽玄"之美，核心为"余情"，其深化了"幽玄"的内涵并表现出蕴藉深远、纤细柔美之性格，追求寂寥枯淡之美；另一面是体现出"浓丽妖艳美"的审美特征，核心为"妖艳"和"哀寂"。到了定家之子藤原为家那里，则是追求平淡清丽的审美风格，视清丽闲寂为美。因创作主体的气质喜好存在差异，审美风格也就有所不同。

室町时代的歌僧正彻（1381—1459）欣赏和崇拜定家的"幽玄"，并视"幽玄"为和歌的最高理念。在和歌理论《正彻物语》中主张和歌要吟咏而不穷理，歌在理之外，他强调"幽玄"是"心中有却无法用语言表达出来的东西"，如"山中之红叶被薄雾笼罩的状态"，虽然极具情趣和风致并且清晰地存在，可那种隐约可见之状态却难以用语言表达，这无法说清原委之美丽就是"幽玄"所表现出的神秘和魅力。正彻的"幽玄"的意味，如同《源氏物语》中的情趣基调"优美"乃至"艳美"，有一种梦幻、神秘色彩，呈现出一种缥缈之趣①。

正彻特别崇拜定家，他埋头于定家的作品中，体味《新古今集》时代优艳的歌风，陶醉于那些言辞之外的余情之中。其《正彻日记》中把"幽玄"理解为隐约、朦胧、幽远等，实际上就是指一种含蓄、余情之美。被正彻称为"幽玄"的歌都是用心较深的，表达的方式非常委婉，虽有"心"却不直接付诸"词"，多含有言外余情，令人感受到的是难以言状的优美妖艳的情调。"幽玄"在何处，难以说出其妙、其趣，如同月亮被薄云所遮、山中之红叶被秋雾所笼等，这样体现出的风情就是"幽玄"之姿。显然这是属于定家的"有心体"的系统，需"心深"、"词高"，且具有无尽缥缈性和深远微茫的特征。正彻用"心中万般有"的禅的精神强调了幽玄的"有心"，使幽玄带有一种异端的缥缈感，一种无边无际的心灵宇宙。所以，"幽玄"不仅仅局限于感觉上，而是发展成一种精神性、内在性，达到了"有即是无，无即是有"的超越意识的幽玄世界。他又在《正彻日记》中解说："所谓幽玄，就是心中去来表露于言词的东西。薄云笼罩着月亮，秋露洒落在山上的红叶上，别具一番风情，而这种风情，便是幽玄之姿。"② 因此，幽玄是由朦胧和余情两大因素构成，形成难以用言辞表达的超越现实具象的神妙意境。

随着和歌中"幽玄"之审美理想引起人们的注意，"幽玄"逐渐涉猎到其他领域，并成为一种美的表现形态蕴含着多种审美意味。和歌中的"幽玄"有心幽玄、词幽玄、姿幽玄、风体之幽玄等，而连歌中涉猎的幽玄层面更为宽广，包含"音调之幽玄"、"唱和之幽玄"、"意地之幽玄"等。连歌论始于二条良基，他所谓的"幽玄"表现得比较温柔，是充满柔和优美的"余情"。二条良基无论在和歌还是连歌方面都大量使用"幽玄"，其广泛程度可与世阿弥的能乐论相比。他主张歌必以心为宗，有心者能够做到心词微妙，不同凡俗，用心者才能吟咏出意趣盎然之词句，而且心、风情要新，词的表达上要"幽玄"。特别强调心地修行的重要性，而且在思维上既要对传统美尊重，也不能拘泥于先贤的风格，如定家的风格就不像俊成的风格，要能够有意识地开创自己的风格。他推崇优美、优

① ［日］大西克礼：『美学』下卷，弘文堂昭和48年版，第203页。
② 转引自叶渭渠《日本古代文学思潮史》，中国社会科学出版社1996年版，第188页。

雅的"幽玄"风格，他的"幽玄"是以"优"作为基调的，"优"要求吟咏的语调流畅而优美、声韵美与情趣美要能够达到两相谐和，因此与歌道中缥缈的情趣倾向相比，更带有强烈的感性、感觉色彩。

在二条良基看来，心深、词幽玄、状物浅显的风体应为连歌理想的风体，而这些也是和歌所追求的东西，连歌只有满足这些条件才能与和歌一样获得其应有的艺术审美价值。良基认为，在连歌中作者的心是最重要的，应该把"心"放在首位，有心者方能吟咏出意趣盎然之歌句，连歌要入幽玄之境，必须寄寓于风情，要自然而然达到幽玄。

连歌到了心敬时代，其"幽玄"之内涵逐渐往深度推进。歌僧心敬（1406—1475）是连歌的作者，歌人，他对正彻的敬仰之情很深，在风格上受正彻的影响，对《新古今和歌集》有着深刻的理解和把握，但不同于正彻的妖艳美，他推崇闲寂冷艳之风格。受个人经历之影响，他常运用佛学思想来阐述自己的歌学理论，将和歌、连歌与佛学视为一体，在挖掘歌学理论的同时，也进一步深化了歌学的理性思考。

心敬主张的"幽玄"是以余情表现为主旨，在"言外无迹处尽显幽玄之趣旨"。其情趣内容的根底还在于"心"之艳，非如玉貌冰肌之艳，是带有闲寂清寂之趣的美的极致，是充满冷寂美的"幽玄"。他推崇"冷"、"瘦"、"寂"的歌风，追求人世间及自然界的冷艳之美，因此虽然他也将"幽玄"视为最佳歌体，但是以冷艳美作为基调。他注重创作主体的精神修养，强调主体应以大彻大悟之精神审视人生，要能够进入大悟大明、不可言说之境界，这是与心敬的佛教观念融合在一起的。要能够做到"不尚谈理"，在红叶映月影中，在言外之意中自有幽玄感情在。直白地表达出感情是浅薄的，他认为理想的审美状态就是"只吟咏面影，是为至极"的境界，在"枯野之芒草、拂晓之残月"中用心，在冷寂处悟道，只有"冷寂"之境地，方为人可悟得的最高境界，这是在强调心之修行的重要性。心敬的冷艳美中包含着优雅，这是一种美的极致，其优雅中体现出无常观和伦理性。

正彻、心敬在俊成所提出的超感觉的"余情"之外又加入了更具有实感的"浓丽"、"冷艳"之美，突出优雅之艳美。但心敬的"幽玄"不同于正彻追求缥缈朦胧的情趣和浓丽妖艳之审美风格，他向往的是淳朴优美，余情缭绕的审美境界，表现出的是冷寂、寒瘦的审美风格，追求平淡之美，当然这是与佛家和禅宗思想的深刻影响有关。

能乐原本是作为一种滑稽的模拟表演而诞生的，它是歌舞性的模拟表演，情节上也有戏剧性的成分。能乐的曲目一般表现为超现实性，其中的人物造型以假面具舍弃人的充满丰富情感的表情，称之为"能面"，在无表情中通过音乐、舞蹈等外在动作来间接表现人物的感情世界，特别是以冷色调、暗色调作为背景的舞台更是着意追求一种超现实的幽暗。这种意在通过间接表现而追求的美感就是"幽玄"。能乐的优劣由世人判断，并非从艺者自身。能乐把"幽玄"美作为根本的追求和最高的审美理想，"幽玄"对能乐风格的形成及象征性舞台艺术的完成起到了重要作用，那些能够保持永恒艺术魅力的能乐无一不具有"幽玄"之美。对"幽玄"之美的尊重，是超越时空的一种审美取向，是深深植根于日本民族情感之中的，这种民族情感流贯于民族的历史中，"幽玄"美就是深藏于国民性的最深处的。

世阿弥[①]作为能乐的集大成者，著有能乐论《风姿花传》、《花镜》等。在这些集中体现其艺术思想的著述中，他强调要以"优雅的词句"表现"优雅之风情"，要"以全体富于幽玄之趣者为第一等"。他认为，在诸种艺道中，都以"幽玄"为最高境界，在能乐中也要把"幽玄"的风体作为第一追求。何为"幽玄"？唯有美而柔和之态，才是"幽玄"的本体，表现在"言辞的幽玄"、"音曲的幽玄"、"舞姿的幽玄"，最终追求"表演的幽玄"。表演者要有"心"才能展现人体的美姿，在一切表演中显示出美感，最终进入"幽玄"之最高境界。这需要表演者的修炼，幽玄美需要通过修行磨炼而得来。只有修炼达到极致，才能让人感受到那种难以言喻的美。"幽玄"的实质就体现在"目之所见，耳之所闻，无所不美"上。如何使"幽玄"之美具体化，世阿弥作了一系列地探索。能乐的本质是模仿，如何使模仿"幽玄"化就是一个重要的问题，对此要求模仿的对象本身必须是"幽玄"的。在世阿弥看来，高贵的人物、花鸟风月等本身就有"幽玄"之美，可以精细地加以模仿。舞曲的"幽玄"化也是其追求的目标，歌与舞是能乐的要素，通过音曲及舞蹈的表演，可以在舞台上展现能乐律动的曲线之美，达到美的效果。

---

① 世阿弥：室町时期能之集大成者，著有《风姿花传》、《至花道》等能乐理论著作多部。

　　世阿弥认为唯有优美柔和之体才是"幽玄"的本体，它是优雅、华美的象征。他的"幽玄之趣"在部分继承藤原俊成、藤原定家父子所倡导的典雅艳丽之幽玄美的基础上，融入刚健质朴之美，使其"幽玄"杂糅了多种审美要素，呈现出对立统一的性质。他以"幽玄"作为其能乐艺术所能达到最高境界的根底，"幽玄"像能乐的代名词一般被使用，能乐之"幽玄"比起歌道中的"幽玄"概念更加具有表现力，也更充满现世性。

　　世阿弥在其一系列能乐理论中，反复强调"幽玄"的理想，使之从不登大雅之堂地滑稽表演中脱离出来，将之贵族化、脱俗化或者化俗为雅，并成为一门真正的艺术。他认为"美与优雅之态，才是幽玄之本体"。"幽玄"在能乐中占据着绝对的地位，是贯穿一切的统一的审美原理，是最高的审美理念。这不同于和歌、连歌中的"幽玄"只是诸种体式中的一种，"幽玄"在能乐中驾驭一切和始终。加之能乐是舞台表演艺术，音曲舞蹈等都给人以强烈的视觉冲击，不同于文学中的"幽玄"，表现出强烈的视觉美。它是舞台艺术的审美理想，因此使用范围又要比连歌宽泛得多。把"幽玄"作为能乐的审美理想加以提倡，其内涵与和歌、连歌的审美趣味是存在差异的。当然连歌中的"幽玄"其所不同于和歌的平民性启发了能乐艺术，它所具有的亲和力影响了能乐的思想理念，和歌中之"幽玄"影响了连歌，连歌中之"幽玄"影响了能乐，当然和歌理论对能乐的影响也是显而易见的。

　　从平安时代末期的 12 世纪末，到镰仓时代的前半期，"幽玄"就成为歌人藤原俊成、藤原定家父子所提倡的歌论的中心范畴。他们提出诗歌要创造"幽玄之境"的主张，要有"幽玄的余味"。藤原俊成认为，评价和歌的优劣，不是看它的结构和用词，而是看它具不具备所谓的"姿"，即由情调、余韵、象征等所构成的飘渺悠远的艺术意境，俊成称这种"姿"为"幽玄"，并将之与"余情"相结合，有"余情幽玄"之说。其子藤原定家非常重视"幽玄"之美，不仅发展了其父的"幽玄"说，而且提出了"有心论"，认为"心"与空寂幽玄相通，于言辞之外追求玄妙的意境、悠长的余韵和丰富的象征意义。后来正彻以"幽玄"作为咏歌的最高理想，他的歌论以禅的精神深化了藤原俊成、藤原定家的幽玄理论。定家和正彻等人是把幽玄理解为朦胧、隐约、含蓄、悠远、空寂和余情之美。随着和歌理论的发展，这种美逐渐涉猎其他领域，连歌、能乐等艺术把"幽玄"作为最高审美理想加以提倡，并使之成为最高的审美理念。虽然其内涵与和歌存有差异，但能看出和歌理论中的"幽玄"在其他领域的扩展和影响。

二　"縹缈朦胧"的"余情"之趣

"幽玄"在中国不是一个绝对审美意义上的概念，但在日本成为艺术所追求的审美理念，虽然如此，这个概念都是生长在两国贵族文化和高雅文化最发达的时期，都与高雅、脱俗之贵族的审美趣味密切相关。特别是在日本，"幽玄"最初起源于平安王朝宫廷贵族的审美趣味。

"幽玄"在不同时代不同领域被使用，它也随时代发展不断成长变化。它作为一个汉语词，在平安时代使用不多，但到了镰仓与室町时代（中世时期）却被普遍使用。"幽玄"作为一般日常用语被使用，有时用来形容自然的深奥幽寂，有时又充满含蓄蕴藉之意味，在有些场合还表示一种优雅等。艺术美之外"幽玄"意味的产生是其自然发展嬗变的结果，表达深奥、含蓄蕴藉、幽寂等含义。在艺术美中它是一种有"深度"的美，这种深度美充满着艺术感性、充满着"含蓄"之意，这种意味促使"幽玄"逐渐发展为审美用语，表现在歌学、诗学、艺道等各个领域，它是中世时期以上层武士与僧侣为主体的新贵阶层在效仿王朝贵族文化中所追求的审美理想。"幽玄"作为一个微妙的词是难以明确定义的，它是需要感受而不是去把握的，而且只能在艺术美中去体悟。

时代赋予"幽玄"以成长发展的空间。"幽玄"的内涵因不同时代、被不同人使用而表现出差异，如中世的时代特征表现为对高远、有深意及无限事物的强烈憧憬，"幽玄"恰恰契合这样的社会思潮精神。二条派的歌风视"平淡"为幽玄，正彻以"余情妖艳"之极致作为幽玄，心敬视"清艳"、"冷寂"的余情为幽玄等，而在追求余情之缥缈、余韵之深远这点上是共通的。

"幽玄"在日本主要运用于艺术层面，表示艺术之深度，这是日本幽玄的特殊使用。"幽玄"最先是在诗学中被作为审美范畴得到普遍认可和运用，由于它充分显现了日本民族的审美趣味，所以日本的各艺术门类都以幽玄之美作为最高品位的、最风雅的美的境界或理想。"'幽玄'在诗文、和歌、音乐、连歌、能乐等艺术美方面被非常多的使用。"[①] 我们要准确把握"幽玄"的丰富内涵，了解"幽玄"在艺术美方面的表现，必须深入到古代的审美意识中。因为"幽玄"在风格趣味方面，从偏重"妖艳"到讲求"恬淡"，于发展变化中丰富了它的内容，各个艺术门类在运用时又有不同的侧重和阐释，使得它表现出不一样的审美趣味。

日本和歌史上最著名的三大歌集是《万叶集》（成书于 8 世纪末）、《古今和歌集》（成书于 905 年）和《新古今和歌集》（成书于 1205 年），从《万叶集》的刚健质朴到《古今和歌集》的纤细幽雅，随着日本和歌创作渐趋成熟，和歌明显表现出轻言辞而重意境的"幽玄"诗趣。平安时代的藤原俊成是第一次把"余情幽玄美"视为和歌的最高美学标准。这个美学标准与佛教思想渊源较深，可以说佛教思想中的无感观深深地影响了它，同时"物哀"的文学思潮也对它施加影响，使其带有一种朦胧的哀伤美。余情有些接近中国的"言外之意"，力求在有限的文字之外表现无限的思想感情，从而使和歌具有一种绵远悠长的感觉，它美在一种含蓄、一种朦胧，按照鸭长明在《无名抄》中的理解，"只是语言难以表达的余情"，"总之幽玄体不外是意在言外，情溢形表"。

能乐大师世阿弥将藤原俊成、藤原定家父子提倡的幽玄理念发展到自觉的阶段，把"能乐"艺术最高层次的美定位在"富于幽玄之趣"，他的能乐论《风姿花传》等首先主张"优秀的能乐，典据精当，风体新颖，眼目鲜明，以全体富于幽玄之趣者为第一等"。强调在能乐的演技上表现出恰到好处、颇具分寸的典雅和艳丽之美，它是以惟妙惟肖的逼真表演来作为基础的。另外，世阿弥正式将"空寂的幽玄"与心的问题联系在一起，他在《至花道》中指出："观赏能乐之事，内行者用心来观赏，外行者用眼来观赏。用心来观赏就是体（本体）"，这里的"用心"来观赏就是被日本学者所称的"心眼"。所谓"心眼"，就是认识"空寂的幽玄美"的主观性。空寂的幽玄作为世阿弥能乐论的中心，不仅限于感官上，而且发展到一种精神性、内在性，进而将空寂的幽玄推向禅宗所主张的"无"的境界，真正达到"有即是无、无即是有"的具有超越意识的幽玄境界[②]。缘

---

① ［日］能勢朝次：『能勢朝次著作集』第二卷，思文閣 1981 年版，第 200 頁。
② 叶渭渠：《日本古代文学思潮史》，中国社会科学出版社 1996 年版，第 190 页。

此，能乐将舞台化为"无"，即无布景、无道具、无表情（表演者戴上能面具），让观赏者从"无"的背后，去发现更多的"有"，去想象无限大的空间和喜怒哀乐的表情，从而造成一种神秘的气氛，使能乐的表演达到幽玄的"无"的美学境界。

世阿弥强调，能乐表演的幽玄之美是以惟妙惟肖的"状物"即表演的逼真可信为基础的，用今天的美学话语来讲，就是真实是幽玄之美的基础。只是一味想演得幽玄，而不注意去"状物"，那就不可能达到神与形的完美统一。也就是说，幽玄根源于"心"，又要立足于"状物"，只有如此，才能达到一种空寂的幽玄美。世阿弥的继承者金春禅竹进一步用佛教哲理来把握幽玄，用宗教思想来修饰意境，使幽玄更具有精神性和主观性。他强调"心深而真就是幽玄"，而"幽玄之中，余情尤胜"。为求得"心深"，必苦行求心，这样就进一步密切了宗教的联系，以此挖掘更多内在性的东西。

空寂的幽玄还涉及绘画、茶道等领域。绘画上主要体现在以墨代替色彩的水墨画上，日本的水墨画画面留下很大的空白，画月只画月光及月影；山水画中的虚白象征云雾；风景画中以"一角"暗示全体，等等，这种空白需要用"无心的心"去感受其中所蕴含的丰富内容，不用"无心的心"去感受，是无法感受到其中所蕴含的丰富内容的。大片的余白不是当做"虚"的"无"，而是充实之"无"，从无中发现有，即"超以象外、得其环中"。今道友信在《东方的美学》一书中说道："绘画最重要的中心内容不在于以那绘画的写实技巧所能模仿地再现外在事物和外部现象，而在于事物的看不见的本质乃至于自然之气韵。""它（水墨画）比其他绘画种类可以说更近乎超越性，并且水墨画试图用它那象征的有意识的形变来将现象理想化，结果就能暗示所看不见的东西，神的东西。"① 它融贯了空寂的艺术精神，追求一种恬淡的美，这种美需要用"心眼"去感受、去想象，才能达到"无中万般有"的意境，才能体现一种"空寂的幽玄美"，一休宗纯的著名的诗句"若问有心为何物，恰似墨画风涛声"就很好地揭示了水墨画的空寂和幽玄的美学意蕴。正因为水墨画与日本文

① ［日］今道友信：《东方的美学》，蒋寅等译，生活·读书·新知三联书店1991年版，第138页。

化的空寂性格相契合，与日本人的幽玄审美趣味相通，才对日本人产生一种神秘的魅力。

随着"空寂"进入茶道，幽玄思想也达到了新的境界。茶道的代表人物是千利休，他从提倡草庵式茶道开始，明确提出以空寂作为茶道精神。他的草庵式"空寂茶"，强调去掉一切人为的装饰，追求简素的情趣。茶室的简素化是为了茶人容易达到纯一无杂的心的交流，"在情绪上进入枯淡之境，引起一种难以名状的感动，并且不断升华，产生一种悠悠的余韵，不时勾起一缕心荡神驰的美感，同时在观念上生发出一种美的意义上的余情与幽玄"①。千利休之前的日本茶道，一向是与中国相同的贵族书院式茶道，而草庵式"空寂茶"却创造出一种有别于以中国式茶席作为模式的贵族书院式的茶道，一种自己民族的新形式的茶道。这不是一种贫困，而是企图从"贫困"中感受一种超现实的最有价值的存在，把"贫困"作为根底，将"空寂"定义为"贫困性"的审美情趣，追求"贫困中的富有"，充实其生命的意义和价值，达到以"空寂"为中心的幽玄美。无论是能乐、水墨画，还是千利休的"空寂茶"，都强调从"无"的境界中发现纯粹的、精神性的东西。能乐歌论表现为余情，水墨画表现为余白，空寂茶表现为"贫困"，也就是体现为"无"，它们的创造者们发现了"无中万般有"，从而追求一种以空寂为中心的幽玄美。

以松尾芭蕉为代表的俳谐艺术发展了"闲寂"的审美情趣，创造了以"闲寂"为中心的风雅美，它的美学风格可总结为"寂"，即显现幽玄、闲寂的美的境界，芭蕉的"闲寂"与心敬"幽玄"冷寂美是有关的。这里的"风雅"概念，不是指风流文雅之意，而是指日本人的审美意识中充满自然感的美，即雪、月、花等自然风物之美。芭蕉使"闲寂的风雅美"成为俳谐的基本美理念。具体地说，要摆脱一切俗念，以静观自然的心情静观人生，人生等同于雪、月、花等自然风物，使物心合一来把握物的本情，这样"闲寂"就达到了风雅之美。这种"闲寂的风雅美"只有在自然、自然精神和艺术创造三者混成一体时才会产生，是主体（俳人）与客体（自然风物）融合的生动体现，这就是芭蕉所强调的俳谐艺术的真髓。芭蕉重视以"由声音所产生的静寂，巧妙地表现为

---

① 叶渭渠：《物哀与幽玄——日本人的美意识》，广西师范大学出版社 2002 年版，第 96 页。

声音消失后残留的余韵，即深深的静谧、凄怆的感觉、庄严的意味，且透入沉思的高度艺术性"①。《古池》中的"扑通一声响"看似一句没有"诗意"的一句话，却蕴含了千年的静寂，弥漫在人们的心中。他就是以有形有声的东西来表现宇宙无声的静谧的本质和个人内心的空寂的"无"，由此能显出俳谐艺术的"韵外之致"及以一显多的美学风格，这也恰恰就是"幽玄"范畴所表现出的美学风格。

第三节　韵味无穷与余情余韵

一　"韵味"与"余情"——共同的审美趣味

"神韵"与"幽玄"的审美趣味均趋向于超越和内省，在通过与自然交流中来领悟人生，当然它们更多的是关注个体的生命存在，包含了更多舒展个性的要求。在艺术表达上讲求含蓄、委婉，言外传意，追求远而不尽的效果。

二者在对审美客体的选材上，都喜爱选取和描绘朦胧、幽静的景色，借景抒情，表达或淡雅，或幽深的情思，注重"韵味"、"余情"，追求意在言外的含蓄之美。这种含蓄、富有余味的意境，是超越于文本形式、文字语言之外的一种审美效应。所谓"镜中之象、水中之月"也。同时在表达中利用极为简约的文字也是"神韵"、"幽玄"表现出的突出特色，所谓"意在笔墨之外"、"文约而笔长"，文字简省而意蕴丰富。

"神韵"与"幽玄"的核心都是人与自然的审美关系，它们集中了中国和日本关于人与自然精神交流的思想精华，体现了两个东方民族对待自然的独特的审美态度。中国六朝时期出现的以自然现象来印证佛、道思想的"玄言诗"，后逐渐发展为山水诗，达到人与自然的真正交融。"神韵"的标举者王士祯自幼喜爱山水，并在其诗学中表现出来，可以说"神韵"说即是其"癖好山水"的诗学表现，"神韵"是从"山水闲适"与"田园邱壑"中生出，所以这类作品被限于一定的题材范围之内。同时依王士祯之意，"不着一字，尽得风流"、"不落言筌，不涉理路"只适用于山水田园，"至于议论、叙事，自别是一体"，当然这并不能掩盖其诗学主张上的

---

①　赵乐甡：《中日文学比较研究》，吉林大学出版社1990年版，第152页。

平正通达之处。司空图认为味外之味与诗中的山水境，有一种内在不可分的关系，那种似真似幻，只可远观、不可近玩的艺术世界总是让人流连不已，体味不尽。他强调味外味要与他的象外象理论结合起来，这是他独特的贡献。在《与极浦谈诗书》中有这样一段话：

> 戴容州云："诗家之景，如蓝田日暖，良玉生烟，可望而不可置于眉睫之前也。"象外之象，景外之景，岂容易可谈哉！

在这段话中他阐释了味外之旨，并认为只有领略象外之象、景外之景，方能深得味外之旨，表达出自然山水与创作主体情感意趣之间的关系，也就是诗人与大自然之间的审美关系，其实这也正是"神韵"理论的核心问题。象外之象实际上是构造于客观山水物象之外的、充满特殊情感意趣的一种特别的艺术境界，这种艺术境界已经将实地实境与充满亦真亦幻的景象融合于一体了，艺术境界"不可置于眉睫之前"，而且"近而不浮，远而不尽"，它是实景的心灵化，也是心灵的一种外现，这实际上是在超越现实，追求一种理想的审美世界。

日本中世以后的"歌道佛道一如观"使得和歌等文艺现象必须等同于佛道才能获得其存在的价值及其合理性，以后也逐渐脱离佛道的价值观念，发展为一种与自然的纯粹交流，在体悟中达到心灵的净化，从而来探讨生命存在的真正价值和意义。一般来讲，在被藤原俊成和藤原定家判为"幽玄"的歌，几乎都是吟咏大自然的作品，以自然景物作为题材是"幽玄"和歌的共同特点。但也有例外，如假托为藤原定家作的《三五记》将作者汇集的那些带有"余情妖艳"之"幽玄"美的歌都是以恋爱为题材的，特别是"行云"、"廻雪"二体中所举出的例歌都是《新古今集》中的恋歌。所谓"行云"、"廻雪"体就是风卷雪团之体、云雾遮花之态，虽不可言喻但呈现出盎然之情趣，无言无语中似有千言万语咏出。行云飘雪、空中云气等都不能随意表达，这就是"幽玄"，是幽玄之风姿，这是心中明白又不能付诸言辞的美，带有朦胧缥缈之余情和余情妖艳的色调。

张少康认为，中国古代的文学创作理论主要建立在"言不尽意"论的思想基础上，许多重要的理论和概念，如虚静、风骨、韵味、意境等的形成和发展，都和它有不可分割的联系。① 这是很有见地的。所谓"意在言外"、"味外之味"都是受"言不尽意"的影响，对言意关系的理解，使得中国传统审美艺术形成了以形写神、虚实结合、情景交融、创造意境的特色。老庄由主张"言不尽意"而提倡"得意忘言"，要求人们去重视如何表达言外之意。意境之所以具有自己独特的民族特色，就是由"言不尽意"思想影响的结果。刘勰同样是肯定"言不尽意"的，并把他对言意关系的理解，进一步与文学创作的美学特征联系起来，强调了"隐秀"之美，也就是说，文学作品既要有生动形象的描写，还要有发人深省、耐人寻味的言外之意，要"言有尽而意无穷"。同时他又很重视"神思"，指出"神思"之"神"是创作想象的飞驰无垠，而"思"指想象力的展开散发，这种散发正是"神韵"的特质之一。这不仅表现在创作上，也表现在欣赏上，没有想象力的驰骋，就没有"神韵"的活力和余味，就不可能达到"登山则情满于山，观海则意溢于海"的状态。

　　"神韵"说的滥觞可以追溯到两千多年前的"比兴"，人们早就意识到诗人与自然之间存在着微妙的审美交流。而到了南朝时期，钟嵘提出了"滋味"说，这样就将兴与味连接起来，构成了神韵说的正式起端，后来把它发展成为"韵味说"。宋代严羽的"兴趣说"又从创作论角度进一步深化了神韵理论，加之绘画领域内已有的传神论，"神韵"的内涵就变得十分丰富了。"神韵"最基本的含义，依范温《潜溪诗眼》所言，为"有余意"。钱钟书先生在《管锥编》中曾以范温"有余意之谓韵"阐释谢赫"气韵"之说："谢赫以生动诠'气韵'，尚未达意尽蕴，仅道'气'而未申'韵'也；司空图《诗品·精神》：'生气远出'，庶可移译。'气'者生气，'韵'者远出。赫草创为之先，图润色为之后，立说由粗而渐精也。曰'气'曰'神'，所以示别形体，曰'韵'，所以示别于声响。"② 在这里，钱先生之所谓"远出"即为"有余意"，从而把握了"神韵"范畴最基本的含义。

　　钟嵘曰"文已尽而意有余，兴也"③，刘勰云"隐者也，文外之重旨

---

　　① 张少康：《古典文艺美学论稿》，中国社会科学出版社 1988 年版，第 10—11 页。
　　② 钱钟书：《管锥编》第 4 册，中华书局 1979 年版，第 1365 页。
　　③ （梁）钟嵘著，曹旭集注：《诗品集注》，上海古籍出版社 1994 年版，第 39 页。

也"①，司空图之"不著一字，尽得风流"②，王士祯引姜白石诗论道："句中有余味，篇中有余意，善之善者也"③ 等均是指出诗须有味外之味，意味要含蓄、空灵，避免直言铺陈。"神韵"所表现出的"韵味"是一种"味外味"，即诗歌表现含蓄、有言外之意，是一种通过联想而领悟到的意趣。这种"味"是一种"韵外之致"，也就是说，诗歌言情写物、造境传神，要表现出"韵外之致"。司空图曾说："近而不浮，远而不尽，然后可以言韵外之致耳。"④ 近是讲形象鲜明，如在目前；远是讲诗意深远，不尽于句中。

禅宗传入日本，使得"幽玄"达到了"心中万般有"的禅境，形成了超越现实具象的神秘意境，这种意境难以用言辞表达。按照鸭长明在《无名抄》中对幽玄美学的解释"幽玄体不外是意在言外，情溢形表"⑤，从这一点上看，"幽玄"之境与"神韵"是息息相通的。它们都表现出朦胧、深远、玄妙、幽静、意在言外、超旷空灵的境界，尤其是均与拈花微笑的禅境相通，是"直观感象的模写、活跃生命的传达、最高灵境的启示"⑥这三境层中最高的一层，其着眼处不在言辞之华美，而在辞外的余韵，它们所追求的是幽深玄远、富于象征意义的神境，而非实境。

日本中古末期歌人藤原俊成之子藤原定家的《每月抄》格外重视刘勰提出的"隐秀"概念。《文心雕龙》中有"情在词外曰隐，状溢目前曰秀"（《隐秀》），提到"隐"的含义是"隐也者，文外之重旨也；秀也者，篇中之独拔者也。隐以复义为工，秀以卓绝为巧，斯乃旧章之懿绩，才情之嘉会也。夫隐之为体，义生文外，秘响旁通，伏采潜发，譬爻象之变互体，川渎之韫珠玉也"。在这里，刘勰对"隐秀"的含义论述得还是很清楚的。秀，是指艺术意象中的象而言的，它是具体的、外露的，是针对客观物象

---

① （梁）刘勰著，王运熙等撰：《文心雕龙译注》，上海古籍出版社 1998 年版，第 359 页。

② （唐）司空图：《二十四诗品·含蓄》，王济亨集注：《司空图选集注》，山西人民出版社 1989 年版，第 108 页。

③ （清）王士祯著，戴鸣森校点：《带经堂诗话》（卷三），人民文学出版社 1963 年版，第 76 页。

④ （唐）司空图：《与极浦谈诗书》，王济亨集注：《司空图选集注》，山西人民出版社 1989 年版，第 108 页。

⑤ 叶渭渠：《日本古代文学思潮史》，中国社会科学出版社 1996 年版，第 94 页。

⑥ 宗白华：《美学散步》，上海人民出版社 1981 年版，第 76 页。

的描绘而言的，故要"以卓绝为巧"；隐，是指意象的意而言的，它是内在的、隐蔽的，是寄寓于客观物象中的作家的心意情志，故要"以复义为工"。文学作品中作家的思想感情应寄寓在客观物象的描写之中，这是艺术创造的一个基本原则，所谓"文外之重旨"、"义生文外，秘响旁通"都是要追求言外之意。欧阳修在《六一诗话》中引用梅尧臣的话解释"隐秀"为："状难写之景如在目前；含不尽之意见于言外。"所以在这里，"隐秀"基本等同于日本人所理解的"幽玄"含义，都包含着具有含蓄美的"言外之意"、"韵外之致"。由此可以追寻出"隐秀"是日本"幽玄"思想的另外一个来源。

"幽玄"把歌论的本质定位在"心"的领域，强调和歌表达情感、抒写自然、慰藉心灵的属性，同时淡化歌的思想性与社会教化作用。此"心"亦即情，主张歌就是抒情。这种情主要限于小我天地，且往往蒙上淡淡的哀伤。这是日本人追求的美。以"心"概念注解"余情"，并把余情定为和歌的审美尺度。鸭长明以"余情"释"幽玄"："惟其词所不得言尽之余情"（《无名抄》）描述了"幽玄"含蓄蕴藉、余味无尽的意境。鸭长明是把"幽玄"当作"只是语言难以表达的余情"，即"幽玄"就是含蓄美的"余情"，将深远微妙的含蓄性深化为余情。后来有世阿弥以"幽玄"论能乐，松尾芭蕉以"余情"论俳句等。特别是松尾芭蕉在俳句中就是采用"言外含情"的咏物法，景中见情，意味深长，"余情"在俳论中成为"味"之美。藤原俊成、藤原定家父子是"幽玄"、"余情"理念的主要建设者。俊成的"幽玄体"被定家发展为"有心体"，并把它作为艺术美的最高境界，"有心"即"有情"，主要指富于情调与象征意味的浓厚之美。"有心体最是定家奉为圭臬，作为理想的歌体，是心之深即情趣的美好与文辞之妙二者均优，心寓于歌中的歌。"① 不过，"幽玄"所强调事物的韵味，是一般人智难以估量的神秘境界，它更多地是指一种精神上的东西，有深奥难解的意思。这种神秘性和超自然性，是一种非现实的神秘美，对这种神秘美的追求，与佛教影响不无关系。

在文化的表现形态上，"神韵"是属于雅文化之内的审美形态和美学

---

① ［日］今道友信：《东方的美学》，蒋寅等译，生活·读书·新知三联书店 1991 年版，第70 页。

范畴，它是与俗相反的。在中国古代，雅文化是与贵族文化一样占据主流文化的统治地位。从"幽玄"的产生与演变来看，无论"幽玄"于歌论，还是于能乐论，均是贵族精神的反映，与平民大众是风马牛不相及的。日本中世文学三大随笔之一《方丈记》的作者鸭长明在《无名抄》中说，"幽玄"是"不表于辞之余情，不显于姿之动姿"，"心深义理，辞极艳美，自然咏出，非高极享受者不能共感"。作为一种审美情趣，"幽玄"至少在被作为一种审美理念广而用之的时代是远离民众的，因此"幽玄"充满着雅化与脱俗色彩，即使是民间文学也充满着雅化。奈良时代与平安时代由宫廷文人编辑的第一部和歌总集《万叶集》是民间文学去粗取精跨出的第一步，之后到了10世纪经过再筛选编了第二部和歌总集《古今和歌集》，1205年的《新古今和歌集》已体现了"幽玄"理念的审美理想。连歌理论的奠基人二条良基重视和提倡"幽玄"理念，他认为连歌作为和歌之一体应该追求和歌之"幽玄"境界，这样才能提升连歌的高雅情趣。如果说我们从《万叶集》的和歌中感受的还是一种直率质朴的话，那《古今和歌集》中的和歌已经让我们感受到了一种余情余韵的象征性表达，和歌的脱俗性色彩明显凸显出来。

二 "淡远"与"幽深"——同中有异的审美风格

"神韵"本身是作为文艺用语而出现的。在它的发展过程中，有较完备的先行理论作为基础，它受到司空图的"味在咸酸之外"与严羽"言有尽而意无穷"等观点的影响极深。司空图所谓"味外之旨"与"韵外之致"，就是认为诗歌要能给人一种富有"韵味"的美感，从而产生回味无穷的美感享受，难以言说的审美愉悦。这种愉悦感是由意蕴深远而含蓄的"意境"产生的，这正切合"神韵"的审美特质。并且"神韵"提出了更高一层境界的要求，要寻找"韵外"之"韵致"，这种"韵致"就是超尘拔俗的精神境界所显现出的一种风神远致、一种魅力。"韵"本身就很"虚"，"韵外之致"是让人更难以言说的"虚"，这是一种很细微的审美体验，虽不是"实在"的内容，但却是令人能够感受到的东西。

"幽玄"也表现出"虚"，"虚"是"幽玄"内容的主要特征，但这种"虚"不是一种空虚，它包含着日本民族至高至纯的情感意趣，纯美的东西充盈其中就是"虚"的深意所在。可以说虚无是"幽玄"内在的本性，但这种东方式的"虚无"不同于西方的虚无主义，正如川端康成在其诺贝尔文学奖授奖辞《我在美丽的日本》一文中指出："有的评论家说我的作品是虚无的，不过这不等于西方所说的虚无主义。我觉得这在'心灵'上，根本是不同的。"如"幽玄"所表现出的妖艳之内容特征，它描写的都是空灵绝美而又转瞬即逝的物象，最能表现出新鲜事物不能长存的无常以及由此而生的无奈的感伤。禅僧良宽与一休的诗句中"春花秋月山杜鹃，何物堪留尘世间"、"却问心灵为何物，恰似雪中松涛声"就包含着"诸行无常，诸法无我，是生灭法"的要义。春花、秋月、杜鹃等都是世间精美曼妙的物象，在存在之时尽力展现自身之美，但这些物象转瞬即逝，留给人的是一种无奈和伤感，引起人心灵的共鸣，就连人的心也是无法存在的，这种情感基调就是一种需要感悟的虚空，这一切背后就是寂灭。这种审美精神只有在拉开人与世俗的距离才能产生，它在引导人的精神进入无边际虚空的同时，去把握生命的本体和宇宙的真谛。

"幽玄"作为一种文艺用语，是从佛教用语转化而来。它虽然是日本古典文学论、日本歌论的审美理念之一，但"幽玄"最初在日本是作为佛教用语出现的，是为了强调佛法的趣旨深奥，又加之日本民族受本国神道教的影响比较深，所以它有较浓的宗教神秘色彩。并且在它的发展历程中，由于没有先行的较完整的理论作为基础，致使整个发展历程较长，其理论内涵和外延也出现了一些波动，从"妖艳"美、"冷寂"美，再到"枯淡"美等，反映出了时代思潮和佛教禅宗对它的影响。

佛教是中世精神生活的信仰，佛教中的无常与净土思想的盛行，契合于中世时期的消极避世思想。无常之理念对于人们来说并不单纯表示对世间秽土的厌离和无奈，它还能引导人们领悟到无常之中所蕴含的一种生命的恒常，保持静寂之心的同时发现那种超越形式的无常之美，这种美就是"幽玄"之美。把这种美体现在艺术创作中，自然就感受到了其中象征的意味，创作者必须有"幽玄"之心，有高远之境界，方能入"幽玄"之境，达到真正的心的修行。

"幽玄"一词一直与佛教保持着密切关系，"这个词是在佛教方面被使用的"[①]。空海《般若心经秘键》中的"释家虽多未钓此幽，独空毕竟理，

---

① ［日］能势朝次：『能势朝次著作集』第二卷，思文阁1981年版，第200页。

义用最幽玄"等都强调了佛法的趣旨深奥。中国禅宗也用此词宣扬佛理的深奥玄妙，最早见于《临济录》："佛法幽玄，解得可可也。"到后来用"幽玄"来表述审美意识的时候，已经与佛教用语的含义很不相同了。"幽玄"的产生和发展本身就与佛教尤其是禅宗的影响分不开。禅宗的悟能够看透人间世相表面上的浮华，能洞察到那不可捉摸的无常背后的永恒；本来作为创作标准的"幽玄"也成为一种审美境界，我们从感官上所体会到的幽玄美也被提升到精神层面。"幽玄"就是禅中的"妙"，铃木大拙在《禅与日本文化》一书中写道："妙在日本文学中有时还被称之为幽玄，有的评论家就指出，一切的艺术品中都体现着幽玄，幽玄就是对变化的世界中永恒事物的瞥视，就是对实在秘密的洞察。"① 在这里，把妙与幽玄联系在一起，"妙明真心"指的是真心本性，那么就意味着幽玄追求的是一种真实本性。幽玄的内在本性体现为"妙"的真实与禅寂之后的虚无所产生的"哀"的永恒性，禅宗中神秘、超脱的格调蕴含丰富了幽玄之美的内涵，使其审美趣味逐渐趋向闲寂清幽。幽玄的余情、妖艳之美只可意会不可言传，这契合于禅宗拈花微笑的精神。这种精神表现在对禅理有了透彻的理解，彼此默契、心领神会，是一种祥和、宁静、安闲、美妙的心境，它超脱一切，不着痕迹，是一种"无相"、"涅槃"的最高境界，只能感悟与领会，不能言传，只有领悟到了这种境界才会拈花微笑。

精微深奥的佛理展现了一种超然于现世之外的神秘境界，它与玄学结合，深入诗心文心，使诗歌于具象之外更求神韵。日本人最初的宗教信仰是从远古以来不断变化发展的神道教（简称神道）。"神道"在历史上一直是人们心领神会、共同认可但又无法准确把握的概念。日本学者梅原猛指出："所谓日本的神道，实际上是很不好理解的……它几乎没有什么经典之类的书籍，而是完全融化于日本人的生活之中，变成了习俗。所以从思想上很难抓住它究竟是什么内容。"② 虽然如此，神道毕竟承袭了日本民族宗教的基本性格，它对社会生活及人们的审美观念产生了深刻影响，外来宗教很难融入进去。所以佛教在最初传入日本时是受到抵制的。到了日本

---

① ［日］铃木大拙：《禅与日本文化》，陶刚译，生活·读书·新知三联书店1989年版，第149页。

② ［日］梅原猛：《森林思想——日本文化的原点》，中国国际广播出版社1993年版，第5页。

中世纪，动荡的世事使人们需要一种寄托，于是佛教才日益盛行，整个中世纪 400 余年中，佛教思想一直占据主导地位。在奈良时代，中国佛教禅宗也开始传入日本，禅宗佛学在日本社会产生了极大的影响，得到了很大的发展。如果追究其原因的话，就在于禅宗的世俗性、现实性、心灵的自由性和实现人生终极目标的直截了当性适应了日本民众的文化心理，切合了日本社会的现实需要。特别是在中国的唐宋时期禅宗佛学对诗歌创作和诗歌理论的渗透，对绘画艺术创作和画论的渗透，等等，都直接影响到日本的文化艺术和审美观念。

在这一时期，中国文人士子言谈咏诗都不忘禅意禅趣，在创作上有王维空灵寂静的山水田园诗，理论上出现严羽"以禅喻诗"的学说，"以禅喻诗"的立论之本在于强调直觉的思维和象征性的含蓄表现。这一点深深地影响了日本的诗歌和其他文学体裁的创作，这时的创作都着意表现随缘任运、安贫守寂和自由旷达的人生态度；展示自己空灵无垢的心境；表达对自然万物的微妙而丰富的情感体验等。特别是在后来的松尾芭蕉的俳句中，禅宗中的禅风禅骨、禅意禅趣更得到充分的展现。俳句以最简约的、含蓄的、暗示性的语言，尽可能多地表达丰富的情感意蕴，可谓"文约而意远"、"志深而笔长"，而这正符合"以一当十"、"一即多"的禅宗美学思想。

禅宗思想在对日本艺术创造产生影响的同时，也渗透到审美意识之中，形成了颇有禅思色彩的美学范畴，"幽玄"就是在这一时期与"空寂"、"闲寂"等审美范畴同时产生了。"幽玄"是概括艺术作品表层与深层关系的美学范畴，与"文约而意远"、"志深而笔长"的思想颇为接近。日本学者铃木大拙称"幽玄"就是禅中的"妙"，即在瞬间的感悟中来把握无限的佛性。禅宗的传入及由此产生的"幽玄"等审美意识能很快被日本民族接受，是由于"禅"的"不立文字、直指佛性"的简洁、自然的观念。日本学者冈仓天心认为：美，或者说是万物的生命，其隐含于内时，比显现于外时更有深意……可见佛教特别是禅宗的传入不仅从理论上完善了神道思想中原有的"万物有灵观"和"万物有生观"，而且更加深化了自然物与人同情、同构的思想，使日本民族更加深悟佛理，感悟到世事一切悲欢喜乐都不过是过眼云烟，这种宗教的神秘、超脱的格调蕴含在日本民族审美意识的幽远意境之中，不仅使审美趣味逐渐趋向闲寂清幽，而且丰富了幽玄之美的内涵。

　　"幽玄"源于中国古代文化，是哲学层面的形而上的存在。在中国，"幽玄"首先是作为一个哲学词汇而被使用的，表示"深远、幽冥"之意，原本是表示佛教思想的深远，主要见于佛教和道教。佛典中之"幽玄"意指佛法深奥、幽深微妙、不可言喻之境地，道教中之"幽玄"大体上就是老庄所指的玄之又玄、不可言说之充满玄虚的意味，一切不可言状之奥深，不可明理之万物皆幽皆玄。"幽玄"一词，其义主要在于"玄"，"幽"是为了说明"玄"的性质。从字面上理解，"幽"者，深也，隐也，"玄"者，"空"也，暗也，"幽玄"也，深远神秘、不可捉摸之意，幽远也，即所谓"玄之又玄"。"幽玄"在老庄哲学、汉译佛经及佛教文献中被较多使用，而且"幽"、"玄"经常单独使用，即使是阐论佛教教义或庄子思想使用次数也并不多，在文艺审美中并不多见，它在中国并没有成为真正审美意义上的概念。也许正因为它在文艺审美中不被经常使用，才适合于日本歌人们回避中国现成审美概念的意识，得以让"幽玄"以原有汉字形式存在于日本文艺理念中，并成为艺术所追求的一种审美境界。"幽玄"就文学审美的层面而言，是言不尽意，含不尽之意，尽在言外的一种境外之境的含蓄美、余情美。"幽玄"之所以能够作为一种审美理念，成为最能体现日本民族传统美学意识的重要概念，是与日本民族在摄取外来文化过程中的独到创见分不开的，它在吸收外来文化的同时能够形成自己独具的审美特质。"幽玄"无论自镰仓初期的鸭长明、藤原定家始，还是至正彻，进而世阿弥用之，由和歌到能乐，虽然时代流变，批评对象不同，产生了部分差异，但它的主要审美内涵、审美情趣没有大的变化。这反映了日本民族在吸收外来文化后所形成的独特审美传统。

　　在风格的表现上，"神韵"虽然表现出冲淡、清远、超诣的品格，但它同时又崇尚雄奇豪健。王士禛在他编选的《唐贤三昧集》中收录豪健雄奇之诗甚多，诸如王昌龄的《塞下曲》、高适的《燕歌行》等，尤其还选入王维的《出塞作》等雄快之诗。可见在王士禛心目中，王维也不尽是一味恬淡清远。但为何总以冲和淡远来论"神韵"呢？应当承认，以"味外之味"作为审美准则的"神韵"，虽不排斥雄健豪放之格，但其清远冲淡之格比雄健豪放之格更易得"味外之味"。因为用清远冲淡之语为诗即使不得"神韵"，也犹有几分风致在，还能像诗；若以豪放雄健之语取"神韵"不得，诗就失去诗应有的品格了①。所以一般在谈到"神韵"时，更注重其清远秀润一面。而且王士禛对所赞赏即有"神韵"之作品喜用"清远"、"清真古淡"、"清拔绝俗"等加诸其上，真所谓"山水有清音"也。虽然王士禛的诗以清和澄淡见长，但对像杜甫一类的遒劲雄浑也有吸取，他不一味排斥与"神韵"取径不同的风格。他说："自昔称诗者，尚雄浑则鲜风调，擅神韵则乏豪健，二者交讥。唯今太宰说岩先生之诗，能去其二短，而兼其两长。吾推先生诗三十余年，世之谈士皆以为定论而无异辞者以此。"（《带经堂诗话》卷六《题识类》）所谓"交讥"者不过是以短攻短也。这说明王士禛虽以"神韵"为其诗学的核心观念，但能够认识到诗歌风格各有所长，志有所向，诗文之道不能自以为是。

　　大西克礼认为："'幽玄'作为美学上的一个基本范畴，是从'崇高'中派生出来的一个特殊的审美范畴。"② 在这里，大西克礼把"幽玄"作为"崇高"派生出来的一个特殊概念，实际上虽然"幽玄"含有"崇高"的某些因素，但从本质上来讲它们是不同的，"因为真正的崇高不能含在任何感性的形式里，而只涉及理性的观念"；"崇高不存在于自然的事物里，而只能在我们的观念里去寻找"③。"崇高"作为理性的一种观念，只能凭理性去思索，而不能以感性去感知。而"幽玄"是充满情趣性的一种感觉，它是超越逻辑、基于形式而又飘逸出形式之外的审美趣味，是带有体验的一种审美感受。"幽玄"是有形式又超越形式，"崇高"是无形式的，不是感知的对象，只能成为思索的对象。"崇高"是充满张力和刚性的，给人一种压迫感；而"幽玄"极力化解张力，是充满柔性的并带有亲切感，不是高不可及，而是充满美的极致。从美的形态上来讲，"幽玄"较之优美、壮美这样的基本形态的美，它更倾向于复合美，不能简单、错误地理解"幽玄"为"柔弱之美"，它有自身艺术的一种"风力"。

三　"言有尽而意无穷"与"言简而意丰"

　　虽然"神韵"、"幽玄"都受到禅宗的影响，讲究韵味与余情，但"中

---

　　① 徐江：《渔洋诗学神韵说之意境论与风格论》，见《古代文学理论研究》第十九辑，华东师范大学出版社 2001 年版，第 342 页。

　　② ［日］大西克礼：『幽玄とあはれ』，岩波書店昭和 14 年版，第 85—102 页。

　　③ ［德］康德：《判断力批判》上卷，宗白华译，商务印书馆 1964 年版，第 84、89 页。

国对'韵味'的含蓄美的追求，仍然是在比较注重文艺的形象美的基础上作出的"①。也就是说，中国的文艺创作中，对"韵味"的追求不仅要在描绘丰富多彩的形象画面的基础上进行，而且同时要追求一种"象外之象"、"言外之意"的审美情趣，这样才能真正达到含蓄美的境界，而且"禅没有否定儒道共持的感性世界和人的感性存在，没有否定儒家所重视的现实生活和日常世界"，"禅仍然是循传统而更新"②。禅宗在保持儒家风雅和入世一面的同时，也凸显出道家虚无和出世的一面，所以它所独具的文化心态，往往对儒道起着调节作用。反映在文艺上，不仅对中国的意境论起到了推波助澜的作用，而且使中国艺术达到一种如禅悟似的超知性、超功利的精神体验，并生发出"弦外之音"、"象外之象"、"景外之景"，使人感到言有尽而意无穷。

在日本，禅宗的"不立文字，直指佛性"的观念因其简洁、自然而很快对文艺产生影响，形成了"幽玄"美意识。"从豪奢走向洗练"，"美，或者说是万物的生命，其隐含于内时，比显现于外时更有深意。宇宙的生命常常只是在某种外观下有力地搏动着。它并不显现，只是隐微地暗示着它的无限"③。这是一个日本学者对禅宗给予日本艺术的影响的解释。特别是在和歌的表现上，比起中国古代那些充满禅味的诗作，更倾向于平淡、朴实、顺乎自然，言简而意丰。有些诗只是口语而已，却能"于无声处听惊雷"，发人深省。为什么松尾芭蕉的一句谈不上"诗意"的"扑通一声响"（《古池》）竟如此出名，令人皆谈其妙呢？原因在于那是一种凝神冥思的写照，是用最浅近的语言表达了不可言传的禅意。

在考察"神韵"范畴时，可以发现，"神韵"与山水画审美有着密切的关系。王士禛提出"神韵"说，亦源于文人山水画审美的影响。"神韵"典型地体现了中国山水画审美的意识和追求。钱钟书先生在《中国诗与中国画》一文中提出关于中国传统文艺的两种截然不同的审美标准，即"相当于南宗画风的诗不是诗中高品或正宗，而相当于神韵派诗风的画却是画中高品或正宗"④。这说明诗与画的审美追求是不同的。宗炳作为中国山水

---

① 姜文清：《东方古典美》，中国社会科学出版社 2002 年版，第 16 页。
② 李泽厚：《华夏美学》，中外文化出版公司 1989 年版，第 168 页。
③ 姜文清：《东方古典美》，中国社会科学出版社 2002 年版，第 18 页。
④ 钱钟书：《七缀集》，上海古籍出版社 1985 年版，第 24 页。

画美学的开创者，言山水画审美，主张"澄怀观道"、"应目会心"，这种审美追求正与庄禅思想及艺术精神合流，也正应合"神韵"的审美情趣。"庄学的清、虚、玄、远，实系'韵'的性格、'韵'的内容；中国画的主流，始终是在庄学精神中发展。"① 山水画中以"水墨最为上"的"淡"的境界，正是"神韵"所表现出的清虚玄远的审美追求。"韵即能远，远即会韵；两者在基本精神上，是一而非二的。"②

中国是一个儒家文化大国，中国文人更是与生俱来就有治国平天下的强烈社会责任感和积极入世精神。虽然在魏晋时期，儒学衰退，释道兴盛，文学自觉意识觉醒，审美价值得到重视。尤其刘勰将艺术审美观与社会价值观有机结合，指出："情以物迁，辞以情发；人秉七情，应物斯感；感物吟志，莫非自然。"既主张"述志为本"，亦强调"为情而造文"。其后"缘情"、"妙悟"、"神韵"等理论的产生，形成以审美为旨归的一大体系。但积极入世、述志咏怀的思想一直是中国文人的文化精神。正如宗白华先生指出的，在中国的艺术世界里，甚至"山水、花鸟和草木"，也往往都"寄托深刻的政治意识"③。

而日本在模仿、借鉴中国古代哲学和艺术思想的过程中，逐渐形成"以心为本"的理念，使得其摆脱儒学思想，显示出民族个性，力主其纤细、唯情、唯美的文化精神。"幽玄"等范畴唯情唯美色彩浓厚，表现出蕴含深醇、情调浓郁的象征美、含蓄美。它们受到中国佛禅、本民族神道的浸润，加之对自然季节美的感悟，最后调和成一种独特的日本美，象征了日本的文化精神，并渗透到后世的文化艺术中。如松尾芭蕉的俳句中表现出的"闲寂"蕉风，茶道中的"清寂"等无不表现出这种日本独特美意识的影响。所以中国是言志抒情并重，且言志占有某种统治地位，而日本是描写个人情感、心境、自然景物的居多，对自然季节的描述，寄恋情于花鸟风月，寄悲情于山川草木，流露的是个人的述怀情绪。藤原俊成将"余情幽玄"定为歌风的标准，这种"幽玄"就包含了寂寥、孤独、怀旧和恋慕之意。

---

① 徐复观：《中国艺术精神》，春风文艺出版社1987年版，第156页。
② 同上书，第332页。
③ 宗白华：《美学与意境》，人民出版社1987年版，第321页。

同时"幽玄"的美学精神强调从"无"的境界中发现体会完全的、精神的、纯粹的东西。这种影响涉及绘画、茶道、枯山水等领域。在绘画领域，表现在用墨色来代替其他一切色彩的水墨画上。水墨画追求一种恬淡的美，在画面上留有很大的空白，这种空白就是一种有意的"无"，充实的"无"。这种"无"需要通过"心眼"去发现其"无中见有"的境界，因为它表面简单素雅、缺乏色彩，但单纯的线条和淡泊的墨彩却蕴含着丰富的线和色，画中之奥秘、情趣就在这有意的"无"中。茶道中草庵式的传统形式，去掉了一切人为的装饰，追求简单的情趣，造成一种静寂低徊的氛围。人处于这样的空间中，容易进入到一种枯淡平和的境界，引起一种难以名状的感动，产生悠悠的余情，达到纯粹无杂的心的交流，这也正是一种空寂幽玄的境界。枯山水是日本特有的一种庭院样式。受中国山水画"高远"、"深远"、"平远"的自然远近法的影响，日本出现了在被围起来的比较狭小的禅宗寺院里建造的枯山水。它以石头的组合为主体，以白沙象征水来造成山水的模样，把动的感觉寄托于静的石头和白沙之间，达到了静和动的完美结合，并表现出一种"无"的状态。使人从小的空间进入自然的大空间，从有限进入到无限，引出一种空寂幽玄的情趣，创造出让人浮想联翩的艺术境界。

另外，"无"的观念和"幽玄"的美学追求决定了和歌短小的制式。尤其是俳句形体短小，仅有十七个音节，无法畅抒心志，只能以有限的空间展示内心视野的博大空阔，俳句中表达的正是一种直觉到的"空"的观念。"俳句的意图，是在于创造出最适当的表象去唤醒他人心中本有的直觉。"[①] 因此，"文约而意远"、"志深而笔长"成为俳句拥有幽玄之美的特点。所以最初作为禅宗思想的"无"被转化为审美意义上的"无"的观念时，已被赋予某些具体的含义。"无"的思想使人们产生了忽略艺术形式的独立审美价值的倾向，强调超越形式去显现真如，要求"言有尽而意无穷"，要求"得其意而忘其形"。对艺术创造形式的过分简化，造成了日本近世艺术的简陋、素雅、朴拙、寂寥的美学趣味和创造风格。

我们可以看出中国禅宗的传入似乎契合了日本民族精神上的孤苦漂

---

① ［日］铃木大拙：《禅与日本文化》，陶刚译，生活·读书·新知三联书店 1989 年版，第 169 页。

泊、思维上的注重因缘、偶然性的文化心理结构，所以"幽玄"范畴表现出的是以阴柔为美的特质，吟咏的是悲欢离合的哀伤和顺应天意的宿命论，其主题就是爱情和无常。而且它更重视"心"的表现，以寻求闲寂的内省世界，保持着一种超脱的心灵境界。同时"幽玄"在情调的色彩上并不太有特定的色彩，从情趣内容上看有些是完全异质的，既有寂寥色彩，也有妖艳风格，还包含有深奥幽远之意，这是它的突出特点。因"幽玄"是由佛教用语转为文艺用语的，它更多一些宗教神秘色彩，而且也没有先行的较完整的理论作为自己的理论基础，在其探索发展的过程中理论的内涵和外延都会出现一些波动，而且正因为它的发展历程比较长，对日本审美意识的影响极为宽广。"幽玄"作为佛教用语，用来强调佛法的趣旨深奥，但用来作为审美意识中的一种理念时，虽说与佛教用语是很不相同的，但也并非完全没有联系。

一般来讲，具"神韵"之诗虽然也在写景抒情，追求余韵无穷，但总体来讲还是带有一定的思想性和说理性，总感受到一种思想观念贯穿于其中，因此在语言的表达上相对来说是比较清晰和明确的。而追求"入幽玄之境"的和歌特别强调不能表达思想观念，只注重内在的心绪表达，不能说理，刻意追求充满暧昧性和模糊性的余情余韵。藤原俊成曾经说过，大凡和歌只是歌唱，只是吟咏，而不能说理，一定要有趣味，听起来要艳美、幽玄。藤原俊成的和歌判词中有14处用了"幽玄"，这些判词可分为"心"的幽玄、"词"的幽玄、"姿"的幽玄、歌之风格等。在和歌之"心"与"词"的谐调和浑融之中，在吟咏之中，产生出"幽玄"之感。"心幽玄"就是"心"的幽深所表现出的闲寂而高雅的境界，"心"与"词"的结合形成的是"姿"，"姿"是一种"幽玄"的风情，吟咏的谐调性是这种风情形成的重要因素。有无风情是有无"幽玄"的标志，风情要"深"才能令人产生幽寂清艳之感，如山川中的红叶、黄昏中的篱笆等能给人带来思古之幽情，就能引起"幽玄"之感。风情要能立足于优艳高雅为主流的传统的歌情，不仅要深化各个时代普遍都有的感情，还要能有新奇之"词"，方能自然地表现出特别的情调，创造出"姿的幽玄"。

日本民族对于世界美学的贡献主要在于将美推向极致，其中"幽玄"的超然世外、直入内心深层及对情感的体味捕捉是这种美的极致的主要表现。可以说"幽玄"充满独特的日本民族风情，它是日本贵族文人阶层所崇尚审美趣味的高度概括。"幽玄"在审美对象上更突出其被遮蔽感，追求"月被薄雾所隐"的审美趣味，因此在情感的表现上更加朦胧、委婉，体现出其柔缓、优雅之美，正所谓藤原定家的"于事心幽然"之审美境界。"幽玄"的寂寥感让人有潸然泪下之感，如同被俊成评为"幽玄"的"芦苇茅屋中，晚秋听阵雨，倍感寂寥"和歌中所表现的那种心情，这种感受是不由自主的。"幽玄"所强调的"深远"更多地表现在精神上和思想上的深刻，可谓"心深"，不单单是我们一般意义上所理解的时间和空间上的距离感，这种"深远"往往意味着对象的难解之意，好像是难以达到之"深"、之"远"。"幽玄"实际上是一种难以把握、稍纵即逝的感觉，不是很明确，却又有所感知。而且"幽玄"不直接与社会生活产生联系，因此比起"神韵"，它更具有一种神秘性或超自然性。还有它的"不可言说"之"余情"更显飘忽不定，给人以不可思议之美的审美情趣，它是呈现在以和歌为代表的艺术之中并在字里行间飘忽摇曳的一种气氛。

对"神韵"与"幽玄"两个审美范畴的比较离不开中国民族特定的思想体系——儒道禅的互为渗透和互为汇合这一基因。儒道佛三种思想最早得以交融是在六朝时期的玄学，也就是通常说的魏晋风度[1]，魏晋风度是不满足于形似而更多地要求神似。体现于文学创作中，"神"侧重于作品的风格内涵，"韵"是"神"的体现，侧重于作品的艺术魅力。所以谈到神韵理论是不能撇开魏晋风度的，因为三位生活于不同时代和社会，又都倾心于神韵的审美者司空图、严羽和王士祯在不同程度和不同形式上，恰恰是具有魏晋风度的，他们都曾在神韵境界中做过心灵远游，并从理论上总结了心灵的体验。

儒道思想虽然影响着日本的审美意识，但远没有佛家思想影响之深，特别是到了中世，即镰仓室町时期（1192—1600），随着日本和歌理论的发展，佛家特别是禅宗的影响开始凸显出来。"佛教的渡来没有驱逐既存的日本信仰，而是佛教信仰与日本原始信仰实现一种共存状态。"[2] 汉学造诣颇深的歌人藤原俊成信仰佛教，不仅创造了优美、清新、温雅的"幽玄体"，而且首倡"歌佛相通"说。俊成之子藤原定家也是中世歌论的集大

---

[1] 吴调公：《神韵论》，人民文学出版社1991年版，第8页。
[2] ［日］加藤周一：『日本その心とかたち』，株式会社スタヅオヅブリ2006年版，第44頁。

成者，他在《三五记》里说："今之所谓幽玄之体，总而言之，乃歌之心、词朦胧，非同一般的样式。所谓行云回雪二体，只是幽玄中的余情而已，但必有心。幽玄为总称，行云回雪应为别名。归根结底，称之为幽玄之歌里，以薄云掩月之势、风飘飞雪之情景为心地，心、词之外，并以影浮眼前见胜。"[①] 其中缥缈幽远之境的神仙艳冶趣味，不只是老庄思想和道家情趣的反映，佛家的色彩也掺杂于其中。藤原定家带有神秘气味的缥缈而幽艳的美进一步得以发展。正彻认为，歌的妙趣"并非用词说与人听者，只应是自然领悟"，这种妙境，正如《沧浪诗话》所说"水中之月，欲取虽易，但取之不及"而难以到手，这也说明诗趣、歌趣与禅家风味一脉相承，均是在语言之外的，同时也是讲求含蓄的"情在言外"的艺术要求。心敬是从佛道谈歌道，将和歌的修行功夫最终归之于人格修养，说"不解胸中之毒气，即难以吟出自己的真诚歌句"来，并且强调"无师自悟"、"顿悟直路"之法，几乎达到"歌禅一致"的地步。同时也将佛家思想对歌论的影响达到一种极致，儒、道、佛的思想影响也在和歌理论中融而为一。在歌的本质和功用上，儒家的"言志"、"缘情"除社会政教作用外，还强调陶冶性情、提高品格；老庄等人的"虚静"在构思中被加以重视；在和歌体式的研究中，不仅针砭了歌风时弊，而且丰富了各种诗歌风格的内涵，从而形成了以"幽玄"为代表的具有民族特色的美学思想。"幽玄"虽源于中国并作为哲学层面的形而上的存在，在文艺审美中不多见，但却成为最能体现日本民族传统审美意识的重要理念，这的确值得我们思考。按照日本学者谷山茂的认识，"幽玄"相似于中国的"神韵"，它们所体现出的独特的民族特质同样也值得我们作进一步的研究。无论是"神韵"充满的"意在言外"的"韵味"之美，还是"幽玄"带有"缥缈朦胧"的"余情"之趣，均趋向于自我生命的超越与内省，包含了更多舒展自由个性的要求，追求意在言外的含蓄之美。

---

① 赵乐甡：《日本中世和歌理论与我国儒、道、佛》，见饶芃子等编《中日比较文学研究资料汇编》，中国美术学院出版社 2002 年版，第 141 页。

第 五 章

"趣"与"寂"

　　"趣"和"寂"作为中日两国重要的审美范畴不仅自身根基深厚而且影响深远，它们在自身的发展演变中，不仅建立在各国家文艺美学深厚传统的基础之上，而且分别代表了本国审美意识在一定历史阶段所达到的理论高度和艺术精神特质的一个方面。它们作为艺术创作中所追寻的一种美的情趣，是艺术作品具有美的特质的关键因素。

　　"趣"既是艺术作品本身所迸发出的生命活力，也是创作主体自身生气与灵机的体现。创作主体的审美旨趣是其审美修养和审美理想的体现，当把这种审美旨趣传达在艺术作品中时，就成为作品的审美趣味，这种趣味表现出了艺术作品的审美特征和某种风貌。它是创作主体的情感物化为作品的审美情趣后所体现出的一种独特的审美特质，是区别于其他作品的充满意味的蕴藉性，是值得品味的诗情诗意，以"趣"胜方能"起人精神"。

　　"寂"作为一个古老的日文词，在日语中本来是指事物所呈现出的古旧荒凉之貌，无关于审美理念，但当这种古貌伴随着能够吸引人心的一种审美之趣时，它就拥有了美学上的意义，一种事物整体所显现出的情趣和美。可以说"寂"就是事物或者文艺作品整体中能让人感受到的美的情趣。体现在日本民族特有的审美生活艺术之茶道中，强调一种自然之美，追求简素的情趣，表现为空寂之美；体现在蕉风俳谐中，它是作者的精神情调融会在俳谐意境中所显现出的微妙情趣，表现为闲寂之美。"寂"是与日本国民的审美意识和对美的体验联系在一起的，它表现出特殊的历史的世相及对美的感受性和趣味性，且被普遍化，既有与东方民族趣味性相投的一面，也有自己独有的特质。对"寂"的研究探讨有利于考察日本人的审美意识及艺术现象，它在美的传达和艺术表现上呈现出日本特有的民族性格和精神性。"寂"范畴在理论研究上的缺乏，也使得我们有必要对"寂"的本质进行理论上的反省。

考察两个审美范畴的历史生成与演变，揭示其生成演变的社会历史原因，特别是两国文人主体的文化心态与精神结构方面的原因，对进一步把握文人的精神旨趣是有一定的意义的。对这两个概念进行解读，会触及中国文人与日本文人在精神世界上存在的某些差异。如果把这两个概念都放回到它们各自产生的具体文化历史语境中，进而考察其形成的轨迹，能够揭示出其话语建构的策略与深层动因。趣味虽然是审美层面的东西，但其根系却同样是扎在政治的或意识形态的诉求上。"寂"虽然是我们所理解的一种"趣"，但不同的生长土壤、不同的文化和宗教背景等使得它们无论在内容还是形式上都表现出不同的审美趣味，从这里可以窥见有文化上的相通与差异。而向往自然之趣、以物性之自然追求真性本我又成为它们共同的精神追求，但表现得又似乎有些玄妙抽象、难以捉摸。同时两个概念都强调不局限于具体的存在而着意于言外之境，现实中的在场与理想中的非在场所呈现出的张力使得生命主体玩味于诗意的想象空间之中。作为无限的非在场是有限事物之在场的本源，从有限到无限，从在场追溯到非在场，是两个概念在审美方式上所体现出的相似性。

第一节　尚"趣"：中国美学思想的一个传统

"趣"是具有东方色彩、中国特质的一个审美范畴，它是主体的审美需求，体现在主体的审美活动之中，也是落实在文本中的主体的审美理想，是在审美创造或审美接受中能直接产生的一种愉悦情感。它是一种生气与灵机，是传神中特有的风致韵味，它如"山上之色，水中之味，花中之光，女中之态"唯有"会心者知之"。从它的概念演变来看，大体上呈现出旨趣—情趣—美趣的发展轨迹。中国古典美学思想史上的"趣"之概念，有些接近于西方美学中所讲的"美感"概念。"趣"作为一个范畴，它的审美之义是在魏晋六朝后得到使用的，这一时期人们以"趣"来品藻人物，内涵上大体与美感同义，是一种情态、风致。把"趣"纳入美学领域来进行探讨的应该说是在宋代严羽的《沧浪诗话》中初现端倪。严羽把他提出的"兴趣"说视为诗歌创作和批评中的审美标准,"兴趣"是融化在诗歌中的意趣之美,就像"羚羊挂角,无迹可求,故其妙处透彻玲珑,不可凑泊,如空中之月,相中之色,水中之月,镜中之像"一样只可领悟。明清时期"趣"更得到重视,"趣"的美学地位也得以提升,李贽更是把"趣"的地位提升到极致:"天下文章当以趣为第一。"他的"童心说"使得"趣"成了童心与真情的一种显现形式,"趣"自然成了艺术作品不可或缺的因素之一。叶昼指出,天下文章应以"趣"为第一要务,若能写出"趣"来,便不必非"实有其事"、"实有其人"不可。文论、画论中都强调了"趣"为作品重要的因素。按照袁宏道的理解,有韵味者则有趣,具趣者当有韵致。郑板桥认为:"……意在笔先者定则也,趣在法外者化机也。独画云乎哉!"(《板桥题画》)强调了"趣"须在打破常规处才能求之。在中国美学思想史上,崇尚"趣"作为一种传统被贯通和流传,即使在近代美学思想史上,"趣"也被置于重要的地位,梁启超在《趣味教育与教育趣味》中强调"趣味是生活的原动力",生活中没有趣便不成生活。"趣"作为一种表现情感性的审美范畴也符合中国古典美学整体性、模糊性、意会性等美学特征。"趣"不仅表现了主体的内在生命,也是艺术内在生命的关键。它作为一种真情之"趣"是主体灵性的流露,尚"趣"的本质就是要崇尚人的生命智慧和内在性灵,在高扬自我生命的同时,启迪人们的心灵。

一 "趣"范畴的历史梳理

"趣"本义指快疾,通于趋。《说文》解"趣"曰"疾也,从走,取声",承培元《广说文答问疏证》更明确指出:"趣,疾走也,凡言走之疾速者,皆以趣为正字。"由疾走之义,"趣"发展出"趋向"之义,《周易·系辞》"变通者,趋时者也"①,意指顺时而归,适时而复,能够变通的人在本质上是能够适应社会历史的发展的。这种行为上的"趋向"逐渐转化为精神上的"取向",于是有了旨趣、趣向等,唐代孔颖达注"趣向于时也","趣"在文学艺术中包含着美感的意义,《列子·汤问》云:"曲每奏,钟子期辄穷其趣。"每奏一个曲子,都要体现出内心的志趣,这里的"趣"

---

① 史东:《简明古汉语词典》,云南人民出版社1985年版,第395页。

虽用于乐曲，但是指志趣、志趣、情志等，这里的"趣"是与"志"联系在一起，有何种情志就会表现出何种情趣。

魏晋南北朝以前，由于政教功能的突出和审美意识的不自觉，"趣"美没有得到公开的张扬。魏晋南北朝以后，"人的自觉"和"文的自觉"的兴起，"趣"美开始得到极大张扬。可以说"趣"作为一个范畴，它的审美之义是在魏晋六朝后得到使用的，并作为一个美学概念用于品评作品、品藻人物。它是主体在对客体的观照中所生发出的一种审美感受，一种意味情致，也是人物品评中所显现的一种性格情趣、气质风度，如《晋书·嵇康传》"康善谈理，又能属文，其高情远趣，率然玄远"。受清议之风影响，汉魏以来人物品评之习逐渐昌盛，"趣"成为品评人物的一个重要审美标准。这一时期人们以"趣"来品藻人物，内涵上大体与美感同义，是一种情态、风致，是六朝士人追求有意味和情趣生活格调的体现，并形成了与其他形容状貌之词搭配的"骨趣"、"风趣"、"媚趣"等词，侧重表现一种充满情韵的生动有致的美。这个时期"趣"与"味"、"神"、"韵"等审美范畴结合在一起，不仅概括了文艺的审美本质特征，也在人物品评中表现了人的情性气质，同时在各种文艺领域中成了文艺批评的标准。宗炳在《画山水序》中提出关于审美趣味的两个命题"澄怀味象"和"万趣融其神思"使得"趣"概念正式进入文艺理论研究。宗炳认为只有"澄怀"才能"味象"，从而在山水中"观道"，这是体味自然的过程。在"山水质而有趣灵"的基础上，宗炳提出了"万趣融其神思"的观点，认为山水画更多地是体现出创作主体的"神思"，是一种自由的自我情感的抒发，山水画不是单纯地描摹自然，而是被提升为表达主体的内在旨意，在主体的"神思"过程中传山水之秀丽，得山水之趣灵。书画品评中的《晋书·王献之传》中认为王献之书法"献之骨力远不及父而颇有媚趣"，这种媚趣与时代风尚有关，体现出六朝时期文人墨客的品质追求、生活格调，当然王献之书法中所体现出的"媚趣"更为光彩照人。画论中顾恺之的"骨趣"、"天趣"，文论中刘勰的"旨趣"、"情趣"、"风趣"，诗论中钟嵘的"归趣"、"媚趣"等，表现出了"趣"的不同审美形态。在魏晋南北朝这样一个张扬生命个体自由的时代，"趣"标示出了人的个性情怀和高洁旨趣。到了唐宋时期，"趣"的审美意义得以加强，表现在以"趣"论诗文者渐多，"趣"从一般具有审美意味的美学概念逐渐发展为独立的审美范畴。如司空图《与王驾评诗书》评王维、韦应物的诗"趣味澄夐，如清风之出岫"①，体现出一种情趣、意趣之美。遍照金刚的"幽趣"、"深趣"、皎然的"飞动之趣"等概念在赏文论艺中被运用，苏轼"反常合道"从审美心理角度把握了"趣"的特征，最终形成充满"趣远情深"色彩的诗趣，诗趣包含了情趣、理趣、意趣、奇趣、真趣、野趣等。相比于唐人以"趣"论诗，宋人表现得更为广泛和普遍，更注重主体的人格性情，并切实将"趣"的审美准则落实到了广阔的层面。宋代"趣"被作为一种审美标准得到广泛运用并有多样化表现，如"风趣"、"理趣"、"禅趣"、"谐趣"等。"趣"与诗话的结合形成了宋代著名的诗趣说，严羽提出诗有别材别趣之说，他的"兴趣"说强调诗要有意趣之美，"兴趣"要表现出浑融无迹、言近旨远的审美境界，它应是诗歌创作和批评的标准，严羽第一次把"趣"纳入美学领域来加以探讨，"趣"作为审美范畴真正的成型应该是在宋代。梅尧臣在《林和靖先生诗集序》中评林逋诗的语言运用时认为："其辞主乎静正，不主乎刺讥，然后知趣尚博远，寄适于诗尔。"② 这种超远之意趣是林逋诗之具备。司马光在《温公续诗话》中认为宋初晚唐体诗人魏野其诗作具"野趣"之美："仲先诗有'妻喜栽花活，童夸斗草赢'，真得野人之趣，以其皆非急务也。"③ 苏轼更是提出了"诗以奇趣为宗，反常合道为趣"的观点，要能够打破惯常的思维习惯来表达诗意，呈现出独特的意趣和能引起人充分想象的奇趣之美。虽说是"奇趣"，但揭示出了"趣"的独特奇异性。"反常"即不合乎常理，"合道"即不脱离一般事理，"合道"为"反常"之前提，在"合道"基础上追求新奇生动之美，这种"趣"无理而妙，妙不可言。表面之反常却传达深层意趣，令人感受到回味无穷之奥妙。"所谓反常合道，就是超乎常规，合乎常理。细而言之，反常就是在内容上违反人们习见的常情、常理、常事，同时在艺术上超越常境；所谓合道就是表面上看来不合常规，不合形式逻辑，却合乎情感逻辑，读者不仅不觉得不合法度，反而感到新颖奇突，别出心裁，倍显功效，于不自觉中把人引入一个隽永的艺术境界。"④ 追求"反常合

---

① 郭绍虞：《中国历代文论选》，上海古籍出版社1980年版，第217页。
② 陈伯海：《历代唐诗论评选》，河北大学出版社2003年版，第218页。
③ 王大鹏：《中国历代诗话选》，岳麓书社1985年版，第171页。
④ 张东焱：《论"反常合道"》，《文艺研究》1991年第6期。

道"实际上是为造成"陌生化"效果，"陌生"的新意才能引起人们的关注和兴趣，在人的"期待视野"之外产生奇异之美，在情理之中又超乎常态的审美意境，引人入胜又耐人寻味。审美意象的独特奇异性是非常规之艺术构思，它传达给人一种格外之趣。需要注意的是在"反常"中须以"合道"为条件，否则会给人荒谬之感。在新意中暗藏着某种深刻的意味，并引起人们的注目，这种注目必须参以悟性，不能专凭感性经验，它在超出常理中以显真情。人们习惯于在艺术享受中追求充满惊异效果的审美愉悦，"趣"的"反常合道"的审美属性能够在一定程度上满足这种心理渴求，从审美心理学上来讲它有一定的理论依据。因"反常合道"而产生的"趣"美，多奇趣，充满着深邃之理。表面上的不合常理、不合规律，实则暗含着合情之趣，情之所至，自有奇趣产生。

至明清时期的文学理论话语中，"趣"有了新的发展，"趣"更得到重视，"趣"之美得到了极大的张扬，重视真、情、趣成为一种主导的美学风尚。无论在文论、诗论、画论中，"趣"美都得到推崇和发展。明高启《独庵集序》说"诗之要，曰格、曰意、曰趣而已。格以辩其体，意以达其情，趣以臻其妙也"①。这里的"格"指诗歌体制，"意"指诗中情意，"趣"指诗的审美性能了，它居于核心位置。李开先在《塞上曲后序》则云："诗在意趣声调，不在字句多寡短长也"，把"意趣"置于声调之上。明谢榛将"趣"列为诗之四格之一："诗有四格：曰兴，曰趣，曰意，曰理。"②"天下文章当以趣为第一"认为"趣"应为天下文章第一要务，反道学领袖李贽将"趣"美推向极致，他的"童心说"使得"趣"成了童心与真情的一种显现形式，"趣"自然成了艺术作品不可或缺的因素之一。艺术创作要重视"趣"，要追求这种高境界，诗艺臻于妙境必有"趣"，因此在明代人们追求天趣、真趣等，"趣"的内涵更多地倾向于天机灵性的发动与纯真情思的表露。清代的袁枚在《随园诗话》中多次以"趣"及"趣"的复合范畴如风趣、意趣来品鉴诗文，并且对"趣"的内涵加以提升，"味欲其鲜，趣欲其真；人必如此，而后可以论诗"③，他认为只有具

①　蔡景康：《明代文论选》，人民文学出版社1993年版，第50页。
②　丁福保辑：《历代诗话续编》，中华书局1983年版，第1163页。
③　（清）袁枚：《随园诗话》，王英志校点，江苏古籍出版社2000年版，第15页。

备审美趣味的人才能参与论诗，这是袁枚所提出的对审美主体人格境界的
要求。叶昼指出，若能写出"趣"来，便不必非"实有其事"、"实有其
人"不可。

在"趣"作为一个审美范畴的发展演变史上，王昌龄作为一个诗论家
值得一提。他首次将"趣"与"理"、"势"一起视为诗作审美的三个主要
质性要素。他在《诗中密旨》言："诗有三得。一曰得趣。二曰得理。三
曰得势。得趣一。谓理得其趣，咏物如合砌，为之上也。诗曰'五里徘徊
鹤，三声断续猿。如何俱失路，相对泣离樽'是也。得理二。谓诗首末确
语，不失其理，此谓之中也，诗曰'世胄蹑高位，英俊沉下僚'是也。得
势三。诗曰'孟春物色好，携手共登临。放旷丘园里，逍遥江海心'。"①
王昌龄以具体的诗句说明了三种审美质素上的偏重，同时也界定出诗趣是
建立在合乎事理的基础上的。王昌龄在《诗格》中又云："诗有五趣向：
一曰高格，二曰古雅，三曰闲逸，四曰幽深，五曰神仙。"② 他又首次将诗
的"趣"与诗的风格联系贯通起来。到了晚唐，徐寅又从诗的构思等方面
论及诗趣，强调立意在诗歌创作中的重要性，并认为立意是得趣的前提。
他在《雅道机要》中言："凡为诗，须明断一篇终始之意。未形纸笔，先
定体面。若达先理，则百发百中。所得之句，自有趣句，播落人口，皆在
明断，审其是非。"③ 指出"趣"与"意"、与"理"、与"体"几种诗歌要
素间的联系，同时也提出了"趣"在审美内涵上是一种在诸因素和谐融通
的基础上产生的新的东西。"趣"作为一个美学范畴，在古代艺术理论中
运用十分普遍，也体现着中国古代独特的美学精神。它历经漫长的演进过
程，并在这种过程中逐渐从生活深入到艺术的各个领域，它既是创作中所
追求的审美境界，也是艺术接受中不可忽略的重要内容。

纵观"趣"作为审美范畴的含义演变，大体呈现出这样一个发展的轨
迹："旨趣"—"情趣"—能直接或比较直接地产生审美愉悦快感的"美
趣"。关于旨趣一义，《孝经序》中言"会五经之旨趣"，此处"趣"便可
释为旨趣、意味之义，已包含着美感的意义，具有了精神性意向。王逸在

---

① 张伯伟：《全唐五代诗格汇考》，江苏古籍出版社 2002 年版，第 198—199 页。
② 王大鹏：《中国历代诗话选》，岳麓书社 1985 年版，第 39 页。
③ 陈伯海：《唐诗论评类编》，山东教育出版社 1992 年版，第 706 页。

《楚辞章句序》也言："虽未能穷其微妙，然大指之趣略可见矣。"这里的"趣"即指呈现在作品中的大致意味、旨趣。古代的文艺美学理论中关于论人、品文、谈艺、评诗中大多将"趣"引为旨趣、意味之义，如刘勰《文心雕龙·颂赞》言："挚虞品藻，颇为精核，至云杂以风雅，而不变旨趣，徒张虚论，有似黄白之伪说矣。"① 情趣作为"趣"的又一种含义，也就是体现为一种情致。《庄子·秋水》中提出的人们观照世界的六种方式即"以道观之"、"以物观之"、"以俗观之"、"以差观之"、"以功观之"和"以趣观之"，其中关于"以趣观之"庄子认为"因其所然而然之，则万物莫不然，因其所非而非之，则万物莫不非，知尧、桀之自然而相非，则趣操赌矣"。以唐代成玄英注疏道，"以趣观之"便是指"以物情趣而观之"，"趣操赌矣"便是指"天下万物情趣志操可以见之矣"，疏解道出了"趣"寓含有情趣、情致之义，是就精神自由与心理愉悦而言。而东晋陶渊明《饮酒》中的"故人赏我趣，挈壶相与至"，北宋苏轼《和饮酒二十首》中"偶得酒中趣，空杯亦常持"都以形象的语言道出了诗人的生活情趣及体现在酒中所蕴含的人生情趣。明代徐渭在《郦绩溪和诗序》中提出作诗要能够"不求以胜人，而求以自适其趣"，这里的"其趣"也是指自身的情趣，即能够在作诗时脱却外在的比附。而情趣的不同，表现在人生的境遇上也会有不同。清代，余云焕《味疏斋诗话》有言："诗人遭遇，志趣各不相侔。少陵、退之，身处危难，忧国忧民，情见乎词；若太白，则脾睨宇宙，侮弄莺花，故其诗无苦音。"② 也就是说，身历坎坷、以国事为忧的杜甫、韩愈与超拔于尘世、尽显浪漫情怀的李白在志向和情趣上是完全不同的。美趣，可以说就是我们现在所理解的中国古典美学中的"趣"，它是能直接或比较直接地产生审美愉悦快感的美趣。"趣"指称审美愉悦快感，张宏梁在《中国美趣学》中总结主要有以下几种义类，也可拎出其代表说："趣者，生气与灵机也"、"反常合道为趣"、"趣者，传神之风致也"、"趣如山上之色，水中之味，花中之光，女中之态，虽善说者不能下一语，唯会心者知之"。严羽在《沧浪诗话》中初现了有关美趣理论的端倪。他在推崇"妙悟"说的同时提出了另一个分支理论——"兴趣"说，

---

① 赵仲邑：《文心雕龙译注》，漓江出版社 1985 年版，第 80 页。
② 陈伯海：《唐诗论评类编》，山东教育出版社 1992 年版，第 1429 页。

这个"兴趣"不同于现代心理学上的概念，它指的是比兴、意趣，是诗歌表现的主要特征。在这里严羽是把"兴趣"作为诗歌创作和诗歌批评的基本范畴与标准，他虽然着墨不多，但应该说是中国美学思想史上把"趣"放入美学领域作为一种理论来研究的先声。严羽认为"夫诗有别材，非关书也；诗有别趣，非关理也。然非多读书，多穷理，则不能极其至。所谓不涉理路，不落言筌者，上矣"①。"诗者，吟咏情性也。盛唐诸人唯在兴趣，羚羊挂角，无迹可求。故其妙处透彻玲珑，不可凑泊，如空中之音，相中之色，水中之月，镜中之象，言有尽而意无穷。"② 他认为，诗歌不同于理论上的阐发，必须别有一番情趣才可，因此诗人必须能够超越文字上的说理议论，致力于对诗歌意境的追求。用真实的情感创作出来的作品，既是诗人在进行创作时心物感应的一种体味，同时也是欣赏者从其所创作出的艺术意境中能够感悟到的一种美的情趣。只有那些具有感情容量的诗才能激发人的情趣，从而产生相应的情感体验。严羽以"兴趣"概括了他所推崇的盛唐诗的审美特征，同时也标示出了诗歌的极高审美境界。

二 "趣"范畴的审美内涵

从"趣"的演变历史上来看，在唐代以前的衍化期，它从先秦两汉时期的非审美之义逐渐发展到魏晋南北朝时期用于人物品评之中，显现出它的审美含义。到了唐代，其审美含义得以加强，体现出情趣之美。"趣"在宋代是其作为审美范畴的成型期，元明清时期"趣"的审美含义得到了极大的张扬，它的理论内涵在诗学和美学等领域被延展开来，并得到了广泛的应用，使其得到进一步的深化。"趣"的审美内涵表现为伴随人的心理愉悦并具有非实体性特征的情感趋向，它是一种充满生命快乐和自由品性的审美感受，呈现出深广的生命化意蕴。袁宏道在《叙陈正甫会心集》中曾对"趣"的本质内涵有这样的认识："世人所难得者唯趣。趣如山上之色，水中之味，花中之光，女中之态，虽善说者不能下一语，唯会心者知之。"③ 史震林在《华阳散稿序》中认为"趣者，生气与灵机也"等都

---

① 王大鹏：《中国历代诗话选》，岳麓书社 1985 年版，第 809 页。

② 同上。

③ 王运熙、顾易生：《中国文学批评史新编》（下），复旦大学出版社 2001 年版，第 57 页。

说明了"趣"是带有意思、充满新奇感的意味美，只有"会心者"方能领悟之。

"趣"作为一个在古代诗学和美学中占有重要位置的审美范畴，它的审美内涵表现为伴随心理愉悦的一种自由自觉的审美趋向性，能给人带来情感和精神上的审美愉悦。既体现为主客统一、又表现出虚实相生的审美特质，它是生命的自由灵性的尽情释放，也是对自身本质力量的审美观照，同时也是积淀在文艺作品中的一种审美质素。它作为诗歌审美构成的质性要素之一，得"趣"是作品显示出妙处的关键所在，也是其不落于俗套的标志，文章有妙处乃贵也。"趣"不表现为一个实体，相对于"象"、"意"、"境"等核心范畴所具有的实体性，"趣"具有非实体性的审美特征，它是浑融在文本中的一种审美质素，只有有趣者方能领悟也。袁宏道道出了"趣"的非实体性特征，认为它是自然情性的本真表现，表现为伴随人的心理愉悦并具有非实体性特征的情感趋向。当然，袁宏道意欲将"趣"的这种非实体性具象化："趣"如同山色、如同水味、如同花光、如同女态，这样看来"趣"的内涵就是自然本色的解化，"趣"存在于自然本体之中，人为之"趣"不是自然根本的"趣"。"趣"作为浑融在艺术作品中不见形迹的东西即它的非实体性，"趣"的非实体性被含寓、体现在虚实相间之中。一般的艺术作品中所呈现出的具体意象为"实"的层面，因"实而无趣"，只有化实为虚才是得趣之途径。"趣"作为"虚"的层面是作品追求的真正本质所在，包含有无尽的意味，所谓"虚而有味"，这也显现出中国传统美学所追求的虚实相渗的审美特征，中国诗歌所体现出的诗"趣"应在有无之间，其妙处体现在细微的虚实之间。盛唐时期的诗人之所以能够在诗作中寄意并呈现出趣来，妙就妙在他们能够去实而得虚，在虚实之间得到意趣，呈现出"虚实相生"、"言有尽而意无穷"的审美特征，"趣"就产生在有无相生、虚实相融的艺术辩证过程中。

从"趣"的审美表现上来看，它的特征主要表现在以下几点：一是主客统一。主体的审美心理与作品中的审美质素结合在一起使得"趣"美得以呈现，也就是审美主体的一种独特感悟与审美对象中能引起主体这种感悟的性能的统一，它体现在主客两方面的归属，可以说对象之"趣"来自于审美主体之"趣"的投影。二是虚实相生。"趣"作为非实体性的东西其审美质素浑融在文本中，并生发出虚实相生的审美特征，在虚与实相结合的过程中，"趣"的灵动鲜活得以显现。"趣"虽然表现为一种非实体性，但它生发在作品各质性要素之实体上，虚是以实作为基础，虚中带实，无中见有。"趣"本身是需要与人的生活情状、审美理想等带有实体性的东西相联系，也是人与现实审美关系的呈现并以此为基础，建构起自身的非实体性特征，并体现在品人论文谈艺等层面。三是"趣"呈现出了人的生命自由，张扬出主体的灵慧智性。它充盈着主体的内在智慧，是生命力量的富有和灵机。如果说"趣"是作品获得艺术生命和活力的生发机缘，那么才情是"趣"的生发机缘和前提，只有主体的创作才气与自身情性能够相兼互渗才能生发出"趣"。生"趣"之气包含慧黠之气和生气，慧黠之气呈现出的灵机与流注其中的鲜活之气的结合生发出深层次之"趣"，它是一种真趣味、真兴情的呈现。

　　"趣"作为一个美学范畴，在古代艺术理论中运用十分普遍，也体现着中国古代独特的美学精神。它历经漫长的演进过程，并在这种过程中逐渐从生活深入到艺术的各个领域，它既是创作中所追求的审美境界，也是艺术接受中不可忽略的重要内容。在古代文论和美学的批评实践之中，由生"趣"到赏"趣"，从主体的创作到作品的传达及鉴赏都充满着富有理论意味的阐说。作为诗歌审美构成的质性要素之一，得"趣"是作品显示出妙处的关键所在，也是其不落于俗套的标志。同时文人在品人论文谈艺中的运用也显示出"趣"的重要性，它既体现为平淡自然的生趣，又表现为文人士大夫的雅趣。可以说"趣"范畴之形成自有它的合乎事理性，它不仅作为诗歌审美的本质和魅力所在，同时还被提升为生命的本质所在。"趣"是与人的情性爱好紧密结合在一起的，反映在诗歌作品中的趣味表达与人的主观情感有着同构关系，它呈现为人的灵性、智性的审美化，是人的生活的艺术化。情性志趣是后天难以学到的，它主要是人的先天质素，创作主体胸中有高远志趣就能创作出充满深致之意趣和滋味的作品。因此创作主体的情性涵养在"趣"之形成中起到决定性的作用，性情是生"趣"的必要前提。而得趣者须有妙悟也，"悟"是得"趣"之基础。反映在文字层面上的作品之意趣需要审美主体以"妙悟"方能得之，"悟"是入乎诗道之关键，也是"趣"生发之基础，只有在"悟"的基础上"趣"才能真正地达到深远鲜活。诗趣应与参禅一般，在感悟于山川草木、世态物象等自然之基础上生发出应得之趣，发于客观物象又不囿于此，在"味象"中感受主体之神明，在得趣中悟入诗道之本质所在。

"趣"作为一个在古代诗学和美学中占有核心位置的审美范畴，它的审美内涵表现为伴随心理愉悦的一种审美趋向性，它既体现为主客统一、又表现出虚实相生的审美特质，它是生命的自由灵性的尽情释放，也是对自身本质力量的审美观照。

三　以"趣"为母体所形成的结构系统

"趣"内涵的丰富使得以它为母体而形成的审美范畴不断拓展，彰显出审美的自由化和多元化。"趣"既是艺术创作追求的境界，也是艺术接受所向往的"期待视野"，它体现了生命能量本身的富有，它所迸发的美是人之性灵与智慧的结晶，是自我生命的体现。它作为活性很强的范畴，以其作为母体延伸并生发出形态多样、内涵丰富的审美范畴系列。中国古代美学对"趣"美的论述极为细致和深入，以"趣"为母体所形成的"趣"美结构系统中，"趣"多与形容状貌之词搭配，如"天趣"、"骨趣"、"风趣"等，并派生出"人趣"、"物趣"等表现天地人文层面的系列范畴。同时它也与艺术种类搭配，具体表现在艺术领域呈现为"情趣"、"意趣"、"旨趣"、"兴趣"等，进一步细化为"清趣"、"雅趣"、"逸趣"、"媚趣"、"野趣"、"谐趣"、"灵趣"、"拙趣"、"奇趣"、"理趣"等审美范畴，形成艺术活动中的充满生动情致的意味之美。以"趣"为原点所形成的范畴和术语，如兴趣、情趣、意趣、理趣、旨趣等不仅表现了论文诗歌的审美质素，而且表现出了中国古代文人充满风花雪月、禅意禅趣的"情趣"世界，他们充满诗性的生命体验和审美理想通过"趣"而尽展无余，真正实现了带有"生气与灵机"的"理有理趣，事有事趣，情有情趣，景有景趣"（史震林《华阳散稿序》）。当然因"趣"的多种形态表现，也使得艺术之"趣"有格调高低之别，在意蕴的表现上也有深浅之分。

以叶燮所讲"艺术作品所反映的无非是事、理、情而已"，趣的类型可以分为事趣、理趣、情趣。事趣在叙事过程中所体现出的趣味；情趣为能引起情感反映的意味，但并不是有情就有趣，必须要有生动的审美意象引发人的独特情感趣味，有兴趣、雅趣、俗趣、意趣等；理趣可理解为理中之趣或趣中之理，清沈德潜认为："诗不能离理，然贵有理趣，不贵下理语。"① 理中之趣在于"不泛说理,而状物态以明理;不空言道,而写器用之载道。拈形而下者,以明形而上;使寥廓无象者,托物以起兴,恍惚无朕者,著述而如见……举万殊之一殊,以见一贯之无不贯,所谓理趣者,此也"②。如王维"行到水穷处,坐看云起时"是以鲜明生动之形象传达哲理之趣。中国诗歌讲求情理相通、有情有理,在言情中要表达出一些哲理,在追求韵味悠远情趣的同时,要能够使诗中蕴含着启人心扉的"理趣"之美,使情中有理、理中有情、情理交融,这样表达出的"趣"美将更为深邃,更耐人品味。

在自然中感知"天趣",在生活中感受"人趣",在具体的客观物象中感受"物趣"。"天趣"作为一种"真趣",出于自然之真情,它崇尚真情真趣,追求自然流露。道家思想推崇自然形成的未经加工的"天趣"之美,天然而成的自然形态美被作为最高审美理想而被追求,刘勰所谓"人禀七情,应物斯感,感物吟志,莫非自然"③。"趣"被视为诗美的本体,是自然之天成,有情,有味,并合于中国传统文化思想的中和之旨,诗之趣为自然之天成,应与"神情妙会"趋近,不是苦意索之。钟嵘的"自然英旨"等都是反对雕琢过重、绮丽浮靡的文风,认为以"自然"为艺术美学标准,追求"天趣"的最高审美境界。过多的人为效果会有损"天趣"之自然美,只有不露人工痕迹、不刻意求趣,方能得真趣。它所呈现出的一种不经雕琢的自然之美,是既"本于情"又"尽于兴"的"真趣",源于自然情性,体现为童心真趣,这种真体现为情感和用笔上的自然和真。情感的真要避免直切,应合乎情性之正,应在意似之间。所谓天趣之语即出于自然之真情,发于内心之虚静,完全与世俗功念背道而驰,它是艺术作品审美表现中最本质的东西,也是艺术审美的最高境界,所谓"叙情则真情,叙景则真景"方能自然有趣。只有真景物、真实感才能写出真性情,才能得真趣味,才能呈现出"天趣"之美,往往是最有性情之人创作出最具充蕴真趣之作品。"天趣"源于人的自然情性,体现为童心真趣,情感的真要避免直切,真趣应在意似之间,应合乎情性之正。清代的诗歌

---

① (清)沈德潜:《清诗别裁集·凡例》,中华书局1977年版,第3页。
② 钱锺书:《谈艺录》,中华书局1987年版,第228页。
③ (梁)刘勰:《文心雕龙》,周振甫注译,中华书局1998年版,第56页。

理论与批评家袁枚倡导的"性灵说"主张表现真情趣、真性情。袁枚注重以性灵为根本并高标真趣味，性情越真挚，意趣更活泼。他在《随园诗话》评苏轼诗作说："东坡诗，有才而无情，多趣而少韵：由于天分高，学力浅也。"① 他虽然认为苏轼诗中少情但肯定了趣长的特点。除了"天趣"之外，我们在生活中所感知的"人趣"是人自身灵性的极致呈现，能够通过所感而言说表达出来，而在客观具体物象中所感受的"物趣"虽可见可感而不可即，难以言说，比如山水之趣，它为自然之美的呈现，需要有趣之人以感悟之心去感之，方能体会其中之趣。

　　"趣"作为一种审美趋向，一种美，一种有趣味的美，是美的充满意味的感性显现。在中国美学史上以它为母体延伸并生发出形态多样、内涵丰富的审美范畴中，比较重要的有"情趣"、"兴趣"、"意趣"、"理趣"等。"情趣"体现为一种情致，中国诗歌一直以"缘情"为正宗，大抵以情胜。在文艺创作中有"诗缘情"一说，按照陆机的说法，"诗缘情而绮靡"。诗人以情感在心中构画意象，以丰富、鲜明、具体的意象来表达内心深处那种难以言状的情感体验和真挚感受，在"吟咏情性"、"摇荡性情"中表达意蕴深远、情韵隽永、耐人寻味的情趣，即所谓诗有"别趣"。但中国又讲求情理相通、有情有理。在言情中要表达出一些哲理，在追求韵味悠远情趣的同时，要能够使诗中蕴含着启人心扉的"理趣"之美，使情中有理、理中有情、情理交融，这样表达出的"趣"美将更为深邃，更耐人品味。关于"理趣"，包恢在《答曾子华论诗》中说："盖古人于诗不苟作，不多作，而或一诗之出，必极天下之至精。状理则理趣浑然，状事则事情昭然，状物则物态宛然。"② 他认为对"理"、"事"、"物"等的传达要能够"理"中寓"趣"、"趣"中又融入"理"，理隐而趣显。严羽在《沧浪诗话·诗辨》中道出了"趣"与"理"的关系，认为它们之间是对立统一的关系，诗的别有趣味与书的逻辑事理虽不相涉但又存在联系，只有"多读书，多穷理"方可"极其至"。袁宏道立足于"趣"与"理"对立的视点，提出了"诗以趣为主"的论断。实际上"趣"在审美本质上保持着与"理"的相离性。但"趣"与逻辑事理虽有别，若能在创作中既适

① （清）袁枚：《随园诗话》，王英志校点，江苏古籍出版社 2000 年版，第 183 页。
② 蒋述卓等：《宋代文艺理论集成》，中国社会科学出版社 2000 年版，第 1039 页。

于性情又能合乎理道，就能在不露痕迹中达到"理"与"趣"的融合。王维的诗作即以表现理趣见长，既能适于性情又能合乎理道。清代沈德潜提出"理趣"说，他在《唐诗别裁集》卷十中说"水流心不竞，云在意俱迟"是"不着理语，自足理趣"，他强调理趣的关键在于不能用语言明白说出来。钱钟书曾说："若夫理趣，则理寓物中，物包理内，物秉理成，理因物显。赋物以明理，非取譬于近，乃举例以概也。或则目击道存，惟我有心，物如能印，内外胥融，心物两契；举物即写心，非罕譬而喻，乃妙合而凝也。吾心不竞，故随云水以流迟；而云水流迟，亦得吾心之不竞。此所谓凝合也。鸟语花香即秉天地浩然之气；而天地浩然之气，亦流露于花香鸟语之中，此所谓例概也。"钱钟书强调要寓理于物，不是以物为喻，而且物要与理统一。他在《谈艺录》中又说："唐诗多以丰神情韵擅长，宋诗多以筋骨思理见胜。"较之唐诗，宋诗更注重理趣，重视诗的思想是宋诗一个突出的特点，所谓思理是指用形象思维的方式来阐释抽象的自然与人之间的哲理，它有别于一般抽象、空乏之理，它是一种"理趣"，但有着明显的审美特征，那就是理隐而趣显，言此而及彼，深入而浅出。既有精神上的愉悦感，又能得到哲理上的启智。诗歌中的兴味、意趣被视为最本质的东西，诗歌要能表现出自然真切的"意趣"。意趣充满着一种盎然的生机感和灵动感，自然情真的意趣能够体现出宁静致远的审美意境和人生追求，它本身就是一种"自得之趣"，崇尚于自然之趣的生气和真淳。人在真淳中能够感动于人情，在吟咏和品味生活的平淡时能够体会到自然独特之意趣。尽管人的情性有别，自然万物有限，但主体所体悟到的及主观所产生的意致却是无限的，无论是李白的"清丽洒脱"，还是杜甫的"穷达悲欢"都各尽其趣，深寓着高远之意趣，各具其独特的审美意味，诗歌就是要能表现出自然真切的意趣之美。"意趣"所呈现出的艺术情态极为多样，它所产生出的巨大审美冲击力具有强烈的发散性。在诗歌的艺术表现中，先由"兴"而"意"，再由"意"而"趣"，高标意趣是作品的审美本质之所在，自然真切是创作之本质所在。诗人各具才情工力，各有其独特之意趣，无论是在意境呈现还是审美风格上都各有高标。孟浩然、韦应物等诗作表现出的清空闲远风格及呈现出的清雅飘逸的意趣是其他诗作所不可及，当然创作上的主观和客观条件也是有其独特性的。明代胡应麟认为僧诗中所表现出的意趣比起其他诗作更为幽远深致，幽远之意趣与一些审美意象联系在一起，如"风"、"月"、"松"、"梅"等，在这些意象之基础上生发出"趣"之审美属性。"兴趣"是"趣"之系列中最重要的美学范畴。"兴"能激发人的情感，"趣"则使这种情感得以以审美的方式扩张延展，艺术家在创作时要有"兴"，作品才能表现出"趣"。"兴趣"虽然来源于"兴"、"趣"等范畴，但它不是两个范畴的简单拼凑，是严羽在皎然、司空图等人理论上发展起来的诗歌意象所应包含的审美情趣，具有一种含蓄不尽的美。严羽认为"诗者，吟咏情性也"追求的是情与性的统一、思想与情感的统一。在进行诗歌创作中要注重诗歌意象的整体美，表现出一种含蓄之味，应该"如空中之音、相中之色、水中之月、镜中之象，言有尽而意无穷"（《诗辨》）。它所呈现出的韵远味深、含蓄蕴藉之美，接近于晚唐司空图的"味在咸酸之外"。这种美还应该如同"羚羊挂角，无迹可求"，在"透彻玲珑，不可凑泊"之中体现出不着痕迹之自然之美。当然这种委婉含蓄之"兴趣"需"妙悟"方能获得，靠"妙悟"来领会和掌握。除此之外，还有"风趣"、"媚趣"等，"风趣"是"趣"在宋代诗作中多样化表现的主要形态，植根于诗人自身高远而脱俗的情怀，表现出胸襟的豁达与气度的超逸。南宋杨万里有言："从来天分低拙之人，好谈格调，而不解风趣，何也？格调是空架子，有腔口易描；风趣专写性灵，非天才不办。""风趣"是发自心灵，出自自由自得的心态，寓有深沉的内涵，绝非故作姿态的卖弄，它有着机巧之心、诙谐之趣。"媚趣"似乎与日本"寂"范畴所呈现出的阴柔之美有一定的相通性。钟嵘在《诗品》中评谢瞻诗云："才力苦弱，故务其清浅，殊得风流媚趣。"[①] 这是指谢瞻诗重视辞采之美的特征，这里的"媚趣"具有充满柔婉之美的风致。

"趣"的审美内涵长时期来一直同"味"相交渗，以诗"味"含义来指称"趣"，有时概括为"趣味"。"趣"与"味"的差异只是阶段性的，难以一刀切地作出判断，宋代以悟性超越感性的审美追求，使得诗中之"趣"逐渐胜于诗中之"味"。西方人对于以"味"论诗是很难理解的。黑格尔曾说："艺术的感性事物只涉及视听两个认识性的感觉，至于嗅觉、味觉和触觉则完全与艺术欣赏无关。因为嗅觉、味觉和触觉只涉及单纯的

---

①　曹旭：《诗品集注》，上海古籍出版社 1994 年版，第 277 页。

物质和它的可直接用感官接触的性质……这三种感觉的快感并不起于艺术的美。"① 他们排斥味觉具有审美功能,这当然与东西方民族审美心理和知识论取向上的不同有关。西方视文艺为认识的手段,审美追求"理念",味觉不具备向理性认识转化的条件。当然康德有"趣味无争辩"一说,这样一类审美纯主观心理的判断,则为我们所不取。东方文艺是一种生命体验活动,味感本身就是属于生命体验,能给人带来某种愉悦感,这样味感与审美就带有相通性,味与美就产生联系,味从感官上的愉悦逐渐成为精神上的陶醉。这样"味"就从感官上的口味到对自然、艺术的品味顺理成章地演变为诗学美学中的审美范畴。以"味"论诗经过了一个相当长的演变和准备过程,直到魏晋以降,品诗论文逐渐发扬光大,尤以钟嵘的"滋味"论观念的提出,"味"逐步进入成熟的境地。"味"有多种含义,它既是审美鉴赏活动中的品味,也是在品味中主体所获得的一种美感,同时还是艺术品本身所具有的能引起人的美感的审美质素。这种审美内涵与"趣"相交渗,可以概括为"趣味","趣味"将审美主体与审美客体贯穿起来,主客双方相互依存、相互转化。"趣"之味显现在有意与无意之间,是"无目的合乎目的性"。

"趣"作为活性很强的范畴与其他美学概念连用,体现出的含义丰富又含混,但它具有自身的基本的规定性。它介于审美主体与审美客体之间,既是主体所表现出的审美旨趣,也是艺术作品中审美意象所具有的生动性,只有生动才能有趣。清人吴衡照认为:"咏物如画家写意,要得生动有趣,方为逸品。"② 丰富鲜明的审美意象能够传达出内在的精神风致,让欣赏者在感受其生动活力的同时,生发出丰富的想象和体悟。"趣"又是艺术作品本身所具有的某种特殊的审美趣味,这种趣味传达出的是富有韵味的话外之音、言外之意,所谓诗趣就是诗中值得品味的审美情趣。

从历史上对"趣"之意蕴内涵的梳理和分析来看,无论"反常合道"之趣、充满"生气、灵机"之趣,还是以传神风致为趣、天真直露为趣,传达出来的都是一种韵味和情致,它的形成自有其合乎事理性。"趣"是一种趣向,一种美,一种有趣味的美,是美的充满意味的感性显现。它既

① [德] 黑格尔:《美学》第一卷,商务印书馆 1979 年版,第 49 页。
② 唐圭璋:《词话丛编》,中华书局 1986 年版,第 246 页。

是艺术创作追求的境界，也是艺术接受所向往的"期待视野"。它介于审美主体与审美客体之间，具体体现出情趣、意趣、野趣、媚趣、谐趣、奇趣等趣之美。从日常生活层面中的情趣和兴致，到文学美学领域的趣旨深远，"趣"都反映出主体独特的审美趣味及体现在艺术作品客体之中的审美质素。无论理中之理趣、事中之事趣、情中之情趣、景中之景趣，还是人趣、物趣、天趣，都是作为一种艺术因素被应用在文艺创作之中。中国美学与艺术重德重品，也尚情尚趣，"趣"在品人论文谈艺中得到充分运用，求"趣"成了文人士大夫一种重要的审美追求和人生理想。创作主体丰富的情趣风尚使得中国传统美学表现出多种情味意趣，"趣"的多种表现形态也使得审美实践丰富化，同时也体现了中国审美意识中积极向上的审美心理意向。崇尚、追求"趣"美不仅有着诗学美学层面的意义，也体现出一定的现实意义，对"趣"美的崇尚成为中国美学思想的一个传统。

第二节　寻"寂"：日本古典美学的终极目标

"寂"从语源上来讲主要是表达荒芜、不乐、寂寥、宿、老、古等义，这是就一般意味上来讲的，但语源上的多义性使它拥有着特殊意味。茶道上所追求的"侘"之概念，即我们所理解的"空寂"及俳谐上的"闲寂"概念等，使得它从狭义上的对象的规定到成为广义上的艺术的理念，直至作为审美范畴的"寂"。"寂"是与日本国民的审美意识和对美的体验联系在一起的，它表现出特殊的历史的世相及对美的感受性和趣味性，且被普遍化，既有与东方民族趣味性相投的一面，也有自己独有的特质。它的形成有多方面的原因，主要体现为两个方面，一方面是中国禅宗思想的影响，也是禅宗中"空相"和"无"的观念在艺术创造和审美领域中的进一步延伸和扩展。另一方面也与日本固有的自然观以及植物美学观的影响有关。"寂"所拥有的高深、宽广、复杂的审美内涵，使它呈现出特殊的妙趣真谛。它作为日本传统审美意识与佛教禅悟相结合的产物，本质上表现为一种孤寂中的贫困，是无所执着中的随缘任运，是不随世俗中的顺其自然。它的最高境界就是完全排除"物"的世界，通过"无"而实现对"无"的突破，最终达到物我两忘。本节将就"寂"范畴形成的思想渊源及它的历史沿革作一梳理，同时就其在茶道艺术中所体现出的幽玄之空寂及俳谐艺术中的风雅之闲寂作一详细阐释，它们作为"寂"的两种表现形态在审美性格上存在着微妙的差异，但两者都是属于感受性极强的主观情愫，与禅宗精神也有着深刻的联系。

一　"寂"范畴的历史沿革

中国语境中的"寂"本义为无音之静，但不同之情状，寂之意味亦有差异。《周易·系辞传上》中有："《易》无思也，无为也，寂然不动，感而遂通天下之故。"[1] 本义是指《周易》原理的客观性是一种自然的存在，不是通过冥思苦想而来，任运自然。虽作为形而上的道的本体寂然不动，但能够通过交感相应来会通自然万物，也就是有感必应，万事皆通，心不必思虑，身无须行动，任凭自由运行保持自然而然之状态。"寂然不动"之寂不是寂寞之意，而是表达寂定之意味，是心无思虑之安静状态，即佛家所讲求的寂灭常静之道。这种寂静是相对之静，相对之动，它能通过交互感知通达万事万物，只有保持心不乱则能达到"寂然不动，感而遂通天下"之境界。"寂然不动"体现为无，"感而遂通"表现为有，以虚静空灵之心来映照世间万物之理，由"感"而通的过程也只有心性相通并通过自然之理来实现，不同事物之感应都是出于一种自然之道。这有些类似于庄子的"坐忘"，"坐忘"体现为不假虚饰、内外两忘、万境皆虚的心灵境界，在无知中体验大智，以无思无为之本性领悟万物之理，主张见性识心，自然应物，心无思虑并不指人心之自然生理状态，而是一种审美心境，是充满哲理的形而上的本体论。"寂然不动，感而遂通"体现为体用关系，无思无为之本体需感而遂通之用，既求得体也要致用。人达到无思无为寂然不动之境界，就能穷究自然万物之至理，掌握事物运行之规律，自身的人格精神就会得到自我完善，不为物累，顺其自然，以虚静恬淡之心态超然自我，随缘放旷。寂然并不要求一切皆无，一切皆静，能在"有"中做到"无"、在"动"中感受"静"，这样所体现出的寂然状态才是佛家所追求的真境界。这种寂感强调主体的心灵感通，它具有一种心性的内敛倾向，着重于内省而不是外感，它的感不是充满理性的对外物的客观认知，而是通过自身心性的修养感受到的万物之理。这种内省意识与老

---

① 黄寿祺、张善文：《周易译注》，上海古籍出版社 1989 年版，第 553 页。

子提出的"涤除玄览"、主张"致虚极，守静笃"比较一致，都是反对外物对人心的影响作用，强调要保持内心之虚静，崇尚自然无为之思想。

以中国语境中来看，"寂"被理解为寂静独处的一种生活状态和方式，这种寂寞之感不是儒家修身、齐家、治国、平天下所追求和崇尚的人生目标。它在中国并不表示一种文艺审美观念，只是一个汉字而已。而在日本不仅被取其"寂"、"寂寞"、"寂寥"、"闲寂"等中文原意，并且逐渐被发展成为中国所不具备的、独具日本审美情趣的文艺理念。"寂"本来指事物古旧之貌或荒凉之景，它能成为一种审美观念，是因为这种古旧或荒凉能够引起日本人的情趣，藤原俊成[①]在关于和歌的判词中，曾经用"姿与词中正可见寂"、"具寂之姿"等说明和歌所具有的一种格调[②]。"寂"作为一种审美意识，它最基本的精神就是"真实"、"自然"，合乎日本人"自然即美"的审美理念，可以说"自然即美"思想的精神实质就是"寂"。日本的"寂"字有着比汉字"寂"更为广泛、深刻的内涵意蕴，它表达出一种"以悲哀和静寂为底流的枯淡和朴素的美，一种寂寥和孤绝的美"。日本佛教有"寂静"一说，所谓"寂"，即表现出离开基于本能而发生的精神动摇，而"静"就是要断绝"苦"的感觉，回到一种安静的状态，不再探求和追问其因。日本审美意识的形成不可避免地要受到日本民族固有的自然条件、自然观念和植物美学的影响，可以说自然条件是日本文化的摇篮，美丽的自然环境充满着幽雅、娴静、淡泊、含蓄的美的神韵。如痴如醉的自然条件也让日本人有一种"悲壮、崇高的壮美感"，同时也从根本上决定了日本人的自然观和审美观，它们在各个审美意识形态领域的渗透也影响着甚至规定着日本民族的审美情趣。日本民族自然观的核心思想是"万物有灵论"和"天人合一论"，人在与自然相知相融的过程中达到物我不分、物我合一，从而超越客体自然最终达到物我两忘的境界，这些观念是日本独特审美意识"寂"范畴形成的思想理论基础。禅宗美学思想对日本传统美学思想的逐渐深入和渗透，"寂"与禅宗"空性"意识的结合最终形成"空寂"的美意识，这种通过禅悟的方式去体验万物的"空性"，就是进入"寂"的孤独状态，一种绝对无的境界，这种境界是一种

---

① 藤原俊成：平安末期、镰仓初期的代表性歌人，和歌"幽玄"体的首倡者。
② ［日］太田青丘：『日本歌学と中国詩学』，弘文堂 1985 年版，第 134—137 頁。

至高至上的审美境界。"寂"追求的是清、静、淡、雅、枯的艺术境界，也就是说人要能够超越于现实的形态、现实的界限，才能产生深刻的艺术。它是以体悟到万事万物终归虚无为前提而展开生命活动的审美精神，它摒弃了世间的一切浮华、一切羁绊，不拘泥于对华丽外表的追求，从最接近无的状态中去展现世间万物，去表现人生百态，从而自然流露出凝视人生无常的那种宁静而深邃的内心世界，这表现了日本人美意识中的无常感，"寂"之美意识几乎与无常感有密不可分的关系。"寂"不是仅仅指以寂寥的词语表达寂寥的素材，而是指作者观察对象时深切感受到的人生无常之感，它把这种感受体现并渗透在作品中，这样一种情怀具有美的价值。

历史上"寂"曾与"侘"作为同义语被使用。日语"侘"① 为古语，最早出现在《万叶集》、《古今和歌集》等文学作品中，本义指的是低下、贫贱等，表达悲观、落寞的情感和心境，呈现为清静、枯寂之美。后来被武野绍鸥②引入茶道，取义为"枯寂茶"，表现一种难以念及的落寞之情和寂寥之感，可以说"侘"是茶道的真谛，是满足于不足状态的一种精神境界。以绍鸥的理解，"侘"虽然在和歌中被吟咏，但"究其本义"，应更接近于"诚实、谨慎、平和"，而且认为一年当中的十月最合"侘"之意。因此进入茶道艺术中"侘"的词义由原来消极的否定意味逐渐转变为积极的肯定含义，即使还是寂寥、贫瘠的生活现实状况，但心境有了改变，认为这是宁静、平和、安定的生活状态，并享受和陶醉于其中。"侘"在武野绍鸥的《侘之文》中被认为是"正直、谨慎、不骄不奢"，这是以自然质朴为基础、从生活中感悟出来并伴随着茶道的发展而形成的审美意识，在简素的草庵茶中这种审美理念得到充分展现，武野绍鸥将其美学意境定义为枯而寒，是伴随枯树秋风的审美表现。沉静、闲寂之美是对华丽等普遍美的否定，是真正意义上的日本美。也就是说比起盛开的鲜艳花朵，小草的美更让人心动，它所呈现出的孤寂之美传达出来的是活泼泼之生气。在武野绍鸥看来，只要心中盛开着红花绿叶，就不要在乎外在的表象，在内心就能体会到它的美。他曾引用《新古今和歌集》中藤原定家的一首诗

---

① "侘"日文为「侘び」，发音为 wabi。
② 武野绍鸥（1502—1555）：日本茶道创始人之一，还是一位连歌师，其连歌中凝聚了日本人的美意识。

来说明他心中的"侘"美：放眼望去，不见花儿，不见红叶，惟见茅舍，隐于秋暮。① 春花、红叶是唐物的象征，茅舍、秋暮则指和物，只有空无境界的美方是"侘"美。当然在以后的茶道发展中"侘"义有了一些细微的变化，比起武野绍鸥的空无幽玄之美，千利休②更注重在实际生活中的自然之美，更尊崇朴素真实的侘美。"侘"是在禅学背景下形成的，"wabi的内核是禅，禅的主体的否定精神在美学领域里的体现便是 wabi。禅的'本来无一物'的思想使 wabi 否定了一切现有的美的形式，与此同时，禅的'无一物中无尽藏'的思想又使 wabi 获得了创造无数自由自在的艺术形式的可能性"③。这种禅学背景使得其与一般美学具有不同的出发点，追求否定之中的肯定，完美之外的不完美，都是禅宗美学中"无"的思想在艺术领域的外在表现。茶道作为禅的世俗化的一个载体，是禅的化身和在艺术中的一种表现形式，禅宗思想也成为茶道的理论依据。"侘"的内核是禅，也就是说贯穿侘茶思想始终的是禅。禅作为茶的精髓，挖掘出了茶道中美的特质，使其成为禅宗中"无"的艺术形式的一种表现，"侘"就是以禅为根基而凸显出的美的性格。

"侘"和"寂"形成于中世时代，都是日本传统文化中重要的美学理念。根据三省堂出版的《全译读解古语词典》的解释，"侘"表示忧伤、苦恼、心痛等情感，到中世以后发展为一种质朴、深切的感怀，是茶道等艺术所追求的中心理念。"寂"是指宁静而深邃的内心世界所自然流露出的一种寂静而深沉的情趣，呈现出寂寥、洗练、枯淡之美，在松尾芭蕉的俳谐理论中有重要表现。它虽然用寂寥之词句表达寂寥之素材，但其所体现出来的人生无常的美的情怀却引发人深沉的思索和深深的情怀，在旺文社的《全译古语词典》被解释为作者在观察对象时深切感受到了人生无常而流露在作品中并带有美的价值的情怀。高仲东麿在《茶道的传统文化性》中有关于"侘"与"寂"的认识。他认为"侘"是指茶道所追求的静寂、幽玄、闲雅等境界，表现出对闲寂境地的憧憬和热爱，接受着宗教的洗礼并具有禅的意味。"茶庭的露地"相通于"禅寺的庭"的意味，围着

---

① 陆留弟：《中国茶艺和日本茶道》，《茶报期刊》2002 年第 1 期。

② 千利休（1521—1591）：日本桃山时代的茶师，日本茶陶文化的奠基人，师从武野绍鸥。

③ 滕军：《日本茶道文化概论》，东方出版社 1997 年版，第 337 页。

露地蹲踞洗手漱口，拂去世间一切俗尘，保持身心的清净，割断一切烦恼表现真如真相的本性，在这里"佗"意指"清净无垢"。"寂"最初意思是指金属旧了之后所呈现出来的"古之趣味"，是一种质素、清寂、素朴之美，那是需要经过时间的历练所呈现出来的"老境之美"，是不完美之美，是由内而外迸发出来的内在之美，是"枯淡之美"，"寂"本身就是表现一种静，是静的一种极致。"佗"与"寂"的发生沿革历史是完全不同的，但都曾在茶道世界被使用，都表现了茶道世界的真实的美，这也许是因为两个词是同义语的缘故吧，但事实上两个词意思是不同的。在高仲东麿看来，"佗"是指人内心的活动，是一种"内省的"主观状态；"寂"是指事物所具有的属性，是一种"外显的"客观状态。其实两者所言事物其性质十分相似，差别只在于所指的主体不同。

佛教的传入并与儒道思想结合形成了禅宗思想，禅宗结合了儒家的入世思想和佛家的出世思想，在唐立宗之后，至宋代日趋成熟。宋代禅宗主张不为法缚，重在意会顿悟，日本审美意识中之"寂"就是承袭了宋代禅宗中的思想本义。随着中国"宋代的禅可以说像洪水一样涌进日本"①，禅宗美学思想对日本传统美学思想的逐渐深入和渗透，"寂"与禅宗"空性"意识的结合最终形成"空寂"的美意识。在禅宗的世界观中，世界的本原就是"佛心"，也就是"空"，即大千世界只是无常的变化中的幻象，任何存在均是非实在之体的存在，世界的本质就是"空"，只有"空"才是真正的实体。能感悟到万物"空"的本性，就能"见性成佛"，就能一切顺其自然达到超越境界。这种通过禅悟的方式去体验万物的"空性"，就是进入"寂"的孤独状态，一种绝对无的境界，这种境界是一种至高至上的审美境界。"闲寂"是从"空寂"中分化出来的，起初两者基本是相通的，到平安时代（794—1185 年）两者在美的性格表现上存在某些非常微妙的差异，"闲寂"就从"空寂"中分离了出来。据权威的日语大词典《广辞苑》中的解释，"空寂"的含义主要是指"幽闲"、"孤寂"、"贫困"，"闲寂"的含义则是指"恬静"、"寂寥"、"古雅"；"空寂"的苦恼之情是以"幽玄"作为基调，而"闲寂"则是以"风雅"作为其基调，充满寂寥之

---

① ［日］铃木大拙：《禅与日本文化》，陶刚译，生活·读书·新知三联书店 1989 年版，第14 页。

情；"空寂"更具情绪性，所以多用在生活艺术上，"闲寂"的情调性使其多体现在表现艺术上。"空寂"主要体现在千利休的茶道精神上，"闲寂"主要体现出松尾芭蕉俳谐的一种审美趣味，但它们的形成主要是在中世（14—17 世纪）时期。"空寂"与"闲寂"作为艺术美的理念在形成前的萌芽阶段即万叶时代常常作为同义词使用，主要表达人的物质和精神欲求得不到满足时而产生的苦恼情绪浸透到心灵时的一种感性的情感体验。它们都是属于感受性极强的主观情愫，都有精神主义、神秘主义的色彩，与禅宗精神也有着深刻的联系，因此两个美学理念都暗含着深刻的禅意。日本禅宗的美学意境，注重对刹那间感受的捕捉，注重对空寂和闲寂的追求，"它那感伤、凄怆、悲凉、孤独的境地，它那轻生喜灭，以死为美……总之它那所谓'物之哀'"①。这是一种"寂"的审美体验，并带有浓重的无常感，它是"物哀"所呈现出的哀伤情绪与"无常"通过禅宗思想所升华出的"寂"的特殊性格的具体体现。"寂"是以体悟到万事万物终归虚无为前提而展开生命活动的一种审美精神，它从最接近无的状态中展现世间万象，又是在体悟到万事万物终归虚无之后所产生的一种精神活动，它摒弃一切豪华装饰，使一切呈现在枯淡之中，在近乎凝固的静寂中去体会那无常的变化。"寂"作为一种禅宗美学，它反映了日本审美意识的一面，在日本文学中所体现出的"寂"的精神，就是拒绝华丽和繁缛，追求一种枯淡、朴素的艺术境界。文学之"寂"主要是表达一种以"悲哀和静寂为底流的枯淡和朴素、寂寥和孤绝的文学思想"②，以追求清、静、淡、雅、枯等为艺术最高境界。它是一种枯淡之情，闲寂之意，类似于禅宗中的"物我两忘"，有着对自然界和生命本质的深切感受。它既不神圣也不神秘，既不哀叹也不伤感，既有着禅宗中所追求的大彻大悟，也有着对自然"不以物喜，不以己悲"的静寂心态，是没有任何伤感的枯淡之美。

二 幽玄之空寂："寂"在茶道

"寂"是日本禅宗所追求的目标和境界，可以分为"空寂"和"闲寂"两种精神，其中"空寂"主要体现在茶道艺术中。说到"空寂"不能不提

---

① 李泽厚：《美学三书》，安徽文艺出版社 1999 年版，第 391 页。
② 叶渭渠：《日本文学思潮史》，经济日报出版社 1997 年版，第 217 页。

到"幽玄",这是两个意义上有重叠但又各有其独立特质的审美范畴。空寂的基调是幽玄,它表达的是人在面对世间万物时,情感上的敏感又烦恼的情绪波动。空不是虚空,是一种"无中万般有"的境界,领略这种境界需要用"心眼"去细细揣摩,在心灵深处去感受。幽玄呈现出余情、妖艳之美,这也是"幽玄"的内容特征,这种美只可意会不可言传,它契合于禅宗拈花微笑的精神。这种精神表现在对禅理有了透彻的理解,彼此默契、心神领会,是一种祥和、宁静、安闲、美妙的心境。它超脱一切,不着痕迹,是一种"无相"、"涅槃"的最高境界,只能感悟与领会,不能言传,只有领悟到了这种境界才会拈花微笑。"空寂"在《万叶集》中出现17 次(《万叶集》被认为是日本感性的原点),大多是表现爱情、亲情和友情,其中用来表达男女之间的悲恋之情最多,达 12 之多①。所谓"空寂",就是建立在"无"的美学基础上,完全排除"物"的世界的一种物我两忘境界,它既立足于"无",又超越于"无",是精神上的孤幽和寂寥。"无一物中无尽藏",日本人能够醉心于空寂、枯淡之美与其有很大的关系。我们在今道友信的美学里找到了"空寂"的理论依据,"在超越无的思维里,精神获得最高沉醉,这样的沉醉越过无之上,将精神导向绝对的存在。所谓绝对的存在,是在相对的世界之外实存着的东西。美学是沉醉之道,其思想体系的最高点,就是与作为绝对的东西——美的存在本身在沉醉里获得一致。艺术的意义就在于它使精神开始升华,艺术唤起了我们对美的觉醒,结果我们的精神就以某种方式超越了世界"②。

　　"空寂"精神最主要是体现在千利休茶道的审美情趣上。茶道是日本固有的审美意识中与日常生活有直接联系的典型代表,它最具有"寂"之审美精神。日本学者谷川澈三在《茶道的美学》一书中从审美角度把茶道定义为以身体的动作为媒介而演出的艺术。久松真一从宗教的角度将茶道与禅联系起来,认为茶道作为一种文化其内核就是禅。仓泽行洋从更深层探讨了茶道是宗教的一种存在方式,认为所谓茶道就是茶至心、心至茶之路。日本最初的茶道是以中国式茶道作为模式,茶室装饰和茶具极尽豪华

---

① 叶渭渠、唐月梅:《物哀与幽玄——日本人的美意识》,广西师范大学出版社 2002 年版,第 89 页。

② [日] 今道友信:《东方的美学》,蒋寅等译,生活·读书·新知三联书店 1991 年版,第133 页。

之能事，能阿弥①祖孙三代制定的一套复杂的茶室饮茶规矩遭到了千利休的反对，千利休将"空寂"所包含的质朴、枯涩、雅素的审美趣味作为茶室的茶道理念。这种理念摒弃世俗的东西，舍弃人为的装饰，追求简素的审美情趣，与"空寂"本质上的"空"、"寂"、"无"、"不足"等切合，从而使茶人达到抛开世俗、心无杂念的心灵超越境界。无论是茶室的简单朴素，还是吃茶人的洁净，都在排除一切"使心脱离五官的不洁而获得自由"②，在一种纯粹寂静中品味那份绝对孤独。近代日本美术创立者冈仓天心在《茶之书》里也说"茶室里没有一丝的跳色，没有一点噪音，没有一个多余的动作，没有一句多余的话"③。千利休提倡的是草庵式的"空寂茶"，人们在草庵式的"空寂茶"中体会到一种物质"不足"中精神的"富有"，从"无"见"有"，来达到充实其生命的意义和价值。从审美的角度看，千利休的草庵式茶道简素、狭小和"不足"，完成了茶道这一特殊艺术以"空寂"为中心的幽玄美④。

茶道与禅宗之间有着深远的历史渊源关系，日本茶道本身就是由禅僧从中国引进的，并成为茶道的创立者。它承继了中国茶文化中"清心"的传统，并与禅宗"直指人心"结合起来，形成所谓"茶之心"。茶道所追求的是一种古朴自然、恬静幽闲的境界，体现出明显的禅宗精神，它将禅宗之精神融会于茶之道中，在简朴之茶室中享受着大自然的赐予，体味着来自大自然的灵气。茶人们在茶中去寻找和体验禅的那种枯淡闲寂的精神，追求恬静幽闲的审美情趣，向往物我两忘、主客不分的境界。而且茶室的古朴静谧使人有置身于寂静大自然之感，在这样的环境之中人们会忘却世间一切烦恼，产生"返璞归真"的感觉，并且能够乐观、超脱地对待一切事物，如同"禅宗的根本精神就是超越。生命主体与宇宙客体等一系列人类所面临的矛盾，是禅宗的超越对象。其超越的结果主要表现在：使人的情感得以宣泄，烦恼得以排除，痛苦得以缓解，心绪趋于稳定，心态归于平衡"⑤。可见茶之心

---

① 能阿弥（1397—1471）：日本茶人，艺术家。

② ［日］铃木大拙：《禅与日本文化》，陶刚译，生活·读书·新知三联书店1989年版，第130页。

③ 滕军等：《叙至十九世纪的日本艺术》，高等教育出版社2007年版，第272页。

④ 叶渭渠、唐月梅：《物哀与幽玄——日本人的美意识》，广西师范大学出版社2002年版。

⑤ 方立天：《禅宗精神——禅宗思想的核心、本质及特点》，《哲学研究》1995年第3期。

实际上融会了禅之心，所谓"茶禅一体"。茶道和禅宗都是"啜饮生命的源泉，使我们摆脱一切束缚"的手段，禅宗与日本人的日常生活紧密结合，茶道作为禅宗精神在生活艺术中的典型表现形式真正融会了禅之心，也真正体现出了禅宗所追求的"寂"之境界。

从中国茶文化的发展史上看，饮茶据传说始于神农时代，据《茶经》记载，"茶之为饮，发乎神农氏，闻于鲁周公"。茶在汉代已作为饮用品被接受，茶文化兴起和盛行是在中唐时期，并得到全面发展。"以茶接待客人的习惯是在中国先有的。"[①] 日本的遣唐使在吸收中国文化的同时，也把茶文化带到了日本。最初日本的茶文化处于对中国茶文化的模仿过程之中，完全是一种唐风文化。随着日本废除遣唐使制度，交流方式的改变也带来了茶文化在表现形式和精神境界上的逐渐国风化，日本茶已经在模仿中国茶的基础上开始消化，逐渐从唐风文化转变为国风文化。这种将外来文化逐渐本土化的趋势，奠定了日本茶道形成的基础。在此基础上，茶道逐渐融入日本民族文化特征，经过在日本固有的文化土壤里酝酿之后，创造出了具有本民族特质的茶道文化，其中代表人物为村田珠光、武野绍鸥、千利休等。对于日本茶道的特质，高仲东麿认为"茶道的文化性表现在三点：综合文化性、传统文化性和经验文化性"[②]。

久松真一认为"首先在茶道中包含有哲学、宗教、道德、艺术等多种文化现象、文化价值和文化形式，譬如即使与剑道、柔道、书道、装道、绘画、音乐等相比较的话，也没有超越茶道的综合性的"[③]。而且茶道还呈现出一定的民主性，并可以从"物质层面"和"精神层面"来理解和验证。从外在的物质层面来讲，是通过茶室的设置、相应设施的布置及茶器的摆放等这些事实层面的实证来表现在茶室中人与人之间的平等关系，从而合乎佗茶的精神实质。而且要尽可能使这些物质层面的东西从仅仅作为审美的对象转变为与人间的素朴生活相契合，并消除贫富、贵贱、能力等俗界的差别，为佗茶精神的确立创造物质条件。这样茶在接受禅的洗礼之后，逐渐从过去作为饮料、游兴的茶转变为具有"佗之

---

① ［日］高仲东麿：『茶道の伝統文化性』，高文堂出版社平成 8 年初版，第 13 頁。
② 同上书，第 31 页。
③ ［日］久松真一：『茶道の哲学』，講談社 1987 年版，第 257—258 頁。

心"的侘茶，并深入到一般大众的内心世界。这样茶道就可以在自家的露地草庵上由不是僧侣的自家茶人完成其精神上的实践，这也是被村田珠光、武野绍鸥、千利休等茶人实践过的一种精神。茶道从禅宗的寺院走入一般庶民的家庭，这样的历史背景也是茶道民主性的一种显现。"一般来讲日本文化也被称为世界文化的混合，接受外来文化并吸收在其本土文化之中，一旦化为日本文化的一部分就很难再外移，表现出强烈的日本化。"① 这种日本化经过时间的历练逐渐成为其传统文化的一部分，历练的过程也是茶道精神体验的过程，长时间的丰富的经验使其洗炼而又具有实效性，从而确立了茶道的高度文化性，维持了其稳固的持续性。因此日本茶不同于中国"茶"，它注重形式之美，"美"在纤细、精致及对器具的讲究。中国茶"厚"，追求内容之美，在随意率性之中却有百般韵味溢出，无论是牛饮解渴还是啜饮品味，其间之"道"可意会不可言传也。这是因为中国茶文化精神主要是融儒、道、佛为一体，根植于儒、道、佛三家思想所提供的文化沃土之中，其中儒家思想作为核心。日本茶道根源于中国，但现在是作为日本传统文化的一个象征性所在，其间经历一个漫长的本土化的过程，可以说日本茶道在对中国进行模仿、消化及不断创造的过程中，禅宗思想的渗透，特别是"无"的思想的融入，使日本茶道拥有了特殊的、深刻的精神内涵。它强调古朴、枯寂，提倡空寂之中心物合一的清净之美，重视形式，讲究仪式，并在其中融入了更多的精神内涵。这与日本民族注重礼仪、遵守规范的民族特性有关，反映在茶道上就是充满着严密而具体的程序、动作规定，与中国茶艺的随意性和精神上的放松大相径庭。可以说日本茶道严格而繁琐的程序是国民精神和民族特性的一种修炼方式，是个体进入修炼状态、达到无我境界的媒介和手段。

因此可以说茶道是禅宗思想日本化之后所孕育出的具有独特审美价值的文化样式，它在浓缩的空间里所渲染和追求的禅意，使得茶道体现出枯淡的"寂"之美，是以佛教思想作为主体，主要反映了禅宗思想。日本茶之所以能发展成为一种茶禅合一的技艺，是因为被倾注了"道"的内涵和意蕴，最终成为茶道。中国茶虽未形成道，但它在观念等方面对日本茶的

---

① ［日］高仲东麿：『茶道の伝統文化性』，高文堂出版社平成 8 年初版，第 36 頁。

影响却是显著的。

日本茶祖村田珠光①把"禅"的思想、"道"的理念融入茶之中，形成了"草庵茶"。茶也就从唐物趣味到和物趣味，从复杂的书院茶到简单的草庵茶，从以上流社会为中心的贵族茶到平民的町人茶。珠光以"谨敬清寂"为基本理念，强调人与自然的调和，通过一种简素来创造美。他否定精致的书院茶，追求简素化，把宽大的书院房间以屏风分割，代之以窄狭的四叠半的座敷，突破了华丽的书院茶的制限，最终形成小间式茶室，他被称为"茶道的开祖"或"茶道的鼻祖"。珠光的茶与心敬的连歌在审美意识和精神性上有着相通之处。

幽玄在心敬的连歌中是一个中心的美的概念，他赋予幽玄以冷、寂、枯、瘦、寒等美感特征，与他的老师正彻的幽玄在意味内容上有了变化。人生无常的感情融入其中，他不着目于春的花、秋的红叶，而把冬的寂寥和枯寒视为他至高的审美理念，这与他漂泊于山居中的苦难生活是有关联的，珠光在茶道中所追求的素朴、自然、枯淡之美与心敬连歌中的美学理念冷、寂、枯、瘦、寒有共感，可以说与佛教中的无的自觉有很深刻的联系。无论是珠光的美意识和茶的心，还是心敬的美意识与连歌的心都反映了对贵族趣味的反感和对充满素朴、自然气息的庶民生活感觉的追求。从典雅、华丽的唐物美到简素、素朴的和物美，也显现出了和汉在融合、调和之后对比的美。而且从珠光开始的佗茶，不仅仅只追求物的趣味的世界，同时也关注世间人心的根源所在，可以说它是佗茶发展的原点。武野绍鸥有两大功绩，一是茶室的变更；二是促成了珠光理想中追求但未能实现的佗茶精神的形成。他在和物道具的开拓、和式趣味的洗炼化等方面进行了探讨，追求"清净礼和"之理念。

绍鸥使得珠光的茶更为简素化，进一步深化了佗茶的精神，他接受了定家歌论的影响，以"佗"这个词揭示了茶的本质，"佗"本来是在文学作品中被采用，绍鸥把它拿来作为茶的理念使用。"佗"之心是人心底深处所追求的至高至醇的茶境，它以超越的视点来观照世界，否定感觉的色相，在茶禅一味的茶境中使得隐遁的心、佛法的意味、和歌的情结合在一起，追求无常观和对现实的解脱。从绍鸥的佗茶中能够看出连歌与和歌的

---

① 村田珠光（1423—1502）：被后世称为茶道的"开山之祖"。

诗情对他的茶境的影响，这种佗茶精神被认定为是一种"枯淡、闲寂、寂寥的美"①。"佗"之茶在珠光那里被埋下种子，被绍鸥培育，而真正使之成为"真的茶道"并集大成者是千利休。在珠光的创立、绍鸥的推进中佗茶逐渐和式化、草庵化，而千利休使其更加彻底化，他使佗茶的精神得到进一步的深化。在追求自然野趣性和人间素朴性的生活样式过程中，创造了四叠半的草庵茶室，同时在茶具等形式方面也下了功夫，使佗茶之精神得以真正完成。千利休作为佗茶的完成者，使其真正显现出"简素、素朴、洗炼"造形之美②，它是简素美、凝缩美的极致。

按照久松真一的理解，他把佗茶之美分为七种特质，分别为不均齐、简素、枯高、自然、幽玄、脱俗、静寂③。不均齐是相对于平衡、整齐、规矩等完整美来讲的，表现在一种零乱、残缺等不对称之美上。这种美无论在外在形式上还是在内涵表现上都突出一种不均齐性，如茶碗的凹凸不平、图案的不对称、自然形状古树根做成的茶桌等都凸显出缺失、不足之美，这种以缺陷为美，以不完美为美更具茶味，更能表现出茶韵，更能激发茶人去体味美。不均衡之美是茶道中所蕴含的一种审美意识，这既是禅的本质的一种体现，也是在暗示现实的不平等。简素是一种简单、素朴之美，不同于复杂、典雅之美，是自然形态的美，如粗朴的茶碗、有瑕疵的茶器等。茶室色调上的单一、摆设上的精少，建筑材料的自然形态等都契合于禅宗之"无"的宗旨，简素实质上是"无"之美的表现形式，追求删繁就简中的朴素，体味物质条件简素之中的精神上的丰富和伟大。茶事过程中的动作也是经过反复推敲，洗练又颇具美感，虽为朴实之表象，实为独具匠心之细腻，简单粗糙不再是一种拙劣，而是素朴美的张扬，是独特的民族风格。枯高更多体现在沧桑之美上，这是一种经过岁月洗礼后所呈现出的深沉、遒劲之感，是经过时间沉淀之后所培养出的枯寥、高洁之美，是内在所流露出的古雅气韵，完全不同于外在的优美、华丽等感性之美。自然既是指非加修饰的自然物质形态，又是指无人为性、不造作、不牵强的自然表现状态。它否定一切有意识的人为努力和故意造作，提倡一

---

① ［日］成川武夫：『千利休茶の美学』，玉川大學出版部 1983 年版，第 161 頁。
② 同上书，第 143 頁。
③ ［日］久松真一：『茶道の哲学』，講談社 1987 年版，第 52—64 頁。

切皆"无心"，追求一切顺其自然，遵循自然之趣，妙在自然。当然没有一定的品德修行是难以为之的。路边的简陋茶棚可以改装为茶室，竹筒可以当作花瓶，这些身边的事物都可以作为茶室的要素凸显茶道的自然、素朴之理念。在融入自然界之中，体会季节更替带来的美感，如春日的轻飘细云，夏夜的绵绵细雨，秋日夕阳下的秋虫倦鸟，冬日萧条中的皑皑白雪等。尊崇自然之美体现在茶室草庵式的外形上，如树木、花草、石头组成的茶庭中，还有茶具中那些形状不规则、"歪得自然"的反而被认为"具有一种超越凡俗的美"，自然、简单、朴拙等别具韵味的审美效果使得其被奉为美的经典。这种美的肯定实际上是对具有一般意义上的普遍美的否定，也是禅宗的主体否定精神的一种外在表现形式。在否定了普遍的审美标准之后，获得更多的艺术创造的可能性，否定的同时得到了肯定，对"完美"的否定实际上是追求"不完美"之美，所谓"无一物中无尽藏"。这种对一般美的否定所体现出的审美理念可以说是"佗"之精神内涵的进一步深化。幽玄为幽深、含蓄之美，这非常类似于中国的"言有尽而意无穷"，是一种值得慢慢体味的余情之美，这需要心灵上的沉静，才能慢慢感受茶道之意境。脱俗是心灵得到净化之后的自由之美，是纯粹的洒脱之境，是呈现"无"的真我世界。在茶室中抛开一切世俗杂念，进入清静无垢之世界，让心灵得到净化，让精神得以超越。静寂是一种寂寥、孤傲、沉静之美，它否定世俗中的繁忙、嘈杂，在无语中体现茶境的氛围，在不言中体悟茶道之味，外在世界与内心世界都在一种高度的平静之中抵达"寂"的境界，这是茶道所追求的终极目标，是包容一切"有"的"无"之境。佗茶的七种特质为不可分割的统一体，统辖它们最本质的东西就是"无"。草庵茶的茶室处于树木掩映的大自然中，素淡的花，缀有青苔的石灯笼，庭院中精心剪裁的树叶，以及简素的茶室共同营造出一个具有高度象征性的空间，四季的美通过挂轴、插花浓缩于其间，茶人们在这样的空间中感受到一种平静的喜悦，是在"寂"的境界里体味大自然的优美与韵致。这是带有积极意义的生活情趣，是体会与悟道的过程，它是"不完全的美"（冈仓天心语），是在以优雅的形式试图在种种不可能中感受或成就其中的可能。

　　日本的茶道思想一般用"和敬清寂"、"一期一会"和"独坐观念"这三个概念来阐释。其中"和敬清寂"被称为茶道四谛，是禅宗无我观念的有形表现。"一期一会"来源于佛教的无常观,指一生一次的相会。"独坐观念"指主人独坐茶室静思,如同入无我之境。因此茶道在日本不仅是文人雅趣和生活中的规范礼仪,它还是"以禅的宗教内容为主体,以使人达到大彻大悟为目的而进行的一种新型的宗教形式"①。"和敬清寂"作为茶道之精神,"和"是指人与人互相之间保持友好、亲密,可以是心身的和、人的和、家庭的和、国家的和、世界的和,也就是所有的和。超越世间一切客观的诸条件,确保茶室的和的秩序,这也是维持社会秩序、保持平和心态的一种理念,是国家社会、茶道世界等共同追求的目标。当然体现在茶道精神上的"和"还有其自身的实质规定性。首先茶人自身的调和,即所谓心身调和,要保持身体的完全调和、健康,从而使得精神上达到一种平和状态,这样茶人之间就能相互达到和的最高境界。其次"和"还延伸到对事物的一种调和,茶道器具有不同的形状、色彩、纹饰、大小、长短等,这些器物的调和合乎美的要素,从而保持整体器物的统一,这是茶室的一种经过调和后的整体美,而不单单是某一器物的单纯美。只有人的和与物的和达到统一状态,茶道的精神实质才能充分体现出来。"敬"包含对他人的尊重和对自身的尊重。"和"作为茶道精神的基础,意味着在狭小的茶室中人与人之间的平等、平和状态,但是因为年龄、经验等的差异,还是存在着差别的可能性的,但这只是差别而不是不平等。在这时就需要对他人的一种尊重,下对上的敬重、上对下的慈爱等,创造一个即使有差别也是真正平等的、平和的茶室环境。除对人的尊重,"敬"也包含对世间一切事物的敬爱理念。即使是一碗茶、一块点心、一束鲜花,也要认为这是天地自然的恩惠,这是人类劳动的结晶、这是贵重的物质,要保有对这些伟大事物的感恩之心,对人对己对物都不能忘记敬重。"清"是指的清净、清洁,无论是自身还是环境都是一种纯真、无垢状态,排除世间一切邪念,体现在茶道精神中就是清净主义的本旨。茶室的设计恬淡自然,不崇尚浮华,有脱俗出尘之感,茶室外形上的简单朴拙,内在光线的朦胧昏暗,处于这种幽隐、神秘之环境,人的心境也逐渐转为清净。所以"清"不仅是指环境、器物等外在物质层面的清洁、清净,作为茶人自身的内在精神层面也必须洁白纯真。进入茶室时洗手、漱口等都是隔断自我

---

① 滕军等:《叙至十九世纪的日本艺术》,高等教育出版社2007年版,第262页。

与俗界的关联，保持外在和内在的清洁，在狭小的茶室空间中，断绝世间一切妄想杂念，保持本心清净，在清心静虑、排除干扰中进入自己精神上的冥想状态，回归纯明无杂之本心。茶道重视清净淡雅之风，崇尚淡泊无为之美。茶事过程中的屏声敛气也是为了达到清心之目的。只有处于清幽脱俗之境，才能使心灵归于安宁和平静。所以清不只是在外物，更在于内心之清净。唯有清净淡泊之心，方可深悟禅茶之味。进入茶室，放下世俗妄念，以清净之心品味清茶，在袅袅茶香中享受安宁、恬淡之美。只有心清才能气定，气定中自然油生清幽淡雅之禅意，这是一种身心的修炼，也是精神境界的提升。只有去掉身外的污浊方可达到内心的清净，在茅舍茶室中实现清净无垢的净土，创造出一个理想中的"物我合一"的境界。"清"是形式和内容的统一。"寂"是指一种沉静状态，它不注重表面的光泽、色彩、纹饰，追求素朴、自然之美，从华丽服装到朴素服装、从浓厚事物到淡白事物的变化中可以看出这种"寂"之美，它是一种余韵、余情之美。茶道之精神本来就追求一种不完全的完美，"寂"之精神就从这简单素朴之中产生形成，在排除一切不必要的东西的同时，追求"寂"的审美境界。寂在茶道中所体现出的"贫困"、"孤独"、"真朴"等意须以闲静之心才能体味之，当然这种情感必须需要一种客观对象事物的存在，这种客观事物一定要有美的原则，只有具备审美原则，才能唤起内心深处孤寂的审美趣味，否则贫困只是一种纯粹的客观实在。所谓孤寂就是在贫困之中深藏的并感受到的难以言尽的那份恬静和喜悦之美。"寂"作为禅茶追求的最高境界，指心绪情意处于安静状态，身心寂静，空诸所有，达到空无一物之境界。"禅宗与茶道的论述统归为一点，那就是脱却一切个别的、他律的、世俗的成见，直入无一物之境界，随时随地无碍、自由自在地应付一切外来的事物，在无事、无心、无作之中又显现出无穷的活力，无限的创造力。"① 在"寂"之心境中，一切事物都得到净化，呈现出沉静之意境。

茶道存在的意义就在于"寂"，"寂"是茶人追求的最终目标和至高境界，也是茶道艺术创作的源头和出发点。它等同于"至纯"、"孤绝"等意，只有当茶人完成对一切事物的否定之后，才能进入一个没有声音和色

---

① 滕军：《茶道与禅》，《农业考古》1997 年第 4 期。

彩的无的世界。无作为有的本源，当它摒弃一切束缚，否定了固有的审美价值之后，新的艺术形式也就表现出来了。我们从日本茶道中外在形式上的单纯质朴，可以看出它实质是为了增添和追求一种寂寥中的审美情趣，而且更追求精神层面的审美境界。美不在于外物，而在于人的内心，形式上的最简单的原始状态，造就了心灵上的空寂洒脱之美。茶事活动不仅是日常生活中的实践，更是人修行的一个过程，由禅入茶，在参禅悟道的过程中反观自心，提升自己的品行，领悟至高境界。在自由自在中，一切都顺其自然，以一颗平常心进入纯粹自在平等无我的境界，领略最深层次的美。它也是一种艺术实践，在这种实践中生命个体践行着禅的生活理念，在为春花、红叶的绚烂沉醉之后，才能更深刻地领略到花凋叶落之后的萧瑟之美，保持精神上的平静，体现出与自然的和谐。

三　风雅之闲寂："寂"在俳谐

"闲寂"是从"空寂"中分化出来的。它们在萌芽之时具有相同的内涵，多表现苦恼、寂寥之情，是一种感情状态。至平安时代逐渐分离，"空寂以幽玄为基调，多表现苦恼之情，更具情绪性；闲寂以风雅为基调，多表现寂寥之情，更具情调性"①。虽都表达情感中的哀伤情绪，但闲寂着重在寂寞之感，这种寂寞之感除了人情之外，还表现在那由于自然的交错变化而引发的无常之感。在对自然变化、季节更替的静观中，感觉到了"造化"，自然的交错正是由"造化"引领，人在一种静观中体悟自然，以孤寂之心与自然合而为一，在静观之中愉悦心性，如入"无我之境"，便可如松尾芭蕉所言"所见之处，无不是花，所思之处，无不是月"以能"顺随造化，回归造化"。因此从精神内涵上来看，空寂容易沉浸在那份苦恼的孤独之中，而闲寂是在虚空之中享受一份寂寞，这种享受是情调，是品味，是生活中的调剂，是精神上的愉悦，更是孤寂之中的美丽。铃木大拙在《禅与日本文化》中把"闲寂"定位于一种"穷困、贫乏而又窘迫的生活状态"大概有这方面的寓意吧，这种感受与中国的"无我之境"中所要求的精神内涵、审美境界应有相似之处。我们从松尾芭蕉在"古池塘"俳句中所展现出的寂寞感可以看出，"古池塘"是寂灭的形象化，"蛙"是

① 叶渭渠：《日本文学思潮史》，经济日报出版社 1997 年版，第 217 页。

无常的具体化，是大自然造化的产物。俳句上展现的是完完全全的自然世界，表面上对客观物象的描写，实际上是内在主观情思的反映，响声之后的一切归于平静，展现出的是寂灭的永恒性，人的伤感也会随之稍纵即逝，俳句的风雅之闲寂境界被得以充分展现。风雅之闲寂追求人与自然的合而为一，只有把个人消失于自然之中，人才会体会到自然的无常，认识到无常的绝对性，从而要求自己不要停留在自然变化的感伤之中，而要通过自然变化的无常来领悟到那份寂灭，沉浸在孤寂之情和享受着寂寞之趣，从而感受禅宗所谓"诸行无常，是生灭法，生灭灭已，寂灭为乐"的审美境界。寂灭的虚空使在精神上消解"无常"带来的无奈成为可能，超越了无常便是寂灭，也就是一种虚无状态，这是参禅的最后结果，也是日本禅宗的追求。

"闲寂"作为中世审美精神的重要范畴，最初是指一种落寞的情绪，随着落寞情绪的逐渐转变淡化为宁静的"闲寂"感。从外在的感受到内在的体认，从外在的客观物象变成内在的主观意象，"闲寂"最终成了心灵寄托和慰藉的象征，在这个时代中连花、鸟、风、月这些自然形象都含有自身的悲凉和闲寂美，这种闲寂美主要体现在俳句上。关于何为"闲寂"，"向井去来的解释是'闲寂是俳谐的色调，并非是指闲寂之句。譬如老者披甲胄上战场，或者着锦绣赴宴，皆有老者之姿态，无论华丽之句，还是宁静之句，皆有闲寂'"[①]。可以说"闲寂"是俳句创作中作者捕捉对象时的心灵观照，不在于题材表面的情调，而强调题材所表现出的闲寂的色彩。17 世纪江户时代后，日本文学艺术开始把注意力转移到心灵之外的自然万物，俳句是一重要代表，虽短小精悍但能传达出复杂的主题和蕴含。俳句原为表现市民生活的诙谐诗，芭蕉把它提升到抒发情感的审美意境，确立了"蕉风体"，也奠定了其在日本文学史上的地位。俳句的特点表现为即兴、自然，这种特点的生成不是偶然的，它是在长久的思考、酝酿之后，在某一外物或瞬间触发之下的豁然开朗，即陆游诗《文章》中"文章本天成，妙手偶得之"中的强调创作要本自天然的境界，创作不可矫揉造作，要以妙手还以客观面貌的本身。俳句是 17 音节、三行"五、七、五"的长短句形式，它作为世界上最短的诗歌，以极其短小的形式表

---

① 郑民钦：《日本俳句史》，京华出版社 2007 年版，第 45 页。

现作者刹那间的感受，语言简练、含蓄、隽永，与中国的宋词、元曲的形式构成在性质上基本相同，但相对来说中国词、曲的主流还是篇幅较长的慢词。日本的俳句惜墨如金，没有中国词曲的洋洋洒洒、一唱三叹，有的却是那震撼人心的小巧别致，短小俳句之中的一池、一蛙、一声，令人没有局促之感，却能引发深远意境，形式上的短小带来的是余味无穷。比起中国古诗，俳句直白而意深，但禅意有余，诗意不足。俳句的短小、精悍让人有豁然开朗之感，它着意于转瞬即逝的状态，专注于瞬间之事物，破空而来，倏忽即逝。它不是要告诉读者什么，而是引导读者进入俳句本身去展开想象的空间领悟其内涵和本质。俳句并不是为了留住事物本身，因万物都会消失，它是为了留住事物的消失。俳句作为最有时间意识的诗歌形式，在一颗沙中，在一朵花中窥见宇宙之变迁，以有限见无限，充分体现禅宗静观内省的精神。英国诗人威廉·布莱克曾有一首诗："一颗沙里看出一个世界，一朵野花里一座天堂，把无限放在你的手掌上，永恒在一刹那里收藏。"① 这是一个有限与无限无差别的契合境界，人性也就恢复了本应有的和谐。形式上的短小，外表上的平淡并没有影响俳句本身的内蕴深厚，如著名俳句《古池》中的一只青蛙跃入水中，被水声打破的寂静其袅袅余音回荡于空中，随着蛙的纵身一跃发出的水声，让人久久在余味中沉思，并引起人的进一步遐想。在俳句中，表现季节语言的称为"季语"，表现创作主题的称为"季题"。每首俳句都有一个"季题"，包括与四季有关的自然现象如风花雪月、鸟兽虫鱼等和以宗教、习俗等暗示的特定季节等社会现象。俳句的核心理念是"风雅之诚"，"诚"是日本文化的核心，是在自然变化和历史变迁中难以改变的东西，按照芭蕉的理解，是真实，是"不易"，"万代有不易，一时又变化。究于二者，其本一也。其风雅之诚也"。人在感受山川草木、花鸟鱼虫、四季更迭等大自然的过程中，要能够凝视浸润于其中，这样才能在感悟美的同时，领悟小事物蕴含的大道理，感受"闲寂"之精神，达到"透过窗纸洞，遥望银河美"的境界。"闲寂"美在松尾芭蕉的俳句中被认为是美的极致，"闲寂的风雅美"成为俳谐的审美理念。松尾芭蕉认为："风雅乃意味歌之道……风雅者，顺随

---

① 梁宗岱译。关于这首诗宗白华翻译为：一花一世界，一沙一天国，君掌盛无边，刹那含永劫。

造化，以四时为友。所见之处，无不是花。所思之处，无不是月。见时无花，等同夷狄。思时无月，类于鸟兽。故应出夷狄，离鸟兽，顺随造化，回归造化。"他还说："身处不测之风云，劳花鸟之情。"（《笈小文》）① 松尾芭蕉的俳谐中表现出一种以心情孤独为契机的思考，内心的安静呈现出来的是一种自然的情调和深切的美。在创作俳句中要能够有"俳眼"，才能在面对自然风物和人生世相时，摒弃世俗妄念，以孤寂心情静观自然和人生。芭蕉的俳谐向往和憧憬着自然状态的闲寂意境，内含着孤高、简素和枯淡之美，它以"闲寂"为主调，在自然素朴之中传达深远意境，这就是俳谐"闲寂之美"的精髓，它的审美情趣体现为"寂"，被称为俳句之色。

铃木大拙曾经说过，真正伟大的俳句往往暗示了很多东西。如著名的《古池》，一只青蛙跃入水中，被水声打破的寂静其袅袅余音回荡于空中。古池塘本是万籁俱寂，水面平和，这种幽寂之气氛让人之心境也随之变得闲逸，蛙入水中打破了人心灵的清幽状态，也带来了春天生命觉醒和冲动的活泼泼之生气和情趣。神妙瞬间中的动静完美结合，不仅蕴藏着大自然的生命律动，也表现了诗人心中的无比激情，不动声色之中有着悠悠余韵。《古池》具有超越时空的意识，寂静的古池塘是"过去"的象征，是神秘的过往，青蛙经过冬眠后的纵身一跃代表着生命的觉醒，象征着"现在"，是生机勃勃的当下。水声之后荡起的余音不断，则是对茫茫未知的延伸，是憧憬向往中的"未来"。在该俳句中，冬眠后的青蛙是生命复苏的象征，寂静古池塘中的水是生命的本源，通过古池塘、蛙入水、水之声等几个表象，使得过去、现在、未来在一个神秘的瞬间统一起来，使得个体生命回归至永恒实在，从而能够整体把握存在的本源，进入到神秘而又美丽的精神境界。这种境界是"空"的无差别的境界，对实情实景的描写及格外清亮的水声衬托出周围的寂静，让人有顿悟之感。这种悟不仅让芭蕉悟到了生命的本质，同时也悟到了俳句的生命之本不在于滑稽和洒落，而在于闲寂之中体现出的幽远意境，同时也开创了俳句史上的"芭蕉风格"。《古池》表现出了对大自然强烈回归的向往，也表现出了人类对原始

---

① 转引自叶渭渠、唐月梅《物哀与幽玄——日本人的美意识》，广西师范大学出版社 2002 年版，第 99—100 页。

素朴之大自然生活状态的追求。一池一蛙是大自然的象征，寄托着人类的情感，万籁俱寂中一只青蛙跳入幽深的潭水之中，荡起的不仅是响声，更是让人在空寥高古之中感受空灵之美，在袅袅余音之中领悟自然之道，日本民族的心灵性在这里得到了充分阐释。芭蕉以自己特有的羁旅方式完成着精神上的云游，在沉醉于大自然之中张扬着自我个性，寻找精神上的自由，这种在精神和心灵上的云游与受佛道影响的中国诗人陶渊明、李白、白居易、苏东坡等有一定的相通性。印度诗人泰戈尔在访问日本读到《古池》时，认为"日本读者的心灵仿佛是长眼睛似的"，因为"再多余的诗句没有必要了"。古旧池塘中青蛙跳入的水声"清晰可闻"，可见"水池是多么的幽静"。受《古池》影响，泰戈尔在归国后模仿日本俳句写了一个《新月集》，里面都是小诗，被翻译成中文后还影响到中国。

"蕉风"指以含蓄隽永的语言表达出素朴、严谨、深远的意蕴，具有闲寂、幽雅、余情之美。"寂"是蕉风俳谐中一种充满细致之感的美的情趣，它既是作品整体中能让人感受到的情趣，也是作者的精神情调的表现。《去来抄》中说："寂，句中色质也，不独谓闲寂清枯。且如老人被甲胄而驱驰于战场，衣锦绣而列于盛宴，均有老翁之态在。热闹之句，静雅之句，皆有寂色。"[1] 这种"寂"的情趣融会在芭蕉俳谐的审美意境之中，它作为一种细腻微妙的审美趣味，充盈于句作的整体构建之中。当然这种句作整体所显现出的情趣，是生发于俳人之心而见之于句作，俳人的心理素养要能得"风雅之真谛"，方能有"寂"之趣，这是芭蕉所追求"顺随造化，以四时为友"风雅观的根本精神。只有脱离是非，亲近自然，乃能"以物观物"式的纯粹的审美观照洞见万物万象之美质，达到"物我一如"之境，因此俳人要能够"勤于诚"，如同服部土芳在《三册子》中所阐发的"风雅常有，则神思中意象成、句姿定，取象自然仔细；心之色质美，则外现之言辞共。此所谓常勤于诚则心不俗也"[2]。《古池》作为芭蕉俳句中最著名的作品也是"蕉风"的典型代表，如同学者高滨虚子在《俳句的理解与欣赏》中所介绍的那样，"此句乃如实描绘实情实景，有顿悟之境"，"在这首俳句中，芭蕉悟到了俳道的生命，不在于滑稽和洒落，而在

---

① ［日］高木市之助：『日本古典文学大系.66』，岩波书店 1961 年版，第 376—377 頁。
② 同上书，第 398 页。

于这样一种闲寂之处"。《古池》虽形式短小而余味无穷，在平淡的描述中有着深厚的蕴含。"古池"两字表现出的是古老的宁静，意味着世事的变迁、人事的沧桑，同时也是带有神秘"过去"的凝结，青蛙的跳跃声带来的是蓬勃的活力，代表的是"当下"的活动，"扑通"一声不仅是物理的声音，更是时空撞击的声音，它打破了静谧的世界，也打破了千古的沉默，这样一声水响渗透到作者的心灵之中，使得作者与所凝视的客观物象融为一体，并感受出生命的一种张力。青蛙之动，打破古池之静，而水响声后引来的是新的静的境界，这种境界是对古池之静的又一次升华，它使得整个诗境充满着幽幻的闲寂色彩。"青蛙的一跳此为动，正因为有了动所以此后的静就更实现了宇宙仿佛沉静在无限的寂静之中。"[1]《古池》俳句表现出的是一种特有的生命活力，古池塘之万籁俱寂，给予人心理上的是幽寂的气息，青蛙的跳跃声在衬托心灵清幽闲逸的同时，也展示出一种充满生机的生命觉醒和生命律动，余韵悠悠，味之无尽。

芭蕉的俳句不直抒胸怀，擅长通过对周边景物的刻画，展现对自然无常的一种禅宗式的感叹，创造出清幽而深远的意境，留给读者更多的想象空间。它不使用华丽的辞藻，以简洁素淡用语抒发行旅中的寂寞与孤独，在时光的流逝中品味历史的苍凉，在表现返璞归真之情致意趣中探究生命的真谛。对于芭蕉而言，行旅生涯是对时间与历史的品味，也是对生命真谛的一种精神洗礼，其俳句所表现出的高度的凝练实质上凸显的是生命苍凉本质的最高境界。他在大自然的跋涉中，在荒野的漂泊中获取不尽的诗意和丰富的艺术想象力，并玩味着旅途中的哀愁，体悟着孤独中的寂寞，反省着人生的意义，以"本心即佛"的理念遵循着一种只要尊重自己的心就行的适意人生哲学。他希冀在自然中追求精神解脱，在顺从造化中埋头于自然，并将自然作为精神复归之所。其体现在俳句中的"闲寂"理念是以细微的心灵感觉和细腻的情感表现所显示出的主体对大自然的审美观照，是"根于内而见于外者也"（去来《答许子问难辩》），表现在句作中是一种艺术风格，实际上它显示出的是俳人发自内心的审美情趣，这种"闲寂"之美需得"风雅之要谛"，而"具风雅之情者"，需"担负书箱，足磨草鞋，头戴破笠"，"隐于山林，心地陶陶然"。

松尾芭蕉出生于下级武士家庭，青少年时代受过"贞门俳谐"和"谈林派"的影响，在 37 岁时以"芭蕉庵"命名他所居住的草庵，并确立了自己在俳坛上的地位。他曾经认真研习过孔孟老庄的哲学，并对杜甫诗歌甚感兴趣，他长期漂泊于郊外荒野，放逸于江湖山林，有意识地投身于大自然之中。他是日本俳坛上的一代宗师，被尊称为"俳圣"。由于他的不断创新，使得俳谐逐渐脱离以滑稽诙谐为主的状态，走上了抒情之路，最终形成了以闲寂和幽雅为主的"蕉风"。俳谐中有两个重要的概念，即"不易流行"的问题与"虚实"的问题，其中"不易流行"不仅是芭蕉所提倡的俳谐创作风格，它已经成为日本文艺理念之一。著名的《奥州小路》成就了"不易流行"理念，意思是指万物遵循自然之理法而变化流行，对于芭蕉来讲，俳谐如果无"流行"，就无新意。芭蕉从未到过中国，但他曾阅读了大量的中国古典文献，中国哲学如《周易》、孔孟、老庄、禅宗等哲学思想中的动静结合、变与不变的和谐统一等强调世界是发展变化的，宇宙是有机联系、相互依存的整体等哲学思想对其都有一定的影响，其中道家庄子"万物皆化"理念及朱子学对"不易流行"产生了直接影响，特别是朱子学（宋学）对他影响特别大。朱熹强调阴阳变易是《周易》的基本法则，自然万物的存在变化就是阴阳的变易推移，在这种推移变化之中，存在着对立统一的因素，而这恰恰在形式上为芭蕉俳谐的"不易流行"理念提供了理论依据，这也是一种静与动的对照。"太极"作为宇宙的绝对者，"气"是将太极生成万物的创造力，而"理"是支持气之流行活动作用的不变原理，风雅之"诚"则是"理"的本体，这样"气"的流动性、"理"的固有性成为芭蕉"诚"的风雅性之俳谐理念的哲学基础。纷繁复杂的万事万物在其发展变化之中，存在着永恒不变的东西，这是事物的本质，是充满永恒性的本体，是"不易"，存在于表层变化的东西即为"流行"，始终处于一种流动变化之中。俳谐艺术的发展就是顺应着这种规律，以不变产生万变，从万变之中又能看出不变之本质，"不易流行"所蕴含的真实就在这种循环往复之中显现出来。芭蕉《笈之小文》中的"顺应造化，以四时为友"，其中造化是作为宇宙的根本存在，要以顺应这种造化而产生的自然万物的变化为友，这才是俳谐所追求的"不易流行"之理念。中国哲学思想对芭蕉的影响加深了芭蕉对俳谐之风雅的理解，当然他也因"前行无路人"而发出"秋日近黄昏"的寂寞孤独之感，芭蕉终其一生追求这一理念。可以说无论是"不易"还是"流行"皆出自于"风雅之诚"，俳句构造上的"不易"与提倡追求新鲜的素材和表现形式的"流行"观念是不矛盾的，目的是为了俳谐风体的发展变化。实际上俳句得以存在的生成构造的原则，作为一种规则"不据新古，亦不关变化流行"，始终保持不变。它是永久性的，是诗的基本，虽然俳句的发展有时代色彩和特征，但是其所秉承的本质的东西不会有大的发展变化，变与不变是矛盾的一种统一。从这一点上来理解，俳谐风体的"不易流行"观念与人体自身发展也是有联系的，去来就把"不易流行"大抵可谓譬如人体，《去来抄》中有这样的譬喻来解释："就人体而论，'不易'就是无为之时，'流行'则指坐卧、行住、屈伸、伏仰诸相。"无论人言其姿与时交替，无论人有为与无为，其本元均为同一人，这是人之作为人的基础，俳谐的风体同此，不变是基础，变化是发展。只有有绝对不变东西的存在，才会有真理，"不易"就是不变之事物，事物的变化产生了新的事物，带来了新的创作素材和表现形式，"流行"就是变化之事物。芭蕉强调诗歌的风体要随着时代推移而变化，时代对俳谐风体之变化是有一定影响的，所谓"风雅之流行"。"不易"与"流行"是一对对立统一的概念，但又被芭蕉和谐归一为其本源"风雅之诚"。

芭蕉向其弟子传授"不易流行"这一俳谐理念，不过"不易流行"之理念并没有在芭蕉的言辞中直接表现出来，大多是从弟子记录中找出来的。在向井去来的《去来抄》、立花北枝的《山中问答》、服部土芳的《三册中》等可以看到，芭蕉想给俳谐注入的就是"不易流行"之理念。去来认为，芭门俳谐存在着千岁不易（不变）与一时流行（变化）的对立概念，虽然是矛盾的，但其根本是同一的，皆出于"风雅之诚"。服部土芳的《三册中》写道："师之风雅（即俳谐），有万代不易，有一时变化。究此二者，其本一也。所谓一者，乃风雅之诚是也。不知不易，则非知实。所谓不易，不据新古，亦不关变化流行，常立于诚之姿也。观代代歌人之歌。代代有其变化。又，亦不及新古，今之所见者，等同于昔之所见，哀歌多也。首当悟此为不易。又，千变万化之物，乃自然之理也。不趋于变化，则风不改。"① 万物遵循自然理法而变化发展，所以俳谐也要像自然界的万物一样流行变化，要不断吸收新的质素，促使俳谐风格的改变发展。无论从创作素材和表现形式上，都要打破陈腐观念，不断追求新意，时时需要风格的革新，这样才能促使俳谐风体的新鲜，这就是"流行"。从此我们可以看出芭蕉的俳句艺术既表现出闲寂、余情、纤细这样的意味，同时又呈现出一定的哲理性，这种哲理性即为"不易"、"流行"，当然对俳论的哲理性芭蕉本人未作透彻阐释，只是通过其弟子传授出来，高野辰之明确界定："'风雅之诚'的本质在于'不易'，'流行'是为了求得'不易'而不断显示进展变化的姿态。由是观之，'不易'与'流行'在本质上都是'风雅之诚'，但是'不易'是其本体，而'流行'是不断追求着'不易'的变化状态。"② 芭蕉的俳谐以极自然之口语表达出高雅之情趣，并借用简朴之色调、寂寥之词句表达静寂的氛围，其蕉风俳眼表现在他对"生的苦恼的透彻领悟和对风雅的孤高的沉迷"③。

　　"风雅之诚"实际上是芭蕉俳句艺术本质所体现出的真诚之美，这种"诚"建立在禅宗的哲学思想基础上。禅宗的归宿点在于自然，而芭蕉俳句追求的就是以自我真情感受自然万物，在观照、体验中捕捉事物内在的东西，并以质朴之语言抒发心灵之感动，将身心完全融化于大自然。禅宗之精神倾向于在自然中领略超然自得之趣，俳句创作秉承并契合了这种精神，在与花相对、与鸟相亲中与大自然融为一体。看似平常的自然描写，不露痕迹的情感表达，妙处就在于它的自然和真诚，韵味全在这大巧若拙之中，契合于禅宗所追求的"唯心任运"的思维方式和"行往坐卧，应机接物，尽是道"的宗旨。禅宗之基本宗旨在于解脱对任何功名利禄欲望的追求，这种追求与芭蕉俳句所表达出的"闲寂"色彩非常接近，它"对纷纷攘攘的世俗的荣华富贵不屑一顾，心如止水，不为个人的蝇头小利营苟盘算，必须排除私心杂念"④。以自然流露之真情感受自然，以"闲寂"之心体验人生。芭蕉俳句以对自然小事物的描写揭示出深藏于其中的纯净清寂的禅宗之妙趣，营造出玄妙幽深、枯淡闲寂的独特诗境，可以说俳谐的

---

① ［日］赤羽学：『松尾芭蕉俳諧の精神』，清水弘文堂 1991 年版，第 137 页。
② 彭恩华：《日本俳句史》，学林出版社 2004 年版，第 19—20 页。
③ ［日］山本正男：『東西芸術精神の伝統と交流』，理想社昭和 46 年版，第 211 页。
④ 郑民钦：《日本俳句史》，京华出版社 2007 年版，第 46 页。

闲寂带有明显的禅寂情调。

"寂"范畴在日本语境中指的是一种至高至上的审美境界，无论是以"幽玄"作为基调、充满苦恼之情的"空寂"，还是以"风雅"作为基调、充满寂寥之情的"闲寂"，都带有感受性极强的主观情愫，有着精神主义和神秘主义的色彩，暗含着深刻的禅意。这种"寂"的审美体验带有浓重的无常感，体现出特殊的审美性格，使一切呈现在枯淡之中，在近乎凝固的静寂中去体会那无常的变化，幽玄之空寂的情绪性、风雅之闲寂的情调性都体现出这种无常之感。比起"空寂"所体现出的寂灭的无常感，"闲寂"表现得更富有情趣和更为积极，它在表达一种归于寂灭之后又再次新生的寂灭感，可以说"闲寂"是对"空寂"之感的承继，并最终发展为枯淡高雅之美学理念。文学中所体现出的"寂"之精神，追求的是一种枯淡、朴素的艺术境界，它所呈现出来的闲寂之意类似于禅宗中的"物我两忘"，是没有任何伤感的枯淡之美。

从空寂茶之心到风雅之闲寂，基于第一语义形成了美的内容和孤寂之审美意识及单纯、质素、淡泊、清净的审美表现，并在审美意味上体现出特殊的精神态度。无论是在茶道还是俳谐上，空寂和闲寂究极其意味都是一种大彻大悟的境地，但是在美的意味与宗教乃至道德的意味上却还是表现出不同特点。空寂之贫寒、狭小、穷乏，闲寂之寂寥、贫弱、素朴等所体现出的"寂寥"之感实际上是作为美的消极意义的契机，如孤寂、贫寒、缺乏、粗野、狭小，等等。如蕉风俳谐比较强调狭义上的意义，侧重于闲寂枯淡，主要从人的个性出发，认为俳谐应追求闲寂趣味。蕉风以后，从更广的意义上来看俳谐的本质，并发展为"谐趣"之俳谐特有的、被洗练之后的一种洒脱意味，绝不是那种单纯的卑俗、低劣的滑稽。闲寂所呈现出的高古之美学意味作为精神价值的契机，将一种作为"体验的现实"与艺术的表现结合在一起，达到精神上的最高的自由性。茶道上的空寂性也脱离实际上的有用性，排除感觉主义，导入象征的关系，并追求向自然的归入，使"生活"的要求与美的要求达到调和。

"趣"作为一个在古代诗学和美学中占有核心位置的审美范畴，它的审美内涵表现为伴随心理愉悦的一种自由自觉的审美趋向性，它是主体对自身本质力量的审美观照，是生命自由灵性的尽情释放，同时也是积淀在文艺作品中的一种审美质素。"趣"作为浑融在艺术作品中不见形迹的东西，不表现为一个实体，它具有非实体性的审美意蕴，它的非实体性被含寓、体现在虚实相间之中，只有有趣者方能领悟也。"趣"作为一个美学范畴，在古代文论和美学的批评实践之中，由生"趣"到赏"趣"，从主体的创作到作品的传达及鉴赏都充满着富有理论意味的阐说。可以说"趣"范畴之形成自有它的合乎事理性，它不仅作为诗歌审美的本质和魅力所在，同时还被提升为生命的本质所在。"趣"内涵的丰富使得以它为母体而形成的审美范畴不断拓展，彰显出审美的自由化和多元化。它作为活性很强的范畴，与其他美学概念连用生发出形态多样、内涵丰富的审美范畴系列，如"天趣"、"人趣"、"物趣"、"兴趣"、"意趣"、"理趣"、"风趣"等，虽体现出的含义丰富又含混，但它具有自身的基本的规定性。"趣"是一种趣向，一种美，一种有趣味的美，是美的充满意味的感性显现。在中国美学思想史上，崇尚"趣"作为一种传统被贯通和流传，尚"趣"的本质就是要崇尚人的生命智慧和内在性灵，在高扬自我生命的同时，启迪人们的心灵。

"寂"是与日本国民的审美意识和对美的体验联系在一起的，它表现出特殊的历史的世相及对美的感受性和趣味性，且被普遍化，既有与东方民族趣味性相投的一面，也有自己独有的特质。茶道艺术中所体现出的幽玄之空寂及俳谐艺术中的风雅之闲寂作为"寂"的两种表现形态在审美性格上存在着微妙的差异，但两者都是属于感受性极强的主观情愫，与禅宗精神有着深刻的联系，空寂和闲寂究极其意味都是一种大彻大悟的境地。文学之"寂"主要是表达一种以悲哀、静寂作为底流而体现出的枯淡和朴素、寂寥和孤绝的文学思想，以追求清、静、淡、雅、枯等为艺术最高境界，它有着对自然"不以物喜，不以己悲"的静寂心态，是没有任何伤感的枯淡之美。"寂"是以体悟到万事万物终归虚无为前提而展开生命活动的一种审美精神，它体现出特殊的审美性格，使一切呈现在枯淡之中，在近乎凝固的静寂中去体会无常的变化，幽玄之空寂的情绪性、风雅之闲寂的情调性都体现出这种无常之感和极强的主观情愫。"寂"所拥有的高深、宽广、复杂的审美内涵，使它呈现出特殊的妙趣真谛。寻"寂"成为日本古典美学所追求的终极目标。

第三节 "趣"与"寂"的诗性色彩

"趣"与"寂"两个审美范畴在诗性上的相通使得它们都注重生命的主体性张扬，在现实的在场中追求理想中完满的非在场状态。从在场的感性生命经验中追寻非在场的生命存在的真正意义，透过弥漫于表象的各种表现形式去把握生命的"真意"所在，去呈现自然的"本真"状态。它们充分展示了在感性经验的现象背后所蕴藏的真实的、充满本真的"本质"世界。无论"趣"还是"寂"，它们既是涵纳在艺术作品中的一种审美质素，也是审美主体所追求的一种美学境界，而且都充满着诗性之色彩。

一 生命的主体性张扬

"趣"在历史演变中，由"疾走"之义发展出"趋向"之义，这种行为上的"趋向"逐渐转化为精神上的"取向"，于是有了旨趣、趣向等，"趣"由动作词义演化出名词义。所谓旨趣实与情相应，表现为志向，这种志向是在理性思考基础上所作出的判断，"趣"乃是主体通过主观努力、理性选择后所得到的人情思想。这种"趣"的意涵如果深入到主体的感受层面，便会延展出更为丰富的意义场域，如"奇趣"、"雅趣"、"风趣"等，"奇"、"雅"等是带有强烈的主观感情色彩的词，它们与"趣"连在一起不是简单的意义表达，而是传达出主体在得到"趣"之后而体验到的愉悦感和享受感以及主体的自身精神状态，使得"趣"成为主体所追求的一种志向、旨趣。可以说"趣"是主体的审美理想，主体在审美活动中产生审美需要，在面对审美对象时产生审美情趣，审美理想是审美主体的精神状态在审美活动中的投射。"趣"既是审美主体所推崇的审美理想和主体生命的动力和源泉，也是对审美主体自身精神状态和人格的要求，它还应该是健全的主体所具备的精神特质。当主体将审美理想外化为文本时，就转化为了文本的审美特征和审美属性，这样主体的审美理想就成了指导艺术创作的美学原则，"趣"也就在艺术作品审美价值的生成过程中发挥了作用。因此我们可以这样认为，"趣"不仅仅是审美客体的客观属性，它介于主体与客体之间，是审美主体与审美客体在交融过程中"合力"的结果，这种合力既是艺术作品审美属性的呈现，也是主体在创作和接受过程中审美心理历史的一种积淀，它们的相互作用所形成的合力促成了"趣"美的产生。这种"趣"美包含有两种含义，它既是艺术作品本身所具有的某种特殊的审美趣味，也是主体所表现出的审美旨趣。因此"趣"不仅是作为艺术审美的本质和魅力所在，同时还被提升为生命的本质所在。它张扬出的是生命的主体性，标志着主体内在心灵的丰富性，它是智慧的自然流露，也是一种主体内在的灵性和生气，它与主体内在生命存在着深刻的联系。

明清时期非常重视对"趣"的认识，袁中道在《珂雪斋集》卷一《刘玄度集句诗序》中说："凡慧则流，流极而趣生焉。天下之趣，未有不自慧生也，山之玲珑而多态，水之涟漪而多姿，花之生动而多致，此皆天地间一种慧黠之气所成，故倍为人所珍玩。"清史震林在《华阳散稿》中认为"诗文之道有四：理、事、情、景而已。理由理趣，事有事趣，情有情趣，景有景趣。趣者，生气与灵机也"。说理叙事，抒情写景都要追求风趣生动，诗歌有趣则灵，无趣则板。郑板桥说："意在笔先者，定则也；趣在法外者，化机也。"[①] "趣"作为主体灵性的显现，它在定则法外，是一种自然流露，因此袁宏道认为"夫趣得之自然者深，得之学问者浅"[②]。创作主体的内在性灵与生机是艺术生命的本质所在，这就从艺术创作主体角度揭示了"趣"作为独特美学范畴的本质所在。"趣"既是艺术作品本身所迸发出的生命活力，也是创作主体自身生气与灵机的体现，创作主体的审美旨趣是其审美修养和审美理想的体现，当把这种审美旨趣传达在艺术作品中时，就成为作品的审美趣味，这种趣味表现出了艺术作品的审美特征和某种风貌。它是创作主体的情感物化为作品的审美情趣后所体现出的一种独特的审美特质，是区别于其他作品的充满意味的蕴藉性，是值得品味的诗情诗意，以"趣"胜方能"起人精神"。从艺术生命角度来把握"趣"之审美内涵，追求情致意蕴之美，它体现了生命能量本身的富有，它所迸发的美是人之性灵与智慧的结晶，是自我生命的体现。一个不解风趣的无趣之人不适宜作诗，更不可能欣赏诗，只有尚"趣"者才能在高扬自我生命中体现出生命智慧和内在性灵，因为"趣"是主体内在精神智慧

---

①　郑板桥：《郑板桥集》，上海古籍出版社 1986 年版，第 155 页。

②　郭绍虞：《中国历代文论选》三，上海古籍出版社 1981 年版，第 121 页。

充盈的自然流露。当然审美主体各具才情工力，各有其独特之意趣，无论是在意境呈现还是审美风格上都各有高标，求"趣"成了一种重要的审美追求和人生理想，它是对生命主体的张扬。

中国创作主体以特有的审美观照方式悟解天地之道，在物我两忘的状态中去体验和感悟自然之美。因此中国文人优游山水不仅仅是体验自然之美，它更多地进入到佛教空幻寂灭之义理层面，去体验虚空中的妙有，妙有中的虚空。在得到精神解脱而达到自由之后，人就恢复到了本真状态，达到澄明无蔽之境界。他们在大自然中感受到的不仅是事物的形态天趣，更多地是领悟到了宇宙生命的哲理，在"静穆的观照与飞跃的生命构成艺术的二元"世界中感受圆满中的自足、寂静中体现出的本真之美。同时文人们在畅游山水中感受到的不仅有"闲情逸趣"，还包含着"闲愁别趣"，这两种趣是伴随着文人生命意识的出现而产生的审美意识，也是文人在其作品中反复咏叹的生命主题。特别是在魏晋时期伴随着文人自我意识、生命意识及情感意识的觉醒，闲情逸趣、闲愁别趣逐渐演变为人的情感本体觉醒后的人生百味。它是中国文人艺术化人生的一种主体情怀，也成为略带"皈依色彩的故乡"。心之趣、情之趣都是主体审美意识自觉醒悟与追求的外化表现，"趣"成为文人个体生命得以安顿、人格境界得以完善的主要生存方式，也是文人审美实践得以展开和展现的主要空间，可以说"趣"作为审美元素贯穿使用于审美实践的各个方面。从《诗经》中劳动者对劳作、情感生活的吟唱，到魏晋六朝时期悲怆慷慨的生命呐喊，再到唐诗宋词中李白纵酒之豪放、白居易山水之闲适咏叹、爱情闲愁之吟唱等都是文人生命意识之呈现，这种对生命的感悟使得文人获得了精神上的解脱和超越。同时也使得曾以"治国平天下"为己任的士大夫们从过去的社会政治、伦理价值的创造者逐渐衍化为审美价值的创造者，属于"个体情趣"的离愁别绪、感春悲秋等情感得以"合法化"，从而能够更加自觉地追求个人情趣，使得个体生命的主体性得到极大张扬。

日本人信仰神，有"万物有灵论"及"泛神论"的思想意识，这种宗教的影响使得其民族自然观呈现出独特的文化内涵。日本民族对生命的崇拜和对宇宙的精神把握成为其万物有灵论和自然崇拜的根本出发点。实际上对神灵的崇拜，就是对自然无限的把握，是对宇宙终极的探求，也是对主体精神的一种高扬。

对于日本人来讲，大自然本身就是美的存在，崇尚自然事物的美及对大自然进行深刻的审美观照是日本文人的普遍追求。他们特别注重主体对永恒客体自然的瞬间把握，着眼于自然景物的感性情状，大自然的千姿百态被他们集中在"雪、月、花"几个表现四季时令变化的美之中，实质上它们包含着山川草木、宇宙万物等大自然中的一切。中国六朝时期出现的以自然现象来印证佛、道思想的"玄言诗"，后逐渐发展为山水诗，达到人与自然的真正交融。日本中世以后的"歌道佛道一如观"使得和歌等文艺现象必须等同于佛道才能获得其存在的价值及其合理性，以后也逐渐脱离佛道的价值观念，发展为一种与自然的纯粹交流，在体悟中达到心灵的净化，从而来探讨生命存在的真正价值和意义。

日本民族在对自然万物崇拜中启迪自我生命意识，高扬生命主体精神，追求精神上的永久性实在。在现实世界中无法实现的永恒，就在观念世界中体验这种永恒，在精神上把握这种永恒。日本文人没有中国文人士大夫们的那种强烈的"入世"精神，他们被排斥于政治权力的边缘，创作对于他们来讲只是"嘲风雪、弄花鸟"的自适娱乐之物，因此养成了无情不可抒、无事不可写的性格。他们乐于表达自我生命中的审美体验，尤其是在表现细腻哀婉的情感方面更胜一筹。"雪月花"表现了四季时令变化的美，也是他们张扬主体精神的载体，它包含山川草木、宇宙万物、大自然的一切以及人间感情的美在内。既是对自然中动情的最美的现象的赞颂，也是对自然与人生世事的变化无常、生命的瞬息即逝的感慨。春天的樱花、秋天的晕月、冬天的薄雪等是他们审美感受的核心，也是文人在表达生命情感的主要创作素材。"雪月花"同文学的抒情性融会贯通，抒展开的是日本文人独特的情感审美境界。对四季美的讴歌既是对大自然真切的体会，也表现了富有浓郁日本民族情调的闲寂淡雅之意趣，他们对自然风物的美学感悟体现了其民族思索自然的独特性，充满着"雪月花"般的浪漫主义感伤。

日本思想家冈仓天心在《说茶》中谈道："茶道是基于崇拜日常生活里俗事之美的一种仪式，它开导人们纯粹与和谐，互爱的秘密，以及社会秩序中的浪漫主义。茶道基本上是一种对不完美的崇拜，就像它是一种在难以成就的人生中，希求有所成就的温良的企图一样。"① 茶道追求的是人

---

① ［日］冈仓天心：《说茶》，张唤民译，百花文艺出版社2003年版，第2—3页。

与自然和谐的精神意境之美。将禅宗思想导入茶事，使得茶道从单纯的"享受"活动转化为精神生活的升华。它遵循禅宗崇尚本心、追求自然无为的宗旨，以心悟茶，禅茶互释，并在其中融入了日本民族情感，追求枯淡闲寂之意境，提倡不流于奢华，倾向于简素古朴。茶"非乎游、非乎艺"，而以净化心灵、陶冶性情为宗旨。禅宗赋予茶以深刻的精神内涵，追求至简至素的情趣，形成了以"寂"作为最高境界的茶道美学。它所体现出的是"不以物喜，不以己悲"的禅境，没有对生命的概叹，也没有对生活的伤感，有的只是一份自然流露的真实情感和宁静幽远的恬美体验，是没有伤感的枯淡之美。这种生活理念反映了日本文人在茶道中追求的终极目的是修禅得道，在了悟禅宗精神的同时，重视日常生活之修行，注重自身的内省，追求"本来无一"的孤寂精神，可以说日本茶道是融入日本文人禅心的茶之道。

芭蕉的俳谐就是生活，生活就是俳谐，生活与俳谐融为一体。他的人生观、世界观都在俳谐里得到最充分最生动的展示。在芭蕉的作品中表现出强烈的生命意识，他对小动植物的怜爱所显示的是对生命的执著爱情。他的俳谐理论中"闲寂"、"余情"、"深邃"等是从中世文化崇尚的"幽玄"、"空寂"、"有心"的理论继承而来的，并成为文艺追求的最高境界。同时与禅宗的情趣结合在一起，产生虚淡的空寂意境，贯穿着一种超然物外的"无"的精神，可以说"空寂"的"无"是他俳谐理论的根基，正如铃木大拙所说："迄今为止，俳句是用日本人的心灵和语言所把握的最得心应手的诗歌形式，而禅在其发展过程中，尽了自己卓越的天职。"（《铃木大拙全集·第十一卷》）芭蕉的蕉风俳眼表现在他对"生的苦恼的透彻领悟和对风雅的孤高的沉迷"[①]，芭蕉将生命和情感融入大自然之中，"人在旅途"是芭蕉人生真实的写照。如同在《奥州小路》写到的："日月乃百代之过客，去来年年岁岁是旅人也。"他在旅途中感受艺术、感受人生。在这样的文化苦旅中感受日月的变迁，生命的流转以及那灵魂深处的惆怅感和无常感。而在这样的过程中，艺术的灵感和敏锐力被充分激发出来，充满温情的"旅心"、"旅情"得以释放，浓浓的日本情怀传递出独特的人生哲学。芭蕉能够真正脱离尘俗，完全融入大自然的空寂之中，甚至风吹

---

① ［日］山本正男：『东西芸術精神的伝統と交流』，理想社昭和 46 年版，第 211 頁。

草动也让他感受着生命的情怀。蛙声带来的不仅是一份孤寂之情，更多透露出的是世间万物的和谐及生发出的风雅的禅意。"寂"作为人的一种生命体验，它是人的自由自觉的生命的一种呈现，是人在自由化精神状态下所感受到的一种精神上的孤幽和寂寥，同时也是审美主体内在生命智慧和能量的流露。

二 现实中的在场与理想中的不在场

诗性是一种感觉，是一种智慧，也是一种无限，它让人充满幻想和憧憬，它能使人从有限的在场中解脱出来，追求无限的非在场的理想状态。"在场"是西方近代哲学家一直追问的话题，并从各自立场出发找到了不同的在场方式，譬如笛卡尔的"思"、尼采的非理性、海德格尔的"此在"、德里达的"解构"……它探讨的是哲学上关于世界的本原是什么的本质论问题，人如何通过表象来把握世界的本质。像柏拉图之"理式"、孔子之"仁"、老庄之"道"等给我们提供了更多关于在场的理论，不同层面对"在场"的理解存在差异，因此它又是一个相对的概念。萨特曾说："不能把存在定义为在场（presence）——因为不在场（absence）也揭示存在。"[①] 当然这里的"不在场"即是指他的"虚无"。他强调了"非在场"对揭示"在场"所具有的更为重要的意义。非在场的、被超越的主观的东西是一种"超越的存在"，它不是客观实在之物，是非对象性，但是它能反映主观意识的真正超越的"意向性"。在场是指对象性的、确定的事物，表现为一种实显的具象，它是具体而充实的，非在场体现为一种非实显，它是具有超越性的一种意识，是超越具象的意向性的存在。在审美世界中，非在场的缺失被视为一种自在和自为的理想状态，美所"暗含地被理解为在事物上的不在场的东西，它通过世界的不完满暗含地被揭示出来"[②]。对美的追求就是不断弥合缺失、获得完满的一个过程。在场总是存在欠缺的、总是不完满的，但在场又恰恰成为非在场的本源，追求中的完满的非在场实际上就是理想的在场状态。非在场不是一种逃离，而是一种憧憬，一种立足于在场而又不满足于在场的理想追求，它蕴含着生命主

---

① ［法］萨特：《存在与虚无》，陈宣良等译，生活·读书·新知三联书店 1987 年版，第 6 页。
② 同上书，第 266 页。

体性的新的跃动。

在场是指现时呈现的一种确实性的存在实体，因其具有的实体性，它总是在确定的"现时"这种时间方式和关系中被理解。它又是属于一个相对封闭的情景概念，而不在场相对来说就是较为开放的跨越时间和空间的一个概念。在场是此在的，是直接感知和拥有的一种最真实的存在方式，它充满着直接性和无任何遮蔽性，是现实中的主体的真实经验，从在场的生命感性经验中追寻非在场的生命存在的真正意义。非在场使得主体与客观物象保持心理距离，外在于客观物象，这种审美感受是完全独立而又超越的。主体的在场性实际上是精神上的在场性缺失，在场的现实感性生命经验是非在场的呈现事物本然状态的审美经验的基础。审美世界是不同于现实中的直观的、被经验的世界，它是一个特殊的、需要感悟的世界，是充满诗意的世界。它可以透过弥漫于表象的各种表现形式去把握生命的"真意"所在，去呈现自然的"本真"状态，它充分展示了在感性经验的现象背后所蕴藏的真实的、充满本真的"本质"世界。在场的历时性也唤起了主体对生命本身的思考，营造了非在场状态的审美意象。现实的历时性是不断生成的，它是自然而然的存在，是在合理的因果关系下的逻辑发展。非在场状态延长了现实的意识时间，也就是说审美想象的空间超越了现实的时空。"趣"范畴所体现出的言外之意、"寂"范畴所表现出的余情之美都超越了主体在场的事实状态，追求的是事物非在场的本然状态。如同莫里斯·梅洛-庞蒂在《知觉现象学》里所说的那样，我的感受并非由视觉、触觉和听觉带来的总和，我用我的整个身体来感知并体会到一种独特的事物结构，一种独特的存在方式，它们通过我所有的感官同时向我传达信息。它充分调动了主体的感觉世界，挖掘精神领域中所能达到的深度，在驰骋于审美空间中传达出万物生命的真正意义。非在场突破了西方主客二元对立的模式，使得人与自然达到真正的融合，这种融合是更加的自然而然，也是自然发展的一种必然性。

"趣"和"寂"都是以情趣美作为诗歌的本质特征，以真实的情感、生动完美的形象创造并感动激发人视为诗歌艺术的生命，追求言有尽而意无穷的韵味余情之美。"趣"和"寂"都是意在传神，与意在言外相联系。我们一般认为，最高的美往往是超越于语言的，用过多的语言来极力刻画美，反而失却了美本身。因此对美少作描画，多作品味才能领略到艺术作品中所传达出的隽永余韵。"趣"的含义就是诗歌的情趣、韵味。关于"味",钟嵘曾在《诗品》中提出了"滋味"说,他认为"理过其辞,淡乎寡味",主张"五言居文词之要,是众作之有滋味者也,故云会于流俗。岂不以指事造形,最为详切者耶",这里的"滋味"就是诗歌的形象性和抒情性所体现出的美感和韵味,即我们常说的"文已尽而意有余"。诗歌的"味"就是语言之外的"韵外之致"、"味外之旨",就是诗歌所包含的含蓄蕴藉、饶有韵味,可以说这种"味"就是一种可意会不可言传的审美情趣。宗炳曾在《画山水序》中提出了"万趣融其神思"的见解,叶适在《跋刘克逊诗》中认为"趣味在言语之外","趣"与"神思"联系在一起,说明"趣"显现于"言语之外"的想象之中,将主体和客体的超越性统一在一起,超越于现实中的有限世界而追求无限中的精神之趣。"寂"本来不是一种文艺理念,原是指事物的古旧所呈现出来的一种荒凉闲寂之貌,之所以最后发展为人的一种审美意识和艺术特质,是因为这种荒凉闲寂之貌能够吸引人内心深处的某种情趣,能够提供一种美感,能够赋予人一种无法用语言表达的审美意义。藤原俊成在提到"寂"在和歌中的作用时曾用"姿与词中正可见寂"、"言词中见寂之姿"① 等说明作品的一种古寂之美和情趣。随着歌论向俳论的展开,松尾芭蕉的俳句更是追求枯淡清寂的情趣,他把作者的精神情调融会在俳谐的意境之中。后来这种清、寂、静的审美情趣逐渐在茶道和能乐等艺术中体现出来,同时也影响了日本近现代的诸如象征诗派和川端康成的文学创作。可以说"寂"就是艺术作品整体中所体现出来的、让人能够感受到的审美情趣。

　　"趣"有三种存在形态,分别为"自然之趣"、"人心之趣"和"艺术之趣","自然之趣"是指外在客观物象所呈现之"趣",这种"趣"能够触发人内心深处固有的慧性而显现在艺术作品中,也就是说"人心之趣"通过"艺术之趣"而表现出来。其中"人心之趣"是基础,最为重要。我们发现日本"寂"范畴与"自然之趣"、"人心之趣"有相通之处,"寂"本身就是"趣",它是日本茶道追求的最高艺术境界,也是俳句最有代表性的一种审美情趣。"寂"作为一种美意识,它就是表现一种"真实"、"自然",实际上也是人内心深处固有的本色慧性,一种绝对的至高至上的

---

① "姿"在日本和歌中是指诗歌整体所体现出的形象和格调。

审美境界。"人心之趣"与"寂"都是通过人物内心世界所表达出来的真情实感,"自然之趣"中被加入了这种感情并通过艺术作品显现出"艺术之趣"来,这种作品才能更为触动人内心深处的情感并进一步引发"人心之趣"。需要指出的是,中国古典美学思想中最为推崇"自然之趣",特别是道家的美学思想。老庄认为自然界中的那些众生自由自在,处处呈现出一种自然形态美,所谓"天趣"即"自然之趣"也。"天趣"为最高的艺术境界,是精神上最大的审美享受。刘勰说:"人禀七情,应物斯感,感物吟志,莫非自然。"(《文心雕龙·明诗》)钟嵘也把"自然英旨"视为审美判断的标准,反对浮靡绮丽的文风。通过作品所显现出来的"艺术之趣"就是"天趣"的外在表现,无论是"趣"范畴还是"寂"范畴,都把"真实"、"自然天成"作为最高的审美理想,都是突出艺术作品的意致和韵调,追求"文已尽而意有余"的含蓄蕴藉之美感。"趣"要"有余意",呈现出不尽的意味;"寂"要"有余情",显现的是幽玄之韵味。无论"有余意"之意味,还是"有余情"之韵味,它们所体现出的都是理想中的"非在场"状态,都是在现实中的"在场"中追求那言有尽而意无穷的韵味之美。

从两个审美范畴的发展演变及对它们的审美特征整体考察来看,它们都注重主客统一。"趣"既表现为审美主体在精神上的审美感受,这种感受是一种"自由自觉"的精神愉悦,它有一定的心理审美趋向性。同时它又是呈现在作品中的一种审美质素,它是形象的,也是情感的,它是呈现在作品中的具有整体性特征的可意会又难以言传的具有模糊性特点的审美情趣。"趣"的审美特性需要审美主体的积极参与,没有审美主体感知、记忆、情感等审美心理因素的积极展开,"趣"的美学质素也难以显现出来。"趣"不仅表现了主体的内在生命,是人的智慧的自然流露,也是艺术内在生命的关键。"趣"之所以能被视为艺术的生命,在于主体的内在智慧灵性与生气在诗文创作中的表现。需要指出的是,主体灵性的显现是一种自然的流露,而不是一种有目的的追求,是真情之"趣"。尚"趣"的本质就是要崇尚人的生命智慧和内在性灵,在高扬自我生命的同时,启迪人们的心灵。"寂"虽然是以绝对无的境界作为至高至上的审美境界,但它也是把一种真实也就是客体作为存在的前提,只不过在审美主体眼里任何存在均是非实在之体的存在,世界的本质就是"空",只有"空"才是真正的实体。审美主体能感悟到世间万物即客体"空"的本性，就能"见性成佛"，就能一切顺其自然达到超越境界。因此"寂"又是人的一种生命体验，它是人的自由自觉的生命的一种呈现，是人在自由化精神状态下所感受到的一种精神上的孤幽和寂寥，同时也是审美主体内在生命智慧和能量的流露。我们还可以说"趣"和"寂"又似乎介于审美主体与审美客体之间，它既是主体在进行创作时所追求的一种美学境界，同时又是读者在进行欣赏接受时所期待的审美内容。同时我们在探讨"趣"和"寂"的审美特征时，也会感受到它们所呈现出来的虚实相生的美学意蕴。

　　无论"趣"还是"寂"，它们作为涵纳在艺术作品中的一种质素，是一种非实体性的东西，是浑融在文本中的审美特征，但又具有"在场性"，可以说它们是一种看不见、摸不着的"实体"，这种实体必须在虚化的过程中才能呈现出它的灵动和鲜活，这种虚化实际上就是一种非实体性的显现。"趣"、"寂"虽然表现为一种非实体性，但它们生发在作品各质性要素之实体上，虚是以实作为基础，无中见有，虚中带实。"趣"、"寂"本身是需要与人的生活情状、审美理想等带有实体性的东西相联系，也是人与现实审美关系的呈现并以此为基础，建构起自身的非实体性特征，并体现在品人论文谈艺等层面。因此它们的非实体性被含寓、体现在虚实相间之中，也就是说非实体性蕴含在实体性之中，实体性的东西要通过非实体性之物体现出来，这样方能使"实而无趣"、"虚而有味"之物表现出它的深层意味，在有无相生、虚实相融的艺术辩证过程中产生出"趣"、"寂"之审美趣味，所以只有化实为虚才是得"趣"、"寂"之途径。如盛唐时期的诗人之所以能够在诗作中寄意并呈现出"趣"来，妙就妙在他们能够去实而得虚，在虚实之间得到意趣，呈现出"虚实相生"、"言有尽而意无穷"的审美特征。所以我们说两个审美范畴所显现出的审美趣味作为浑融在艺术作品中不见形迹的东西，它是作为一种非实体性的存在，一般的艺术作品中所呈现出的具体意象为"实"的层面，只有"虚"的层面才是作品追求的真正本质所在，包含有无尽的意味。它是浑融在文本中的一种审美质素，只有有趣者方能领悟也，诗趣的妙处就体现在细微的虚实之间和有无之间。这种非实体性特征彰显的是理想世界与现实世界的差别，从表象上来看主体与客体附着于一定的实体之上，但在本质上却呈现为一种非实体性的审美关系。从东方传统文化来讲，若要实现理想的生存方式与状态主体须达到"修养"、"修炼"、"修行"之境界。中国传统审美文化本来就存在着非实体性特征，儒家之"仁"、道家之"大象无形"、禅宗之"自性"等都是非实体性特征的显现。中国传统艺术较多依赖于直觉、感悟与体验等思维方式，这种体悟式的思维方式具有其特殊的认识论价值，它更充满一种诗意幻想，超越现实之实体内容，充满体悟性、混沌性、象征性等，表现出诗性智慧。日本传统审美意识也是如此。这完全不同于西方哲学中主客二元对立的理论倾向和概念思维，它体现为静态的、封闭的研究视角，而割裂了主客之间的动态、有机联系，在研究上有一定的偏颇性。"趣"、"寂"作为东方传统文化中的两个审美范畴所表现出的非实体性特征使得它们不把关注的焦点放在事物的存在状态上，而是更关注对理想生活状态的追求，更追求自然事物实体之外的非实体性意蕴。这种非实体性意蕴使得生命个体从现实中的在场状态中追求理想中的非在场，以心去体悟万物之本体生命，感受事物所具有的本真状态。

三　"趣"：以诗性之纯真追求精神之超越

诗性即为诗的本性，它呈现出一种对理想的张扬，主体在传情生趣中创造着向往中的家园美境，它体现着主体的生命情调，彰显的是具有深层意蕴的人文精神。"诗性"最早出现于18世纪意大利学者维柯的《新科学》中，维柯没有给"诗性"一个明确定义，但明确提出"诗性"是源于他对"语言和文字"、"全部文学生涯"的"钻研"。体现在文学艺术中的诗性其特征表现为主客不分，通过激活主体的情感，使客观事物成为主观情感的载体，从而创造出心物交融之境界。按照维柯的理解，诗性智慧是人类最初的智慧。西方人在文明时代的进程中创造的是科学，体现的是理性思维；东方特别是中国保存了人与自然的天然联系和原始情感，在思维方式上更多地保持了感性与理性的相互渗透，既非单纯的感性，也非纯粹的理性，而是将二者合一，表现出的是充满形象思维的诗性文化。在现代社会，西方的理性文化成为一种霸权文化，充满诗性色彩的东方文化成为这种强势文化的传声筒，或者是工具，这样就难以实现东西方文化在同一平台上的对话与交流。每个民族有本民族的习性和特征，诗性在中国的传统文化中不仅具有审美意义，它还是中华民族一种最真实的生活方式，因为在中国的精神本性中，"诗者，天地之心"也。它负载的是民族生生不息的文化精神，诗的精神主宰着中国艺术的整体精神，中华民族深层的文化结构就是诗性文化。"中国文化的本体是诗，其精神方式是诗学，其文化基因是《诗经》，其精神峰顶是唐诗。一言以蔽之，中国文化是诗性文化。"① 诗在中国传统艺术中占有特殊的地位，从诗经、楚辞、汉乐府，再到唐诗、宋词、元曲，诗形式上的千变万化没有改变其在中国传统艺术中所具有的主导地位。诗性思维在中国传统文化思想中占有极其重要的地位，《尚书》中的"诗言志，歌咏言"、《论语》中的"不学诗，无以言"等表现出中国诗性言说的文化传统，也体现出中国传统文化中的诗性思维习惯，这种思维习惯迥然于西方的逻辑推理，着重于以象取象，得象忘言，它关注于对人内心世界的自省，强调人的认知的自觉。

中国的诗性文化使得个体生命按照天性自然而然地生存与生活，享有自适的个性人生，生命个体得以自由，得以充分感受物之趣、人之趣、天地之趣。"趣"美相比于"寂"范畴的感性生命体验，它的诗性表达更趋于感性与理性的亲密融合，也许是因为"发乎情，止乎礼义"的缘故，在对"趣"美的表达上既无纯粹感性的欲望宣泄，也少纯粹理性的思辨色彩，总是比较能够很诗性地表达出审美情感，也更加符合美学规律。"趣"起生于人的自身感受，这种感受来自于客体中的审美质素，审美质素又是经过主体的审美创造，因此客体是主体诗性生命结构中的感性与悟性机能相结合而产生的，也是主体的感性生命本质对象化的显现。"趣"同人的感性生命机能紧密相联系，由审美感知上升到审美感受，在审美感受基础上提升到审美感悟，因此它不仅仅是感性的生命体验，还须人的悟性生命机制的参与。实际上可以说，"趣"美体现在悟性生命对感性生命的体验，它还能够穿透事物的表象，不仅以洞彻的智慧来展示其内涵的感性魅力，而且通过悟性来突出自身的灵性。诗性精神所构成的生存空间使得在社会现实不平衡状态下的生命个体通过自身悟性达到对社会现状的直观反思，以诗性精神所体现出的精神感召力及所塑造出的人文环境可以孕育了更多的人格理想，所谓"文心"可以"雕龙"也。诗性体现在生命本体的自我觉识，诗性生命体验成为美和美感的基本来源，诗性精神是诗人的性灵之所在，它是高尚的，同时它也使得生活成为一种自我实现的艺术，它成就

---

① 刘士林：《中国诗学精神》，海南出版社 2006 年版，第 2 页。

了中华民族的重情文化传统，使得生命个体以诗性思维充分享受天地之自由，感受自然万物之趣。

四　"寂"：感性生命中的唯美情怀

日本学者水尾比吕志在《东洋的美学》中谈到日本的美意识时认为，日本美学既没有西方把美的思想作为一种学问的美学体系，也没有中国以气韵生动作为目的论的造型思想。"日本民族独立的精神体现在'和魂'上。"① 对自然素朴的信赖及对素朴美学的追求，使得日本美意识呈现出美至上主义。"日本文化是情的文化。"② 日本文学从古代到现代，总体上都具有一种"唯情主义"倾向，其艺术趣味是超政治、超社会的，日本人对美的感受性是非常强烈的。文学思想中"真实"的基本特征表现为"真"是"美"的一个要素，人性的真实就是美的体验，所谓真情即为美也，这与中国的真善美统一是联系在一起的。

日本文化被称为感性的文化，有"文化的感性"一说，这也是审美意识中日本人所表现出的性格特点。日本文化的感性与自然风土有很大的关系，风土不仅仅作为自然环境是自然地理方面的东西，它还是能作为人类存在的构造契机，是精神上的风土。历史是风土的历史，风土是历史的风土，人类最初的美意识表现为对自然的美的感受。日本自古就认为越细小的事物越美、越纯粹，甚至一片叶子都能成为他们心灵的寄托和安慰，一草一木、一枝一花都象征着大自然的情趣，在看似琐碎中寻找属于自己内心世界的细腻审美情感，在朴素单纯中有着无限的美感。美来源于日常生活，又是对现实生活的升华，以至拙劣的玩石都可入诗入画，所谓"一沙一石一世界"。日本民族自然观的核心思想是"万物有灵论"和"天人合一论"，日本人在陶醉自然美景的同时，认为这些自然万物都承接着神的灵气，即万物有灵。"阿伊努族人（日本最早的居民）认为宇宙中的万物都是有'灵'的，并给宇宙的森罗万象安上'神'的名字。人间与这种'灵'世界的关系是相互授受的关系。"③ "本居宣长曾经说过，通过古神

---

① 〔日〕吉田光、生松敬三编：『岩波講座：哲学』之『日本の哲学』，岩波書店1969年版，第270頁。

② 〔日〕新形信和：『無の比較思想』，ミネルヴァ書房1998年版，第266頁。

③ 〔日〕諏访春雄：《日本的幽灵》，黄强等译，中国大百科全书出版社1990年版，第53页。

话、古传说可以了解日本人的世界观和人生观，可以探求日本人精神文化的本质和源泉。"① 河合隼雄在《从日本神话看日本人的精神》一文中认为日本人的精神结构具有"中空性"，"这种由中心统合的模式……就是日本人心的内部构造，即使作为日本人的人际关系的构造也是很合适的。这就是说，这种用眼睛无法看到的中空构造在日本人的思想、宗教、社会等构造中存在着"②。柳田圣山在《禅与日本文化》一书中说道："日本的大自然，与其说是人改造的对象，不如说首先是敬畏信仰的神灵。"③ 如何来把握"有灵"的万物，那就要在精神上做到与客体世界的和谐共处，也就是追求"天人合一"境界。对这种境界的追求就促使日本审美意识的形成不可避免地要受到日本民族固有的自然条件、自然观念和植物美学的影响，可以说自然条件是日本文化的摇篮，美丽的自然环境充满着幽雅、娴静、淡泊、含蓄的美的神韵。人们在大自然中感受着自然风物，形成着自己独有的审美意识，它独特的自然条件赋予日本人的心灵体验如同樱花一样"灿烂得令人心醉，飘零得令人心碎"④。这种让人如痴如醉的自然条件也让日本人有一种"悲壮、崇高的壮美感"，同时也从根本上决定了日本人的自然观和审美观，它们在各个审美意识形态领域的渗透也影响着甚至规定着日本民族的审美情趣。正像东山魁夷在《美的心灵》一文中所说的一样："自然在时刻变化着，观察自然的我们每天也在不断变化着。如果樱花永不凋谢，圆圆的月亮每天夜晚都悬挂在空中，我们也永远在这个地球上存在，那么，这三者的相遇就不会引起人们丝毫的感动。在赞美樱花美丽的心灵深处，其实一定在无意识中流露出珍视相互之间生命的情感和在地球上短暂存在的彼此相遇时的喜悦。"⑤ 我国学者叶渭渠指出："没有最初的自然美，就没有其后的空间艺术美、艺术美和精神美的位差。自然美成为所有日本文化形态的美的原型、日本美学的基础。"⑥ 日本人长期生活

　　① ［日］铃木大拙：《禅与日本文化》，陶刚译，生活·读书·新知三联书店 1989 年版，第 207 页。

　　② 范作申：《日本传统文化》，生活·读书·新知三联书店 1992 年版，第 42 页。

　　③ ［日］柳田圣山：《禅与日本文化》，何平译，译林出版社 1989 年版，第 63 页。

　　④ 彭修银：《空寂：日本民族审美的最高境界》，《华中师范大学学报》2005 年第 1 期。

　　⑤ ［日］东山魁夷等：《日本人与日本文化》，周世荣译，中国社会科学出版社 1991 年版，第 17 页。

　　⑥ 叶渭渠：《日本人的美意识》，开明出版社 1993 年版，第 21 页。

在优美的自然环境中，与之相协调的精神，使他们形成了一种柔和、平和、调和、中和的中庸性格，其实质是带有敏感纤细情绪的"柔"。他们的心态是调和的，对自然怀有诸种深切的爱和特殊的亲和感情。在日本古典美学中更是把自然美当作美的一个重要的表达形式，不仅有季节美、色彩美，而且把大量描述植物生命的词汇构成风、雪、姿、闲寂、枯淡、幽玄等日本美学的基本范畴。正因为日本人在自然观上追求人与大自然的和谐，逐渐形成对自然、简素、纤细等的追求，对人工、繁杂、恢弘等的忽略，体现出重闲寂不重热烈、重精神不重形式、重主情不重理性等的精神品格。主张去掉一切多余的装饰，追求素朴、极尽简约的素淡之美，注重内敛质朴的色彩传达等使得日本民族性风格表现出它的悠远、清雅、柔和等特点，朴素与平和可以说是日本传统审美观念的重要表现形式。

"寂"是茶道四谛的根本所在，也是茶道思想所追求的最高艺术境界。它本来源于日常生活，但它注重日常生活之修行，注重主体自身的内省，它从感性的生命体验中追求禅宗"本来无一"的孤寂精神，可以说佗茶之心的根源就是"无的自觉"，它追求"无一物的境界"，呈现出枯淡、寂寥之美。无论是珠光、绍鸥还是利休，他们之所以有共同的佗茶志向，契机就在于相对于典雅、华丽的唐物美，他们更倾心于素朴、自然的和物及草庵的简素之美。这种契机的根源就在于无的自觉，也是作为美意识根源的无的自觉。这种自觉表现在它的超越性上，是一种无上的肯定的美感。从历史上考察，心敬连歌上的美的理念，根源就是无的自觉，冷、枯、寂、瘦、寒等理念，从作为人的正常自然情感来说是负面的，但它却是无的自觉发生契机的根源所在，是正面的自觉的至高的美的价值。书院茶盛行的时代，名贵华美的唐物被认为是茶具器物美的最高标准，随着草庵茶道的审美趣味逐渐转向简素枯寂，器物也逐渐本土化，日常生活中的粗朴简陋被茶人们以独特眼光发现不独特之处，这些本土化的、带有自然色彩的粗陋器具逐渐被提升到艺术层次，并在此基础上，结合茶道"佗"的审美理念，进一步创造了质朴厚重的乐茶碗，茶道的审美情趣也逐渐从"唐风"转向了"和风"。利休否定书院茶的多彩的感觉色相，直观作为美的价值的无，感受佗茶的无一物的无限美的境界，草庵茶的深味就在那无味之中，就在茶人的心味之中。从草庵茶室的造型上能够感受到这种充满凝缩美的意味，其造型美表现在对无的自觉的否定性上。草庵式茶室是原木结构，保持自然的原色。茶室很狭窄，色彩沉静淡雅，光线柔和，平和宁静之感适合进行纯粹的精神交流。茶室内设有壁龛，内挂一画轴或字幅，画轴一般为留有很大余白的水墨山水画，这种余白实际上是充实的"无"，渗进了"无中万般有"的艺术思想，须以"无心的心"来感受其中所蕴含的丰富内容，这种独具匠心的艺术空间，本身就会引起人一种难以名状的感动。极小的空间给人一种内面的充实感和无限的存在感，无一物的境界中实际上有无尽的丰富体验在其中，正是佗之心使人能在狭小空间中凌驾于巨大建筑之上，这是茶室的造型美在无的自觉上的充分展现。虽是单色的狭窄空间，但有无限的美藏于其中，一切华美尽在素朴之中，有紧密充实之感。可以说具有佗之心的茶室凝缩了世间繁华，它所体现出的建筑空间是简素美和凝缩美的极致，表现出独特的审美意识，虽然外形极度缩小，但却能感受到内面的充实感和无限的存在感。利休不是进行理论沉思、美学思索的人，他只是个生活在俗世之中的茶人，但他堪称是造型艺术家，相对于书院茶建筑的巨大、豪华、宏壮，草庵茶表现出与之对立的否定性，体现出狭小、素朴、自然、简素的美意识，这种造型美也表现出利休强烈的对比意识和对桃山时代豪华大书院的否定和超越。极小的茶室能凌驾于豪华巨大的建筑之上，这种建筑空间是无的自觉的一种美的造型，是无的象征艺术，在无一物的境界之中茶人体验到的是世间无尽的丰富，这虽是生命的感性体验，但绝不是感官上的感觉享乐，而是精神上的豁达和脱俗。在利休的茶道中，无须遵循定法，追求自由自在，一切随心所致。在审美上是以否定现有的、既定的美为前提，拒绝外在的色彩，而向内在的、精神的领域发展。畅游于草庵露地之茶境中，舍弃世俗的虚饰及对感官享乐的执着，持有一期一会的觉悟，完全进入无的自觉状态之中，体验至高的妙的艺境。实际上茶心之极致就是对"佗"的领悟和美的体验，这种体验带有一种清寂美感。当然在这样的过程之中，对茶之技法的了知、茶之精神的领悟是非常重要的，茶之技、理的熟稔是心、神意味的基础，只有达到技、理、心、神的相应、合一，方能使茶之技与人之心得以契合，直至佗茶之悟境。随着草庵茶道的日渐兴盛，"佗"逐渐演变为一种独特的精神追求和审美情趣，它否定带有普遍意义的奢华之美，追求一种素朴、孤寂。"佗"从表象上来看是孤寂的，但内在却蕴含着无穷的力量和旺盛的生命力，千利休喜欢的"雪间有春草"就是这种空寂之美的体现，深埋在大雪里的小草，表面上的荒凉、无助，实际上却给人一种强烈的生命欲望及旺盛的生命力，这也是"佗"之美的精髓所在。"佗"作为茶道中的审美情趣，同时还代表着一种生活态度，是一种独特价值观的体现，它主张用自己的眼睛去发现美，作为一个主观色彩非常浓厚的审美理念，实际上它暗含着很深的伦理色彩和宗教意味。它来源于感性生命体验，但它又超越于这种体验，追求孤寂之中的那份美丽。

茶人注重日常生活之修行，歌人也是如此。对于歌人来讲，修行的目的是为了作歌，他们最终追求的是"心的修行"。行旅之人往往会在旅途中有孤独、寂寥、迷惘之感，绝望、挫折之思，当克服这一切时又会伴随着孤高、自负之情，"远离人间又回归人间的旅人对人生会有无限感慨"[①]。因此对于他们来讲保持明澄之心境是非常重要的。在日本，人在旅途中的情感是与审美意识联系在一起的。春之花、夏之草、秋之叶、冬之雪，都让人有深深的感动，大自然之中纯粹的季节美让旅人产生了不同于他人的美意识，这不是一般的观光，这是文雅之旅。对于松尾芭蕉来讲这也是孤独之旅，自觉之旅，风雅之旅，在芭蕉眼里，人生就是旅程，是自我观照、自我实现的过程，只有风雅之人才能在旅途中感受到天地万物生生不息的流转。芭蕉作为一个旅人，他把生命和情感融入大自然之中，追求自然、艺术与人生的融合，在"蕉风俳眼"中追寻着自己的人生梦想。芭蕉抛开对世俗欲望的执着，居于草庵，与大自然为友，在无一物的美的境界中畅游，这与利休佗茶中所追求的在夕暮下被大雪覆盖的白皑皑的山中小屋是同样的象征。他们都是脱离世间的俗尘与喧哗，进入纯粹无杂的境地。即使回归俗尘，也会保有高悟的纯粹的精神性，从而达到超越，使得这相互对立的矛盾达到高度的综合统一。不过芭蕉与利休的"以高悟之心返俗"还是有所差异的，利休对现实社会参与的倾向更显著一些，芭蕉的反俗性格更浓厚。因此在他们高悟归俗的艺境体验上，芭蕉重在"高悟"，利休重在"归俗"。从这一点上来看，芭蕉比起利休更趋同于绍鸥，同样的高悟归俗因人表现出不同。芭蕉俳谐来源于俗世生活的感性体验，各种审美意识均有表现，纤巧、豪放、枯淡、活泼，等等，充满着各种感性变化，其中静寂、枯淡之美最为得到推崇。俳谐的根本精神体现在得"风雅

---

① ［日］倉沢行洋：『芸道の哲学』，東方出版社1983年初版，第38頁。

之真谛"，芭蕉潜心于悟风雅之道，不仅注重在创作活动中，而且极其看重在实际生活的历程中进行心的修炼。他追求的是"顺随造化，以四时为友"的生活状态，并认为"自古以来，具风雅之情者，担负书箱，足磨草鞋，头戴破笠，不避霜露，自宁心静志，洞见物情，效愉愉然"。这是他的理想生活境界，在这种境界中，能够超离利害，不为外物所动，在出脱是非中深谙人生的道理和价值。

茶道之空寂追求"茶禅一味"，一茶一禅，两种文化，有同有别。一物一心，两种法数，有相无相。茶为水中至清之味，与禅家淡泊自然之平常心境相契相符。茶味与禅味在兴味上是相通的，茶清通自然，淡泊高洁，饮之使人恬静清寂，明心见性，如同禅宗讲究清心自悟，品茶也就如同参禅，它是生活之真实体会，也是生命之感性体验，其中之"寂"味可意会不可言传也。俳谐的"风雅之寂"追求的是"禅俳一如"的精神，"寂"是芭蕉最基本的文艺观。芭蕉弟子向井去来在《去来抄》中引俳谐句："管花看守／配一头白发。"芭蕉对此句的喜爱并不单纯表现在对樱花和老人的欣赏上，他欣赏的是白发老人看守着盛开的白樱花所构成的人生寂寥之画面，表达的是老人的心情和体验，去来说："先师曰：寂色愈浓至嘉也。"芭蕉以孤独之心和无常之感走上枯泊、闲寂的生活道路。无论是茶道之空寂，还是俳谐之闲寂，它们都注重从感性生命体验中去发现生活中的真美，并须用"心"去体味人生概叹中的未言之情。相比于中国之"趣"，日本之"寂"缺失的是一种理性精神的秩序，一种充满诗意的放旷情怀，但正因为理论上的缺乏使得日本民族在情感上的表现更为感性。"寂"所体现的是生命感性体验的真美，追求美至上主义成为他们的人生信念，信任美、热爱美、来之于美、回归于美。美丽的自然环境让他们容易对现实妥协，"他们似乎认为，如果美是世界上最宝贵的东西，那我们就信奉它，就把它作为我们的指路明灯，一直到底"，"当做标准的并不是正确的信仰或行为，而是正确的趣味。艺术支配着人生"①。大自然作为美的源泉，也是他们眼中美的一种极致，他们依照大自然给予的恩惠享受人生，真正与大自然融合为一。美对于日本民族来说不单单是审美的问题，

---

① ［英］劳伦斯·比尼恩：《亚洲艺术中人的精神》，孙乃修译，辽宁人民出版社1988年版，第106页。

它更成为人类生存的指南针。他们在感悟自然的同时也在进行着精神上的自省，并把这种精神贯彻到人生的其他领域，如艺术审美活动中的茶道、花道、园林等各种艺道，泰戈尔曾由此赞叹"日本人创造了一种完美形态的文化"。

两个审美范畴所显现出的诗性色彩使得生命个体按照天性自然而然地生存与生活，享有自适的个性人生，生命个体得以自由，得以充分感受自然万物之趣。"趣"总是比较能够很诗性地表达出审美情感，它的诗性表达更趋于感性与理性的亲密融合，也更加符合美学规律。"趣"美体现在悟性生命对感性生命的体验，它还能够穿透事物的表象，通过悟性来突出自身的灵性。诗性精神所构成的生存空间使得在社会现实不平衡状态下的生命个体通过自身悟性达到对社会现状的直观反思，使得生命个体以诗性思维充分享受天地之自由，感受物之趣、人之趣、天地之趣。相比于"趣"，"寂"缺失的是一种理性精神的秩序，一种充满诗意的放旷情怀，但正因为理论上的缺乏使得日本民族在情感上的表现更为感性。虽然理性思维能力弱化，缺乏体系性的具有本体论意义上的理论，但却形成了将某种观念和思想与具体技艺相结合的各种艺道，所谓将形而上之"道"化为形而下之"器"，如茶道等，这些道所传达出的基本精神是将复杂道理寓于事物之中，将抽象化为具象，这是源了圆所认为的"即物主义"性格。这种性格使得日本民族注重从感性生命体验中去发现生活中的真美，并须用"心"去体味人生概叹中的未言之情。对于他们来讲，美不是理性的思考，它只是一种感性的经验，是普遍性的存在，他们从直接观照事物现象中得到感动，并把这种感动抒发在文艺作品之中。"寂"所体现出的是生命感性体验中的真美，它更注重直观中的感动，在感性生命体验中体悟那份孤寂之中的美丽。

第四节 "趣"与"寂"的相通与相异

"趣"与"寂"在审美价值上存有相通性。两者在艺术表达上都讲求含蓄、委婉及言外传意，追求远而不尽的效果。无论是"趣"之"韵"味，还是"寂"之"情"味，它们是息息相通的，都是充满余味的意境之美，带有一定的禅理意趣。"趣"是在体验中感受到的，是主体在审美体验中所获得的充满余意之美的心境意趣，它空灵脱俗，不直说心意，需要知"趣"者细细品味。"寂"呈现出的是一种微妙深隐的韵致，它是余情之心，幽玄之情，是带有情调性的含蓄表现，是一种充满神秘之美。"寂"所强调的事物之韵味余情，是一般人智难以估量的神秘境界，它更多地是指一种精神上的东西，有深奥难解的意思。这种神秘性和超自然性，是一种非现实的神秘美，充满了不可言传的禅意。这种禅意所呈现出的微妙深远的韵致非一般人能够体悟，它的神秘性也更令人感到深奥难解。

　　"趣"与"寂"在理论内涵上是存在差异的，这主要表现在它们在艺术风格的崇尚方面以及对审美趣味的侧重各有不同。"趣"主张优美与壮美的融合，既有空灵、含蓄之自然平淡之美，也推崇汉魏盛唐之气象，而且在一定程度上更倾心于表达一种壮美情怀。"趣"源自于主体的本真状态，它以澄明敞亮之心境呈现生机活泼之生命。它所拥有的鲜活和蓬勃的生气，确是其精神之所在。"趣"是无拘无束的审美体验，是自然天成的审美境界，也是生机勃发的审美情趣。"寂"主要属于阴柔美的范畴，如"怜"、"细"等审美观念促发它追求枯淡闲寂的艺术风格，它所显现出的审美趣味充满着"日本式的美"。"寂"是一种非常独特的具有悲情色彩的审美意识，它更倾向于一种哀感的情调和唯美的情趣，在抒发个人之情感中悲观、虚幻气息浓厚。这种"哀"感的实质并非一般人所理解的、带有悲观意义的充满否定性的悲哀，它是一种日本式的悲苦，是日本民族对自然与人生的肯定精神以及主动地把握世界的一种方式和态度。他们珍惜并甘于贫困之生活，在流连于无常中感悟寂灭，并在这种过程中享受寂寞所带来的悲美之乐趣。

一　审美价值上的相通性

　　中国艺术创作在对"趣"的审美追求中讲求含蓄的"韵"之味，日本文艺在找寻"寂"的过程中都要有曲折的"情"之味，无论"韵"味还是"情"味，都是充满余味的意境之美，带有一定的禅理意趣。"在审美表现上，禅以韵味胜，以精巧胜。"① 禅家论禅点到为止，其中深意需发挥想象来领悟之，借一花一物来象征暗示，所谓"世尊拈花，迦叶微笑"，这契

---

① 李泽厚：《华夏美学》，中外文化出版公司 1989 年版，第 175 页。

合了艺术创作中以有限见无限、表象中蕴含深意的美学特点。在一草一木中皆有佛性所在，艺术创作要追求禅理之趣。钟嵘的"文已尽而意有余"、"五言居文词之要，是众作之有滋味者也"（《诗品序》）强调的是以"味"论诗的重要性，内含禅理之趣，"趣"所追求的就是韵中之味。日本中世的"幽玄"观念自禅宗传入日本，达到了"心中万般有"的禅境，形成了超越现实具象的神秘意境，这种意境难以用言辞表达，按照鸭长明[①]在《无名抄》中对幽玄美学的解释"幽玄体不外是意在言外，情溢形表"[②]。从这一点上看，"寂"所表现出的幽玄之境与"趣"所追求的韵之味是息息相通的。它们都表现出朦胧、深远、玄妙、幽静、意在言外、超旷空灵的境界，尤其是均与拈花微笑的禅境相通，是"直观感象的模写、活跃生命的传达、最高灵境的启示"[③]这三境层中最高的一层，其着眼处不在言辞之华美，而在辞外的余韵，它们所追求的是幽深玄远、富于象征意义的神境，而非实境。

"趣"是咀嚼不尽的美的因素和效果，它体现出韵味无穷的审美特质，所谓"韵"是"有余意"、"美之极"，是意在言外的审美追求。钟嵘曰"文已尽而意有余，兴也"[④]。刘勰云"隐者也，文外之重旨也"[⑤]。司空图之"不著一字，尽得风流"[⑥]。王士祯引姜白石诗论道："句中有余味，篇中有余意，善之善者也。"[⑦] 这些都指出诗须有味外之味，避免直言铺陈，意味要含蓄、空灵。"韵味"是一种"味外味"，即诗歌表现含蓄、有言外之意，是一种通过联想而领悟到的意趣。这种"味"是一种"韵外之致"，也就是说，诗歌言情写物、造境传神，要表现出"韵外之致"。司空图曾说："近而不浮，远而不尽，然后可以言韵外之致耳。"[⑧]"趣"是在体验中感受到的，这也合乎中国古典美学的审美体验论系统。它是主体在审美体

① 鸭长明：镰仓时期的歌人，著有日本古典文学三大随笔之一《方丈记》及《无名抄》等。

② 译文见叶渭渠《日本古代文学思潮史》，中国社会科学出版社1996年版，第94页。

③ 宗白华：《美学散步》，上海人民出版社1981年版，第76页。

④ （南）钟嵘：《诗品集注》，曹旭集注，上海古籍出版社1994年版，第39页。

⑤ （梁）刘勰：《文心雕龙译注》，王运熙等撰，上海古籍出版社1998年版，第359页。

⑥ （唐）司空图：《二十四诗品·含蓄》，王济亨集注：《司空图选集注》，山西人民出版社1989年版，第38页。

⑦ （清）王士祯：《带经堂诗话》（卷三），戴鸣森校点，人民文学出版社1963年版，第76页。

⑧ （唐）司空图：《与李生论诗书》，王济亨集注：《司空图选集注》，山西人民出版社1989年版，第97页。

验中所获得的充满余意之美的心境意趣，它空灵脱俗，不直说心意，需要知"趣"者细细品味。按照李泽厚先生所讲"要求文艺去捕捉、表达和创造出那种可意会而不可言传，难以形容却动人心魂的情感、意趣、心绪和韵味"①。

　　"寂"也与作品的传神表达和意在言外相联系，表达一种隽永的韵味。如心敬的连歌论中多次提到"寂"，认为"写完道尽则寂色难存"、"岂可尽现于言辞哉"（《私语》）等，最高的美是超越于表达的，只有意在传神方能使人品味到言外之余情之美，连歌的极致就在于"以深、寂最足珍贵"（《心敬僧都庭训》），心敬所追求的冷、寂、瘦、深等境界就是一种审美情趣和美。如"昔有一人向歌仙探询何以修行得道，答曰：'枯野芒草明月照。'心知此言之言外意，则悟冷、寂、知其意矣。果入其境之佳士，谙此风雅，方能得此心象。咏枯野芒草之句，定伸这明月清辉之句。此修行者足可玩味矣"（《私语》）中所提到的"枯野芒草"、"明月清辉"等，实际上是教人领悟到其中所蕴含的"冷"、"寂"等情趣美，这种美是由和歌幽玄余情而展开的清寂枯淡的审美情趣。后来芭蕉的俳谐理论继承并深化了这一传统，较之于华丽、优美，它更追求清、寂等情趣，同时茶道中的和敬清寂、能乐中超乎华美的余情、怜的风情的表现等都是这种情趣的演化。

　　"寂"呈现出的是一种微妙深隐的韵致，它是余情之心，幽玄之情，是带有情调性的含蓄表现，是一种神秘之美。它创造的是一个超现实的、神秘的、充满象征性的神秘世界。余情是以文字之有限表现思想之无限，是一种绵长悠远的表述方式，它有些接近中国的"言外之意"，力求在有限的文字之外表现无限的思想感情，从而使日本和歌具有一种绵远悠长的感觉，它美在一种含蓄、一种朦胧，"只是语言难以表达的余情"（鸭长明《无名抄》）。鸭长明所谓的"余情"就是一种深远微妙的含蓄美，"余情"在俳论中成为"味"之美，"俳句的意图，是在于创造出最适当的表象去唤醒他人心中本有的直觉"②。松尾芭蕉在俳句中就是采用"言外含情"的

---

　　①　李泽厚：《美的历程》，文物出版社 1981 年版，第 159 页。
　　②　［日］铃木大拙：《禅与日本文化》，陶刚译，生活·读书·新知三联书店 1989 年版，第169 页。

咏物法，景中见情，意味深长。在鸭长明看来，这种"余情"作为一种审美情趣，其"心深义理，辞极艳美，自然咏出，非高极享受者不能共感"（鸭长明《无名抄》）。从这一点上可以看出，"趣"与"寂"在文化的表现形态上都是属于雅文化之内的审美形态和美学范畴，它是与俗相反的，是文人们自身所追求的一种高贵品质，也是呈现在作品之中的审美质素。不过，"寂"所强调事物的韵味余情，是一般人智难以估量的神秘境界，它更多地是指一种精神上的东西，有深奥难解的意思。这种神秘性和超自然性，是一种非现实的神秘美，对这种神秘美的追求，与佛教禅宗影响不无关系。虽然"趣"、"寂"两个审美范畴都受到禅宗的影响，讲究韵味与余情，但"中国对'韵味'的含蓄美的追求，仍然是在比较注重文艺的形象美的基础上作出的"①。也就是说，中国的文艺创作中，对"韵味"的追求不仅要在描绘丰富多彩的形象画面的基础上进行，而且同时要追求一种"象外之象"、"言外之意"的审美情趣，这样才能真正达到含蓄美的境界，而且"禅没有否定儒道共持的感性世界和人的感性存在，没有否定儒家所重视的现实生活和日常世界"，"禅仍然是循传统而更新"②。

严羽《沧浪诗话》之《诗辨》中说：

> 夫诗有别材，非关书也；诗有别趣，非关理也。然非多读书，多穷理，则不能极其至。所谓不涉理路，不落言筌者，上也。诗者，吟咏情性也。盛唐诗人惟在兴趣，羚羊挂角，无迹可求。故其妙处透彻玲珑，不可凑泊，如空中之音，相中之色，水中之月，镜中之象，言有尽而意无穷。近代诸公乃作奇特解会，遂以文字为诗，以才学为诗，以议理为诗。夫岂不工，终非古人之诗也。③

严羽力图以"别材"、"别趣"来说明诗所特有的审美性质，其中"别趣"指的是一种旨趣，严羽视为"兴趣"，它"非关理也"，不是通过认识活动而是在审美活动中体验、感悟之。它追寻的是纯粹的诗学理想，寻求

---

① 姜文清：《东方古典美：中日传统审美意识比较》，中国社会科学出版社2002年版，第16页。

② 李泽厚：《华夏美学》，中外文化出版公司1989年版，第168页。

③ 郭绍虞：《沧浪诗话校释》，人民文学出版社1983年版，第26页。

的是纯粹之"趣"所应该拥有的空灵冲淡之审美意味。这种生命的空灵之"趣"需"妙悟"方能得到，只有真情兴，才能创作出真趣味。

"趣"是超越于物质层面的理想之境，合乎禅宗对空明之境的审美追求。"中国自六朝以来，艺术的理想境界是'澄怀观道'（晋宋画家宗炳语），在拈花微笑里领悟色相中微妙至深的禅境。"① 这种禅境是从心出发，它注重的是主客体的统一，追求的是虚静空灵，它是一个没有矛盾、没有差别、完全自由、绝对和谐的理想境界。宗白华先生认为"我们宇宙既是一阴一阳，一虚一实的生命节奏，所以它根本上是虚灵的时空合一体，是流荡着的生动气韵"②。他还说"生生不已的阴阳二气织成一种有节奏的生命……一片明暗的节奏表象着全幅宇宙的氤氲气韵，正符合中国心灵蓬松潇洒的意境"③。阴阳二气的矛盾运动展开的是空灵幽远的审美空间，显现出来的是富有节奏的空灵之美，表达出一种虚实缥缈的艺术情趣。这种空灵之美实质上是保持着与充实的完满谐和，它们共同孕育出艺术的灵境和完美的人格精神。魏晋时期士人崇尚老庄哲学的无为与洒脱，追求自我价值的实现，以超旷空灵之心境实践着高远之情趣。老庄哲学的宇宙观奠定了他们对艺术简淡、玄远之意味的向往，使得他们在审美态度上表现为澄怀观道的意趣，其作品追求淳朴自然的清淡美和出水芙蓉之美。既不为利害所羁绊，逍遥游于人世间，亦不滞于物，以玄远幽深的心性渗入到对自然山水的欣赏中，别有旨趣在其间。"晋宋人欣赏自然，有'目送归鸿，手挥五弦'的超然玄远的意趣。"④ 这是一种精神上的淡泊，只有淡泊者才能产生悠远闲和的审美趣味，才能拥有"趣"远之心。

"闲寂枯淡"作为"寂"的主要审美表现，它呈现出的是枯与寂的意念之美。松尾芭蕉的俳谐论推崇"枯寂"之美，推崇从"寂"境中隐现出的绚烂之美。芭蕉的俳句与禅的关系也极为密切，但比起中国的充满禅味的诗作，它更倾向于平淡、朴实、顺乎自然。作为世俗诗歌，俳句要的是

---

① 宗白华：《美学散步》，上海人民出版社1981年版，第75页。

② 宗白华：《中国诗画中所表现的空间意识》，《宗白华全集》第2卷，安徽教育出版社1994年版，第438页。

③ 宗白华：《论中西画法的渊源与基础》，《宗白华全集》第2卷，安徽教育出版社1994年版，第109—110页。

④ 宗白华：《论〈世说新语〉和晋人的美》，《宗白华全集》第2卷，安徽教育出版社1994年版，第270页。

禅之机趣，而非哗众取宠。所以，俳句写得平淡自如，朴实无华，言简而意丰。如最著名的《古池》：闲寂古池旁，一蛙跳在水中央。扑通一声响！"扑通一声响"看似一句没有"诗意"的话，但是当你试着闭目冥想：在一个寂寥的午后，一个人在偌大一个寺院默然枯坐……不经意间，"扑通"一声从窗外传来，旋即又回复到无边的寂寞之中。原来是一只青蛙跳进池子里呀！这一声入水声，蕴含了千年的静寂，弥漫在人们的心中，久久挥之不去……俳句就是这样，用浅近的语言传达给人们一种不可言传的禅意，使人瞬间顿悟，才能由一物而知天下，由小事而识大理。俳句之所以受到日本国民的喜爱，正是由于它用极少的词汇，表达出一种洗练的意境美，让人们去品味那缕缕的幽玄的余味。另一首俳句《蝉声》：寂静似幽冥，蝉声尖利不稍停，钻透石中鸣。这也是一首很有禅味的诗，尖啸的蝉声渗入坚硬的岩石，这是芭蕉的一种主观感受。他在极静中写蝉声，造成了强烈的动静互相对比的效果。这与禅宗经常以自相矛盾的方法，超越事物的差异而把握其同一性有相通之处。这种以动写静，以静寓禅的创作方法在芭蕉俳句及王维诗歌中均有表现，《鹿柴》中"空山不见人，但闻人语响。返景入深林，复照青苔上"与《古池》都充满禅意，两首诗的意境是非常接近的，只是在表达上这首五言绝句更为完整，有"空山"、"人语"、"返景"、"深林"、"青苔"五个意象，当然"古池"、"青蛙"两个意象更为高度洗练。芭蕉与王维创作中都能保持淡泊、平和之心态，使得两首诗在寂静清幽之境界中蕴含着诸多禅意。芭蕉的俳句呈现为幽玄、闲寂的境界。芭蕉强调由声音所产生的静寂，表现为声音消失后残留的余韵，这种余韵透出"沉思的高度艺术性"。像前文所述《古池》中"扑通一声响"这一入水声，蕴含了千年的静寂，让人们去品味那缕缕的幽玄的余味。这类俳句从表面上看是描写静谧的自然界，而实际上则是诗人闲寂心境的物化反映，也就是说通过自然界这一客体，采取静观的方式来表现主体的心境，追求"闲寂"、"清逸"、"空灵"的美学风格。"闲寂枯淡"的审美风格，主要表现在芭蕉能以简洁明快的笔触赞美山川自然，并通过对自然景物的赞美、感悟来表达对幽美田园生活的向往。他能以静观自然的心情静观人生，从而形成他独具的"闲寂"、"幽玄"的美的境界。

　　"寂"是茶道美学追求的最高境界，是茶道四谛的根本。枯淡闲寂所体现出的是"不以物喜，不以己悲"的禅境，没有对生命的慨叹，也没有对生活的伤感，有的只是一份自然流露的真实情感和宁静幽远的恬美体验，是没有伤感的枯淡之美。只有以达观清澈之悟性，大彻大悟于有色之世界，视色为空，才能真正领悟到枯淡闲寂之蕴含，才能体悟到"如何不湿衣，直取海底石"的审美境界。按照村田珠光的认识和解释，只有"自心底生发纯高品性"之后，"方可入枯淡闲寂之境"，品茶即为识心，"纯高品性"乃必备要者。村田珠光在对弟子的教诲中曾经引导他们感受和理解"森林深处深雪中一枝梅花开放着"的"寂"之美，这种孤绝、静寂既是对固有审美价值的否定，同时也使其丰富化，增加固有的审美内容。只有对事物的否定，才能进入"无"的审美世界，在"无一物中无尽藏"中，创造无限的审美艺术新天地。在寂之心境中，一切事物都得到净化，呈现出沉静之意境。宗白华先生认为："静照的起点在于空诸一切，心无挂碍，和世务暂时绝缘。这时一点觉心，静观万象，万象如在镜中，光明莹洁，而各得其所……"① 禅之寂，表现在禅者对自然、对人生"达观清澈的悟性，不执着于一物的心境，不迷惑于一念的感知"②。寂的空无中包含着生命无限的可能性和活泼泼的生机活力。"禅是动中的极静，也是静中的极动，寂而常照，照而常寂，动静不二，直探生命的本原……静穆的观照和飞跃的生命构成艺术的两元，也是构成'禅'的心灵状态。"③

二　理论内涵上的相异性

"趣"表现出强烈的人文色彩，包含人对高品位人生意趣的追求。不同之审美个体因审美修养之差异、人生价值取向之不同，审美情趣存在极大差异性，体现为不同之审美趣味。中国文人所表现出的审美趣味趋向于一种崇尚阳刚大气的风格，文人们普遍关心政治，追求以刚健为美的正统精神，按照铃木修次对中国文学本质和文学观念的概括即为"风骨"也，他认为"把握住风骨就抓住了中国文学的主要趣味倾向"。"风骨"之美体现出一种思想情感的气势与力量，它是一种人的精神气质的外扬。汉末建安时期特殊的社会环境中造就了特殊的文学情怀，它体现出对社会和人生

---

① 宗白华：《美学与意境》，人民出版社 1987 年版，第 228 页。
② 刘毅、窦重山：《"和敬清寂"与"茶禅一味"》，《日本研究》1994 年第 2 期。
③ 宗白华：《美学与意境》，人民出版社 1987 年版，第 215 页。

的思索，对人的生命存在价值和意义的思索。刘勰认为建安文学"雅好慷慨"、"梗概多气"、"慷慨以任气"（《文心雕龙·明诗》）即是指风骨之意。在建安文学的字里行间弥漫着一种奋发昂扬的精神气质，体现出的是慷慨悲凉的审美意趣，表现出雄健阳刚的壮美情怀，如曹操的《短歌行》虽有苍凉之格调，但表达出的是积极昂扬的奋斗精神，境界壮大且意蕴深厚：

> 对酒当歌，人生几何？譬如朝露，去日苦多。慨当以慷，忧思难忘。何以解忧？唯有杜康。青青子衿，悠悠我心。但为君故，沉吟至今。呦呦鹿鸣，食野之苹。我有嘉宾，鼓瑟吹笙。明明如月，何时可掇。忧从中来，不可断绝。越陌度阡，枉用相存。契阔谈燕，心念旧恩。月明星稀，乌鹊南飞。绕树三匝，何枝可依？山不厌高，水不厌深、周公吐哺，天下归心。

这种审美情趣显现出一定的思想情感的气势和刚健壮大的美感力量，它是一种开阔壮大的情思，是通过情感表现出来的鲜活有力的刚健之气，并形成为一种刚健挺拔、充满强劲生命力的美学风貌，具有典雅质朴、雄强劲气的力度美。

与中国主张优美与壮美的结合，尤以倾心壮美情怀的审美趣味不同，日本则以阴柔细腻为美。"寂"所显现出的审美趣味充满着"日本式的美"，特有的岛国根性养成日本人注重阴柔细腻的风格，充满着一种日本式的哀感，淡化政治性而崇尚哀怜阴柔之情趣。"寂"呈现出的阴柔之美，得益于"女性的品格"，创作主体中的女性感情纤细而敏感，擅长哀物，使得日本文学表现出崇尚哀怜情趣的风格。感物生情多具阴柔美，"风雅"、"感伤"被视为日本审美观念的最高层次。

日本温润朦胧的自然风土、"空诸所有"的佛理禅思及"脱政治性"的文学传统形成了特有的美学理念"寂"。精心细腻的笔触和含蓄内敛的表达方法体现出日本民族对唯美情趣的表达，创作主体的内心世界得以充分展现。不同于中国"成者为官吏，败者当隐士"之经世的士大夫文学，日本文学的传统主要在隐士、宫廷妇女等之中承袭，他们作为体制外之人，以游戏精神支撑日本文学，赋予日本美的幽玄莫测之魅力。日本古代文人缺少"为君、为民、为事而作"的"讽刺"精神，他们走的是脱离社会现实的唯美道路，在文艺上重视吟咏玩味的过程，不追求宏大的结构、辞藻上的华丽等，一切追求自然的情感表达。不同于中国文艺创造中对完整、前后呼应等的追求，它重视片段世界的朦胧不确定，充满着含蓄、暗示色彩，体现出恬静柔婉之风格美。强烈的夸张和表露在日本文化中极少见，不同于中国在文艺创作中表达情感上的无限夸大性，他们在进行文艺创作时比较注重一种真实地描写，在情感的表达上也比较注意有节度，创作出来的东西往往非常容易理解。他们在自然风物上往往能体会到纤细和浓郁的情绪，即使是一棵小草、一块石头等也会有情感上的感动，所谓"一花一世界"，甚至它们之间的毫微之美都能深切感受到，情感上的表现是纤细又暧昧的。"恰恰在日语中，浓郁和细腻是一个词，这在各国语言中极为罕见。日本美术有时以片山独枝寓意江山万里盛景，鸟语花香暗示四季变迁，枯淡山水象征峰峦苍翠、流水淙淙。它注重内在的含蓄甚于外露的辉煌，追求洗练的高雅甚于繁丽华奢。日本美术的审美情绪——幽（深奥）、玄（神秘）、佗（清淡）、寂（静谧），使人在凝神静察中品味最深层的美感——物之哀，即对自然和人生的深深眷念和淡淡伤感。"①

日本在模仿、借鉴中国古代哲学和艺术思想的过程中，逐渐形成"以心为本"的理念，使得其摆脱儒学思想，显示出民族个性，力主其纤细、唯情、唯美的文化精神。"寂"、"幽玄"等范畴唯情唯美色彩浓厚，表现出蕴含深醇、情调浓郁的象征美、含蓄美。它们受到中国佛禅、本民族神道的浸润，加之对自然季节美的感悟，最后调和成一种独特的日本美，象征了日本的文化精神，并渗透到后世的文化艺术中。如茶道中的"空寂"、俳句中表现出的"闲寂"蕉风等无不是受到这种日本独特美意识的影响。所以中国是言志抒情并重，且言志占有某种统治地位，表现出的审美趣味更多壮美情怀，而日本是描写个人情感、心境、自然景物的居多，对自然季节的描述，寄恋情于花鸟风月，寄悲情于山川草木，流露的是个人的述怀情绪。我们可以看到歌论的本质被定位在"心"的领域，强调和歌表达情感、抒写自然、慰藉心灵的属性，同时淡化歌的思想性与社会教化作用。此"心"亦即情，主张歌就是抒情，这种情主要限于小我天地，且往往蒙上淡淡的哀伤，这是日本人追求的美。和歌的根源是注目于"人的

---

① 刘晓路：《日本美术史话》，人民美术出版社 2004 年版，第 4 页。

心"，不是中国的"道"、"气"，也不是古希腊的"神"，只是"人的心"，把日常事象、人生体验等付托于言语并表现出来。作者不要求一定是艺术家，任何人都可以把目中所见、心中所想表达出来，这种心情的表现欲求和表现行为是一种普遍现象，也是一种必然的表现，不要求有特殊的艺术表现才能。和歌是"心"与"心"共感的媒介，把个人心情传达给他者并使之感受这种心情，这是和歌的创作过程也是人与人、心与心共同享受的过程。所谓"心中所思"，既有对恋人的思念、朋友的追忆，也有对年老无力的哀叹，表现出一种无常感。大多是从现实中无法解决的烦恼中生发出来的私情杂念，也是一种慰藉之歌。和歌的意义就在于把堵塞于心中的情念诉诸言语，使心胸能够豁然开朗，有亚里士多德所谓的精神陶冶、情感"净化"之作用。而且为了表达心中所想，会付托于山松花草等自然景物，从而使得内心更为沉静。这种"以心为本"的理念体现在茶道、俳句等艺术中，呈现出的是日本审美意识中特有的阴柔之趣，当然它有自身的文化心理结构，但禅宗的传入，似乎也契合了日本民族精神上的孤苦漂泊、思维上的注重因缘、偶然性的文化心理。"禅宗重视的是现世的内心自我解脱，它尤其注意从日常生活的微小事中得到启示和从大自然的陶冶欣赏中获得超悟，因而它不大有迷狂式的冲动和激情，有的是一种体察细微、幽深玄远的清雅乐趣，一种宁静、纯净的心的喜悦。"[①] 这种清雅乐趣显现出的是以"寂"为代表的阴柔之美，它吟咏的是悲欢离合的哀伤和顺应天意的宿命论，表现的主题主要就是爱情和无常。而且它更重视"心"的表现，以寻求闲寂的内省世界，保持着一种超脱的心灵境界。

"趣"与"寂"虽然都是与人的主体精神和生命体验紧密相连，但"趣"表现为"对人的生命的自由化呈现，它是人类在'自由自觉'生理—心理和精神状态下所感受到的一种愉悦，是对生命自身本质力量的一种肯定，对生活本身的一种富于艺术意味的张扬"[②]。它彰显出个体生命的活力与意义，在张扬自我、追求自我价值实现中表现出一种自然灵动的活泼泼之生气，体现出生命本应有的生生不息、活泼洒脱之特质，它是

① 葛兆光：《禅宗与中国文化》，上海人民出版社 1986 年版，第 122 页。
② 胡建次：《归趣难求——中国古代文论"趣"范畴研究》，百花洲文艺出版社 2005 年版，第 30 页。

充满勃勃生机之"趣"。"寂"则体现为哀戚中的苦寂之美，它充满悲美之色彩，容易沉浸和迷醉于凄寂的审美精神之中。只不过这种哀伤悲美的实质并非一般人所理解的、带有悲观意义的充满否定性的悲哀，它是一种日本式的悲苦，是日本民族对自然与人生的肯定精神以及主动地把握世界的一种方式和态度。

"趣者，生气与灵机也"，"趣"的审美特征就在于它所充满的勃勃生机与自然灵动，鲜活之生气充盈在生命之中，使之充满着活力。"趣"所彰显出的生机盎然、自然灵动之特性与生命个体对个性解放的追求和个人智慧的崇尚有着直接的联系。文人士大夫们向往着山水间的纵情、渴望着身心的自由，在追求一种自然、自由的生命存在状态中憧憬着闲适洒脱的生活方式。于是品茗赏花、吟诗作画等成为文人们放松心情、追求自我的审美表现形式，他们敞开心扉去容涵天地万物间的一切真情美景，于闲情逸致之中享受着自由之天地。只有胸怀闲情者方能独享闲趣，在放旷自然之中舒展着自由之身心，享受恬淡悠游之乐趣，特别是士大夫们所推崇的将人生况味寄情于山水田园之中更是将这种自由觉醒意识推到极致。他们在对山水田园的审美观照之中感受到自身所本应有的生命活力，在将一切尘虑俗念涤荡之后"产生一种愉悦感、超越感、永恒感、自由感，直觉得物我为一，而与太虚同游"①。天地万物的勃勃生机使得他们感受到自我生命的生气之美，感受到自身的生命活力，置身自然山水之间所获得的怡然之乐更让他们渴望实现个体的生命价值，憧憬心灵的自由与活跃。于是在天地自然之中尽情舒展着自我审美之趣，无论是自由自在之天趣，还是山水田园之野趣，都契合于文人士大夫们的审美心理机制，生命之活泼生机恰恰符合于"趣"所彰显出的生机盎然之审美特征。

"趣"所拥有的鲜活和蓬勃的生气，确是"趣"的精神所在。它来自于生命个体之气，不仅充实着生命，而且还涵养着生命，只有生命的活力充盈其间，方能生机勃勃，机趣盎然。气之不同还使得"趣"体现为个性化、脱俗化，同时在一定程度上又有大众化的色彩，因为它不仅体现在文人雅士的文艺作品中，也表现在平淡而真实的生活之中，其活泼泼之生气是"趣"的一种审美表现。中国文人渴望追求仕途上的成功，珍惜生命，

---

① 夏咸淳：《情与理的碰撞——明代士林心史》，河北大学出版社 2001 年版，第 312 页。

容易感受、流连于具体的有限的事物，即使心空万物，也会一往情深于此际生命，即使"行到水穷处"，也要"坐看云起时"。他们憧憬着真正的生活，在生活中表现出积极的一面，即使不如意也会借助于各种文体抒发个体情怀，推崇洋溢着率真性情、灵动生机、充满着独特个性气质的作品，并呈现出清新活泼之生气美。"趣"源自于主体的本真状态，它以澄明敞亮之心境呈现生机活泼之生命。它是自由自在、自娱自乐的，这种天机灵性、纯真情思呈现出的是活泼泼之生气，它是无拘无束的审美体验，是自然天成的审美境界，也是生机勃发的审美情趣。

"寂"是与日本国民的审美意识和对美的体验联系在一起的，它表现出特殊的历史的世相及对美的感受性和趣味性，且被普遍化。它的形成表现为两方面，一方面与日本固有的自然观以及植物美学观的影响有关；另一方面也接受中国禅宗思想的影响，是禅宗中"空相"和"无"的观念在艺术创造和审美领域中的进一步延伸和扩展。李泽厚在《中日文化心理比较略稿》中认为"传统士大夫文艺中的禅意由于与儒、道、屈的紧密交会，已经不是那么非常纯粹了，它总是空幻中仍水天明媚，寂灭下却生机宛如"①。而日本禅宗却"要在这短暂的'生'中去力寻启悟，求得刹那永恒，辉煌片刻，以超越生死，完成禅的要求和境界"。"它那轻生喜灭，以死为美，它那精巧的园林，那重奇非偶……总之，它那所谓'物之哀'，都更突出了禅的本质特征。"②

日本禅宗着重于"哀"的审美体验，重视刹那间的感受，对人生无常的哀叹，使人生发出敏感、阴柔、纤细、凄婉的情感，整个基调是凄寂的。禅宗对日本的传入，不仅为由无常引发的哀感体验提供了哲学基础，同时也在一定程度上提供了某种精神上的慰藉和依托。"空"在日本禅宗中不是充满活泼泼生机的明朗状态，而是一切皆空的"寂灭"，它摒弃的不仅仅是奢华的外在形式，在内涵上也是追求素朴、枯淡的审美精神。用心去体悟世象背后的虚空，才能跳出世俗，沉浸和迷醉于凄寂的审美精神之中。而且禅宗对日本文化的渗透表现在诸多方面，比起中国禅宗它表现出强大的渗透力。日本的文化气质和精神性格自然有历史、文化、社会、

① 李泽厚：《美学三书》，安徽文艺出版社1999年版，第391页。
② 同上。

政治等多方面的因素，但与禅宗的文化渗透有很大关系。它的"无常性"是以"常住性"为前提的，作为个体的有限是以自然万物的无限为映照的，哀不是悲，也不是苦，它是一种美，它们是相辅相成的。枝叶的繁茂是美的，叶谢花落是哀的，但二者是统一在"以寂静的根的不变的常住性为前提的、在时间的流逝中拼搏，然后返归于根部"①的思想之中的。日本是将生命无常的思想升华为一种审美情感，以审美之态度看待人生，情感上就获得一种超越，因美感的提升将会消解对生命无常的无奈。因此日本人珍惜并甘于贫困之生活，在流连于无常中感悟寂灭，并在这种过程中享受寂寞所带来的悲美之乐趣。

综上，"趣"、"寂"作为在两种文化背景下所形成的审美情趣，都是发端于"情"与"景"、"心"与"物"的交融，只是儒家思想的影响使得"趣"的情感表现充满多样化，且表现得比较平和适度，并形成一种复杂而又独特的精神素质。"寂"的情感表现相对来说比较单一，基本上比较注重个人纤细微妙的内在情感，如生命个体对于季节推移、自然变化的感动，等等，不涉及社会政治和群体等层面，冲淡了社会教化作用。但"寂"的阴柔之趣并没有影响到它的风格表现的多样性，可以说它是一个开放性的理论观念。

"趣"在它的形成之初即属人的一种行为趋向，后逐渐演化为精神上的取向和情感追求，并与"志"联系在一起，有何种情志就会表现出何种情趣。再后逐渐演化为一个美学概念，既是主体在对客体的观照中所生发出的一种审美感受和意味情致，也是人物品评中所显现的一种性格情趣和气质风度，并成为文艺批评中的一种审美标准。"寂"本来指事物所呈现出的荒凉闲寂之古旧色彩，与人及文艺创作是无关的，但当这种事物古旧之貌引起人内心的情趣时，它就具有了一种美感上的意义，逐渐演化为和歌创作中的一种古淡沉静的格调及作品所具有的古寂之美，最终发展成为日本人独特的审美趣味。

"趣"、"寂"所显现出的审美追求是与主体的生命灵性、精神自由联系在一起的，它是东方特有的一种诗性的生命体验，张扬出生命个体的自

---

① ［日］今道友信：《东方的美学》，蒋寅等译，生活·读书·新知三联书店1991年版，第193页。

由灵性。这种艺术趣味呈现出的是一种富于审美魅力的精神品格，它作为自由存在的一种方式表现为对世界的审美观照，按照朱光潜先生的理解，这种"趣味是对于生命的彻悟和留恋"。无论在尚"趣"还是在寻"寂"中，人们都得以审美的态度去感受生命存在的意味，享受生命所本该拥有的自由。对生命主体个性张扬的倡导，体现在审美活动之中是以主体为核心，注重提升人的真性情的诗性传达。无论在纵情山水、漫步田园中，还是在吟诗谈禅、观花赏月中，充分挥洒生命之激情，追求主体精神的绝对自由。这种"任性而发"彰显出生命主体的个体意识，他们借助于审美创造活动"独抒性灵"，从而使得文艺创造注重真性情的表现，追求一种真趣味，这也反映了"趣"、"寂"两个审美范畴所体现出的对主体精神的强烈向往。

无论"趣"所表现出的"韵"味、"寂"所表现出的"情"味，都是既深刻而又具有精神享受的意义，它们都是一种"趣味"。"趣味"在西方本是现代美学的范畴，18 世纪时，"美学的主要问题是围绕趣味理论展开的探讨和辩论"①。虽然"趣味无争辩"，但 18 世纪英国经验主义哲学家休谟仍在寻求一种"足以协调人们不同感受"的共同的"趣味的标准"，强调鉴赏的含义以及"审美共通感"的诉求，这种诉求实际上也体现在"趣"与"寂"的审美追求上。梁启超强调要追求一种无利害的乐趣和情趣，这种趣在本质上是审美的和自由的，在他看来"趣味"就是生命的终极价值和意义。朱光潜认为"辨别一种作品的趣味就是评判，玩索一种作品的趣味就是欣赏，把自己在人生自然或艺术中所领略的趣味表现出来就是创造"②。虽然"趣味无争辩，但是可以修养"③，在朱光潜看来，"趣味"是由情趣观照而来，它可以成为由审美和艺术鉴赏而来的意义澄明和显现的方式，并使得生命鲜活有趣，从而实现人生的艺术化与诗化。梁启超和朱光潜对"趣味"的认识符合于"趣"与"寂"在诗性上的追求，都注重生命个体的主体性张扬，从在场的感性生命体验中追寻非在场的生命存在的真正的意义，这是智慧的自然流露，也是一种主体内在的灵性

---

① ［意］克罗齐：《美学或艺术和语言哲学》，黄文捷译，中国社会科学出版社 1992 年版，第 284 页。

② 朱光潜：《文学的趣味》，《朱光潜全集》第 4 卷，安徽教育出版社 1987 年版，第 171 页。

③ 朱光潜：《谈趣味》，《朱光潜全集》第 3 卷，安徽教育出版社 1987 年版，第 348 页。

和生气，与主体内在生命存在着深刻的联系，是人的自由自觉的生命的一种呈现。

通过对"趣"与"寂"作比较思考，不仅能看出中日文人在艺术追求和审美趣味上的异同，而且也能发现两国古典文艺在审美理论上的不同，两个审美范畴在理论内涵及艺术风格好尚等方面存在的差异实际上是中日古典文艺在审美趣味差异的一个具体表现。"趣"与"寂"作为中日古典审美范畴也在经历着自身的现代转换，这种转换不仅是古今之间的转换，更要体现出东西方之间的转换，要能够汲取西方审美趣味话语的资源，进而构筑自身的美学话语理论，这种构筑和转换将会显现出特殊的张力结构。同时"趣"、"寂"作为两个审美范畴在各自国家的古典美学中占有特殊的地位，它们所内含的情味意趣不仅拓展了美学的审美实践领域，丰富和促进了审美感受论和审美鉴赏论的构建，同时也显示出了古代文人极为丰富多样的人生体悟与审美理想，体现出两国民族的审美心理意向和人生态度。

余　论

　　在对中日古典审美范畴进行通观性考察基础上，探讨它们的审美内涵及特征，并考察它们的不同表现形态，力求进行全面系统的梳理阐释。透过中日两国几对审美范畴各自的变化、历时发展以及通过对它们之间关系的比较，可以看出中日两国审美意识的变化及各自审美特色形成的过程。研究中力求对范畴的比较能够透彻而深刻，既在"史"的视野中对两个范畴的形成发展、内涵演变等进行线性梳理，又注重在"论"的视阈中对范畴的相关性、可比性等进行理论上的提升与观照，探讨它们之间的共通性及所呈现出的自身质性的特征，进而把握中日两国审美意识的各自价值所在及相互联系。

　　审美范畴的形成和成熟与创作实践总是关联的，大量文学作品中有值得挖掘的空间，几对范畴在文学艺术等文本中所体现出的审美内涵能给予理论上的研究以回应和印证。因此研究中不仅注重了历史资料的考据实证，又尽可能地对其进行审美上的阐释，并归纳所比较范畴的同中之异、异中之同的学理依据，通过话语建构最大限度地揭示两个审美范畴的思想深度和艺术深度。理论的阐释与创作实践结合在一起，不仅给予范畴本身的研究以无限的活力，也使得两国审美范畴的比较有更多的言说空间。选取这样一个有特殊关系的研究领域，具有较充分的实证依据和阐发空间。

　　审美范畴作为表达审美观念的理论载体，它们所拥有的意义实际上与本民族的文化意义是相通的。如何在保持自身民族化的价值观基础上，实现不同民族之间的对话和交流，应是摆在同为东方文化体系的中日两国面前的一个课题。中国传统审美文化中所蕴含的美学品格、所贯穿的深刻的人文旨趣不仅影响了本民族的审美意识，它所呈现出的诗性智慧气质对日本民族审美意识产生了重要的影响。本课题力图将审美范畴的比较还原到历史文化的大背景中去分析和探讨，毕竟审美范畴是作为主体文化引领下的一个存在。

中日两国审美意识既有独特之处，也有相通的地方。中国传统美学中的婉曲幽深、沉静隽永，暗合于日本的空寂幽玄之美，都是追求余韵不尽，清幽深远之境界；中国美学比较强调对当下美的玩味，日本美学更重视美丽之后的余味；中国文学色调更为雄健、华美和明朗，日本文学表现得则柔美纤细、阴郁幽暗，在隐逸中抒发思古之幽情，排遣内心之感伤，追求冷峻、恬淡、闲寂之美；中国欣赏春花、红叶、绿草，日本则期盼着深雪中即将破土而出的新芽，肯定花凋叶落之后的余味之美，如同瓷器中国对奢侈华丽之风的追求，日本则提倡清贫简朴之美，其幽暗之色彩具朴素、清寂之美。实际上两国审美意识都受到儒道佛思想的影响，但又分别根植于本土文化基础之上形成具有自己民族特色的文学价值判断和美学思想。中国更强调文学与现实的关系，注重言志的表达，进行的是道德上的判断；而日本注重情感上的表达，追求一种自然朴素的真实，它不以伦理道德的善恶来审视，而是追求生活和情感上的真实，强调丑与美的调和。审美意识是建立在主体文化的背景之下的，主体文化的性格特征决定着其审美特性，中日两国有着不同的历史演变过程及不同的精神背景和外在表现形态，能够客观地去进行考证是获得科学研究成果的关键。各民族也都有自己的原创文化，在把文化传达给其他民族的同时，也在吸收着外来文化，并发展为自己的本土文化，彼此的交流、优势上的互补促进了世界民族文化之间的交流和传播。

中日两国都将东方哲理体现在审美的具体实践和体验之中，在审美境界和生活实践中讲究"和"，追求人与自然的相融，视天人合一为最高境界，但美国哲学家穆尔认为，日本文化是"所有伟大的传统中最神秘、最离奇的"。日本从古代对中国传统文化的模仿，到近代对西洋文化的吸收，无论"和魂汉才"，还是"和魂洋才"，"和魂"是不变的，外来文化最终要融合于本土文化，要保持住民族特性。日本对中国文化不仅是拿来，而且还要融合、改造，最后再本土化。在随心所欲地拿来中，又能轻而易举地融入到本民族的土壤之中，然后还能够旗帜鲜明地坚守传统文化，创造出具有独特审美特质的民族文化。日本民族情感表现上的感性色彩使得他们追求对优雅的过分强调，这种文化上的优雅性当然与其民族文化心理的影响是有关系的。日本原始自然信仰的特性一直被保留在传统艺术之中，艺术创作表现为人与大自然的同化，山川草木成为他们发挥想象的自由世界，他们容易陶醉于想象中的心理情念。对于他们来说，山川草木等自然万物不仅是有灵的，而且可以与人交感，反映在艺术创作中就是很多主题思想难以用语言和形象表达，只能以审美体验去感悟之。艺术创作以触物感怀为主旨，以"自胸臆间诚意真心出之"为真情，追求情感的纯粹性，表现出特有的真实情趣。在将"真实的感动"上升为具有深刻的精神性的"哀"感时，艺术表达中的情绪性逐渐推移到充满情趣性的感动，在"哀"之前加上"物"更使得感动的对象明确化，"物哀"具有着更为具体和深刻的思想内涵。"物哀"是完全日本化的情感表达，这种情是"感于事物而产生的心的动作"，是人与自然万物相互融合之后所产生的共感关系，是"以心传心"。体现在日本和歌艺术中就体现为"心"与"词"的关系，和歌根于心而发于词，心词调和产生出"幽玄"与"余情"的艺术境界，这种境界就是"真心"所表现出的情趣性和情调性。这种艺术创作注重一种纯粹情感的传达，无论在内容和形式上都趋向于唯美主义，体现在审美趣味上也表现出完全与中国不同的"寂"之境界。我们可以看出日本在对中国传统艺术进行追随和消化的过程中所体现出的非凡的艺术创造力，这种对外来艺术融合乃至创造的能力体现出日本民族独特的审美心理。

有学者认为，西方文化是知的文化，中国文化是意的文化，日本文化是情的文化①。文化应该是知情意、真善美的统一，中日文化在人类文化的进程中具有特殊的意义，应该发挥其不可替代的作用。主意的中国文化与主情的日本文化应该与强调知识和真理的西方文化形成一种相互补充的关系，这样才能促进人类文化的发展。东西方文化反映在审美意识中存在着不同，如东方人把几个静态意象简单贯穿起来，然后再通过一个富有表现力的瞬间事物进行点化，全诗的意境就充分表现出来，读者很容易理解这些简练意象的组合关系，并且这种组合关系给读者很丰富的想象余地。

---

① 崔世广：《日本传统文化的基本特征——与西欧、中国的比较》，《日本学刊》1995年第5期。

如《古池》的意境对于东方人来讲就很容易体会，而西方人则必须添加很多东西才能理解其中所蕴含的情境，过多词语的添加反而破坏了原作中所蕴含的那种原汁原味的意境美，这体现出了东西方审美意识的不同。东方追求言有尽而意无穷，过多语言的添补是无法体会作品中的言外之音、味外之味的，像元代马致远的小令《秋思》："枯藤老树昏鸦，小桥流水人家，古道西风瘦马，夕阳西下，断肠人在天涯。"其中九个意象不仅包含了含蓄、丰富的审美内蕴，而且全诗的氛围就用这较少的文辞充分地表现了出来，令人回味无穷。在面对当今传统和现代、东方和西方的文化冲突中，如何立足于自己特殊的语境，让自己在整个世界文化特别是美学研究中拥有更多的发言权，需要做进一步的努力。同时，在研究范式上要能够突出东方美学和艺术精神的特色，使得其研究更有意义，因为这是对我们自身文化生成的反省，是居于我们所处立场的美学自觉。

对中日古典审美范畴进行比较，尽量从多种视阈进行观照，并进行系统性的考察。比较中力求能够突破某一种模式的束缚，作"文心"上的沟通，了解异中之同，把握同中之异，并从中概括出具有共性和规律性的东西，两国审美范畴所表现出的对美和艺术敏锐的领悟力和独特的见解彰显出的是一种东方美学特有的诗性色彩。比较的过程也是发现的过程，两国审美范畴的比较实际上能让我们意识到中日两国审美意识中存在的相通和相异之处，会意识到交流和理解的重要，因此比较中既要植根于中国古典文化对日本的影响，又要立足于把它们置放在同一个层面上进行平行比较，并引发我们思考如何在同一个文化体系下认识到不同民族之间的相互借鉴，以及所形成的不同审美特质。以微观上的烛照进而达到宏观上的把握，这样的研究才可能比较实际和客观。期望从微观角度进行的这种具体的、实证性的研究，能够引发在宏观视野中的具有哲理性的思考，从而使得这种比较研究拥有特殊和重要的意义。

本课题所进行比较研究的审美范畴可以说是构成中日两个民族具有活力与精神的内在要素，这种比较对于相互的借鉴和体会是极有价值的。日本一直是被称为缺乏独创精神的民族，但它对外来文化的摄取及兼容并蓄所形成的是具有独特味道的审美特质，它的美丽与哀愁、它的感伤与悲美、它的纯情与郁幽证明着它有自身的纯粹性并保持着这份纯粹。这种独特性对促使中国传统文化的现代性转换、保持自身的民族特性等所具有的启发作用和参照作用是值得肯定的。通过对两国审美范畴的比较也可以深化对两国古典审美意识的把握，从而促进对东方美学的研究。当然对审美范畴所进行的比较并不是要区分其优劣，只是通过比较能够折射出不同的民族精神和价值观念，以及所呈现出的独特审美意识，并有利于提升民族品质与精神，因此这种研究不仅有着文化上的意义，也更体现出它的现实意义。

参考文献

一 中文文献

金克木：《日本外交史读后感》，见《比较文化论集》，生活·读书·新知三联书店 1984 年版。

乐黛云：《文学交流的双向反应》，《中国文学在国外》丛书总序，花城出版社 1990 年版。

赵京华：《寻找精神家园》，中国人民大学出版社 1989 年版。

郭青春：《艺术概论》，高等教育出版社 2002 年版。

叶渭渠：《日本文化史》，广西师范大学出版社 2003 年版。

高文汉：《中日古代文学比较研究》，山东教育出版社 1999 年版。

王守华、卞崇道：《日本哲学史教程》，山东大学出版社 1989 年版。

白居易：《新乐府序》，《白居易集》卷三，中华书局 1979 年版。

叶渭渠：《日本文学思潮史》古代篇，经济日报出版社 1997 年版。

汪涌豪：《范畴论》，复旦大学出版社 1999 年版。

童庆炳：《中国古代文论的现代意义》，北京师范大学出版社 2001 年版。

李泽厚：《中国古代思想史论》，人民出版社 1985 年版。

王家骅：《古代日本儒学及其特征》，见《比较文化：中国与日本》，吉林大学出版社 1996 年版。

叶渭渠：《日本古代文学思潮史》，中国社会科学出版社 1996 年版。

曹顺庆：《东方文论》，四川人民出版社 1996 年版。

皮朝纲：《禅宗美学思想的嬗变轨迹》，电子科技大学出版社 2003 年版。

蒋述卓：《佛经传译与中古文学思潮》，江西人民出版社 1990 年版。

徐复观：《中国艺术精神》，春风文艺出版社 1987 年版。

饶芃子等：《中日比较文学研究资料汇编》，中国美术学院出版社 2002 年版。

李泽厚：《美学三书》，安徽文艺出版社 1999 年版。

戴季陶：《日本论》，海南出版社 1994 年版。

夏征农主编：《辞海》，上海辞书出版社 1999 年版。

蒋凡、郁源主编：《中国古代文论教程》，中国书籍出版社 2000 年版。

赵乐甡编：《中日文学比较研究》，吉林大学出版社 1990 年版。

李泽厚：《华夏美学》，安徽文艺出版社 1999 年版。

张岱年：《中国文化与中国哲学》，东方出版社 1986 年版。

李炳海：《道家与道家文学》，东北师范大学出版社 1992 年版。

高亚彪、吴丹毛：《在民族灵魂的深处》，中国文联出版公司 1988 年版。

李泽厚：《美的历程》，文物出版社 1981 年版。

肖万源、徐远和：《中国古代人学思想概要》，东方出版社 1994 年版。

胡立新、黄念然：《中国古代文艺思想的现代阐释》，中国社会出版社
　　2004 年版。

范作申：《日本传统文化》，生活·读书·新知三联书店 1992 年版。

高亚彪等：《在民族灵魂的深处》，中国文联出版公司 1988 年版。

邱紫华：《东方美学史》，商务印书馆 2003 年版。

楼宇烈：《东方哲学概论》，北京大学出版社 1992 年版。

朱谦之：《日本哲学史》，人民出版社 2002 年版。

张晶：《禅与唐宋诗学》，人民文学出版社 2003 年版。

（清）王士祯：《带经堂诗话》卷三，人民文学出版社 1963 年版。

慧能：《坛经》，郭朋：《坛经校释》，中华书局 1983 年版。

《黄檗断际禅师宛陵录》，《古尊宿语录》上，中华书局 1994 年版。

钱钟书：《谈艺录》（补订本），中华书局 1984 年版。

敏泽：《中国美学思想史》第二卷，齐鲁书社 1989 年版。

郭绍虞：《沧浪诗话校释》，人民文学出版社 1983 年版。

赵宪章：《文艺学方法通论》，浙江大学出版社 2006 年版。

陈伯海主编：《历代唐诗论评选》，河北大学出版社 2000 年版。

僧肇：《肇论》，中国社会科学出版社 1985 年版。

宗白华：《艺境》第二版，北京大学出版社 1997 年版。

梁晓虹：《日本禅》，浙江人民出版社 1997 年版。

中国社会科学院世界宗教研究所佛教研究室编：《中日佛教研究》，中国社
　　会科学出版社 1989 年版。

叶渭渠、唐月梅：《物哀与幽玄》，广西师范大学出版社 2002 年版。

夏咸淳：《情与理的碰撞——明代士林心史》，河北大学出版社 2001 年版。

葛兆光：《禅与中国文化》，上海人民出版社 1998 年版。

佴荣本：《悲剧美学》，江苏文艺出版社 1994 年版。

张少康、卢永璘编选：《先秦两汉文论选》，人民文学出版社 1996 年版。

周伟民、萧华荣：《〈文赋〉〈诗品〉注释》，中州古籍出版社 1985 年版。

（梁）刘勰：《文心雕龙注》，范文澜注，人民文学出版社 1958 年版。

叶渭渠：《川端康成评传》，中国社会科学出版社 1989 年版。

叶渭渠、唐月梅：《日本文学简史》，上海外语教育出版社 2006 年版。

宗白华：《美学与意境》，人民出版社 1987 年版。

胡经之：《文艺美学论》，华中师范大学出版社 2000 年版。

周祖撰编选：《隋唐五代文论选》，人民文学出版社 1990 年版。

北京大学哲学系美学教研室编：《中国美学史资料选编》，中华书局 1981
　　年版。

叶渭渠：《樱花之国》，上海文艺出版社 2002 年版。

吕元明：《日本文学史》，吉林人民出版社 1987 年版。

倪培耕：《印度味论诗学》，漓江出版社 1997 年版。

吴调公：《神韵论》，人民文学出版社 1991 年版。

张少康：《古典文艺美学论稿》，中国社会科学出版社 1988 年版。

周振甫、冀勤：《钱钟书〈谈艺录〉读本》，上海教育出版社 1992 年版。

成复旺：《中国古代的人气与美学》，中国人民大学出版社 1992 年版。

俞剑华：《中国画论类编》，人民美术出版社 1986 年版。

（明）杨慎：《论诗画》，《升庵诗话》（卷十三）。

（宋）严羽：《沧浪诗话校释·诗辨》，人民文学出版社 1961 年版。

王小舒：《神韵诗学论稿》，广西师范大学出版社 2001 年版。

毛宣国：《中国美学诗学研究》，湖南师范大学出版社 2003 年版。

钱钟书：《管锥编》第 4 册，中华书局 1979 年版。

蒋凡、郁源主编：《中国古代文论教程》，中国书籍出版社 1994 年版。

（唐）司空图著，王济亨集注：《司空图选集注》，山西人民出版社 1989 年版。

赵乐甡：《中日文学比较研究》，吉林大学出版社 1990 年版。

（梁）钟嵘著，曹旭集注：《诗品集注》，上海古籍出版社 1994 年版。

（梁）刘勰著，王运熙等撰：《文心雕龙译注》，上海古籍出版社 1998 年版。

（清）王士桢著，戴鸿森校点：《带经堂诗话》，人民文学出版社 1963 年版。

宗白华：《美学散步》，上海人民出版社 1981 年版。

姜文清：《东方古典美》，中国社会科学出版社 2002 年版。

钱钟书：《七缀集》，上海古籍出版社 1985 年版。

史东：《简明古汉语词典》，云南人民出版社 1985 年版。

郭绍虞：《中国历代文论选》，上海古籍出版社 1980 年版。

王大鹏：《中国历代诗话选》，岳麓书社 1985 年版。

蔡景康：《明代文论选》，人民文学出版社 1993 年版。

丁福保辑：《历代诗话续编》，中华书局 1983 年版。

（清）袁枚：《随园诗话》，王英志校点，江苏古籍出版社 2000 年版。

赵仲邑：《文心雕龙译注》，漓江出版社 1985 年版。

王运熙、顾易生：《中国文学批评史新编》，复旦大学出版社 2001 年版。

沈德潜：《清诗别裁集·凡例》，中华书局 1977 年版。

蒋述卓等：《宋代文艺理论集成》，中国社会科学出版社 2000 年版。

曹旭：《诗品集注》，上海古籍出版社 1994 年版。

唐圭璋：《词话丛编》，中华书局 1986 年版。

黄寿祺、张善文：《周易译注》，上海古籍出版社 1989 年版。

滕军：《日本茶道文化概论》，东方出版社 1997 年版。

滕军：《叙至十九世纪的日本艺术》，高等教育出版社 2007 年版。

郑民钦：《日本俳句史》，京华出版社 2007 年版。

彭恩华：《日本俳句史》，学林出版社 2004 年版。

（清）郑板桥：《郑板桥集》，上海古籍出版社 1986 年版。

刘士林：《中国诗学精神》，海南出版社 2006 年版。

范作申：《日本传统文化》，生活·读书·新知三联书店 1992 年版。

叶渭渠：《日本人的美意识》，开明出版社 1993 年版。

宗白华：《宗白华全集》第 2 卷，安徽教育出版社 1994 年版。

刘晓路：《日本美术史话》，人民美术出版社 2004 年版。

胡建次：《归趣难求——中国古代文论"趣"范畴研究》，百花洲文艺出版社 2005 年版。

朱光潜：《朱光潜全集》第 3、4 卷，安徽教育出版社 1987 年版。

张少康：《中国古代美学创作论》，北京大学出版社 1983 年版。

周宪：《美学是什么》，北京大学出版社 2001 年版。

宿久高：《日本中世文学史》，吉林大学出版社 1992 年版。

周裕锴：《中国禅宗与诗歌》，上海人民出版社 1992 年版。

张伯伟：《禅与诗学》，浙江人民出版社 1992 年版。

王家骅：《儒家思想与日本文化》，浙江人民出版社 1990 年版。

聂振斌等：《中国审美意识的探讨》，中国戏剧出版社 1989 年版。

朱良志：《中国美学十五讲》，北京大学出版社 2006 年版。

陈良运：《中国诗学体系论》，中国社会科学出版社 1998 年版。

［美］鲁恩·本尼迪克特：《菊与刀——日本文化的类型》，吕万和等译，商务印书馆 1990 年版。

［美］厄尔·迈纳：《比较诗学》，王宇根等译，中央编译出版社 1998 年版。

［日］中村元：《东方民族的思维方法》，浙江人民出版社 1989 年版。

［德］黑格尔：《美学》，朱光潜译，商务印书馆 1996 年版。

［日］加藤周一：《日本文学史序说》，叶渭渠、唐月梅译，外语教学与研究出版社 2011 年版。

［日］今道友信：《东西方哲学美学比较》，李心峰等译，中国人民大学出版社 1991 年版。

［德］黑格尔：《历史哲学》，王造时译，生活·读书·新知三联书店 1956 年版。

［印］泰戈尔：《泰戈尔论文学》，倪培耕等译，上海译文出版社 1988 年版。

［日］南博：《日本人的心理》，刘延州译，文汇出版社 1991 年版。

［日］柳田圣山：《禅与日本文化》，何平等译，译林出版社 1991 年版。

［日］诹访春雄：《日本的幽灵》，黄强等译，中国大百科全书出版社 1990 年版。

［日］铃木大拙：《禅与日本文化》，陶刚译，生活·读书·新知三联书店 1989 年版。

［英］劳伦斯·比尼恩：《亚洲艺术中人的精神》，孙乃修译，辽宁人民出

版社 1988 年版。

［日］今道友信：《东方的美学》，蒋寅等译，生活・读书・新知三联书店 1991 年版。

［荷］伊恩・布鲁玛：《日本文化中的性角色》，张晓凌等译，光明日报出版社 1989 年版。

［日］东山魁夷等：《日本人与日本文化》，周世荣译，中国社会科学出版社 1991 年版。

［日］铃木虎雄：《中国诗论史》，许总译，广西人民出版社 1989 年版。

［日］铃木大拙：《禅风禅骨》，中国青年出版社 1989 年版。

［日］纪贯之等：《古今和歌集》，杨烈译，复旦大学出版社 1983 年版。

［德］马克思、恩格斯：《〈德意志意识形态〉节选本》，中央编译局编译，人民出版社 2003 年版。

［德］康德：《判断力批判》，宗白华译，商务印书馆 1964 年版。

［日］冈仓天心：《说茶》，张唤民译，百花文艺出版社 2003 年版。

［法］萨特：《存在与虚无》，陈宣良等译，生活・读书・新知三联书店 1987 年版。

［意］克罗齐：《美学或艺术和语言哲学》，黄文捷译，中国社会科学出版社 1992 年版。

［日］松浦友久：《日中诗歌比较丛稿》，民族出版社 2002 年版。

［日］紫式部：《源氏物语》，丰子恺译，人民文学出版社 1995 年版。

［日］清少纳言：《枕草子》，周作人译，中国对外翻译出版公司 2001 年版。

［日］井上靖等：《日本人与日本文化》，周世荣译，中国社会科学出版社 1991 年版。

［日］梅原猛：《森林思想——日本文化的原点》，卞立强、李礼译，中国国际广播出版社 1993 年版。

［德］席勒：《审美教育书简》，冯至、范大灿译，北京大学出版社 1985 年版。

［美］阿恩海姆：《艺术与视知觉》，滕守尧等译，四川人民出版社 1998 年版。

［德］伽达默尔：《真理与方法》，王才勇译，辽宁人民出版社 1987 年版。

二　外文文献

中村元：『比較思想の軌跡』，東京書籍 1993 年版。

今道友信：『东洋の美学』，株式会社ティビーエス・ブリタニヵ1980 年版。

安田武、多田道太郎：『日本の美学』，風濤社昭和 45 年版。

藤木邦彦：『平安時代の文化』，日本教文社昭和 40 年版。

鈴木修次：『中国文学と日本文学』，東京書籍 1991 年版。

今道友信編：『講座美学』第一卷，東京大学出版会 1984 年版。

諏訪春雄：『日中比較芸能史』，吉川弘文堂平成 6 年版。

村冈典嗣：『日本思想史研究』，岩波書店 1975 年版。

斎藤清卫：『日本文芸思潮全史』，南雲堂桜楓社 1963 年版。

太田青丘：『日本歌学と中国詩学』，弘文堂昭和 33 年版。

佐々木八郎：『芸道の構成』，富士房昭和 17 年版。

加藤周一：『日本その心とかたち』、株式会社スタヅオヅブリ2006 年版。

小澤正夫校注：『日本古典文学全集・古今和歌集』，小学館 1980 年版。

吉田光、生松敬三編：『岩波講座・哲学の「日本の哲学」』，岩波書店
　　1969 年版。

大橋良介：『「切れ」の構造――日本美と現代世界』，中公叢書 1986 年版。

梅棹忠夫、多田道太郎編：『日本文化和世界』，講談社 1978 年版。

栗田勇：『雪月花の心』，富士通経営研修所 2007 年版。

鴨長明：『方丈記発心集』，三木紀人校注，新潮社 1978 年版。

新形信和：『無の比較思想』，ミネルゥァ书房 1998 年版。

久松真一：『茶道の哲学』，講談社 1987 年版。

小西甚一：『文芸史』，講談社 1985 年版。

久松潜一：『日本文学評論史』，至文堂 1969 年版。

西田正好：『日本の美――その本質と展開』，創元社 1970 年版。

和辻哲郎：『和辻哲郎全集』(4)，岩波書店 1977 年版。

谷山茂：『谷山茂著作集・幽玄』，角川書店昭和 57 年版。

能勢朝次：『能勢朝次著作集』第二卷，思文閣 1981 年版。

大西克礼：『美学』，弘文堂昭和 48 年版。

安田章生：『日本の芸術論』，創元社昭和 54 年版。

久松潜一：『日本文学史』，至文堂昭和 30 年版。

大西克礼：『幽玄とあはれ』，岩波書店昭和 14 年版。

高仲東麿：『茶道の伝統文化性』，高文堂出版社平成 8 年初版。

成川武夫：『千利休茶の美学』，玉川大学出版部 1983 年版。

高木市之助：『日本古典文学大系．66』，岩波書店 1961 年版。

赤羽学：『松尾芭蕉俳諧の精神』，清水弘文堂 1991 年版。

山本正男：『東西芸術精神的伝統と交流』，理想社昭和 46 年版。

倉沢行洋：『芸道の哲学』，東方出版社 1983 年初版。

森三樹三郎：『「名」と「恥」の文化』，講談社 2005 年版。

山際靖：『美学──日本美学への理念』，講談社昭和 16 年版。

九鬼周造：『「いき」の構造』，岩波書店 1981 年版。

俊本一郎：『芭蕉における「さび」の構造』，塙書房昭和 48 年版。

鈴木貞美、岩井茂樹編：『わび・さび・幽玄──「日本的なるもの」へ
　　の道程』，水声社 2006 年版。

望月信成：『わびの芸術』，創元社昭和 49 年版。

山本正男：『感性の論理』，理想社昭和 56 年版。

梅原猛：『古典の発見』，講談社昭和 63 年版。

目加田誠：『中国の文芸思想』，講談社 1991 年版。

釘本久春：『中世歌論の性格』，精興社昭和 19 年版。

小西甚一：『中世の文芸「道」という理念』，講談社 1997 年版。

原田伴彦編：『「庭と茶宝」──華やぎとわび・さび』，講談社昭和 59
　　年版。

湯浅泰雄：『日本人の宗教意識』，講談社 1999 年版。

ドナルド・キン著，金関寿夫訳：『日本人の美意識』，中央公論社 1990
　　年版。

相良亨等編：『講座：日本思想美 (5)』，東京大学出版会 1985 年版。

竹内敏雄：『美学総論』，弘文堂昭和 54 年版。

赤羽学：『幽玄美の探究』，清水弘文堂昭和 63 年版。

小島晋治笑：『いま・日本と中国を考える』，神奈川新聞社出版局 1989
　　年版。

小西甚一編：『芭蕉の本・第七巻・風雅のまこと』，角川書店昭和 45 年版。

水尾比呂志：『東洋の美学』，美術出版社 1963 年版。

栗田勇：『栗田勇著作集』第二巻，『紅葉の美学・日本美の源流』，講談
　　社昭和 54 年版。

阿部次郎：『美学』，岩波書店大正 6 年版。

岡崎義恵：『美の伝統』，弘文堂書房昭和 15 年版。

岡倉天心：『東洋の理想』，講談社 1989 年版。

今道友信：『美について』，講談社昭和 48 年版。

中村元：『中村元対談集Ⅳ・日本文化を語る』，東京書籍 1992 年版。